口 絵

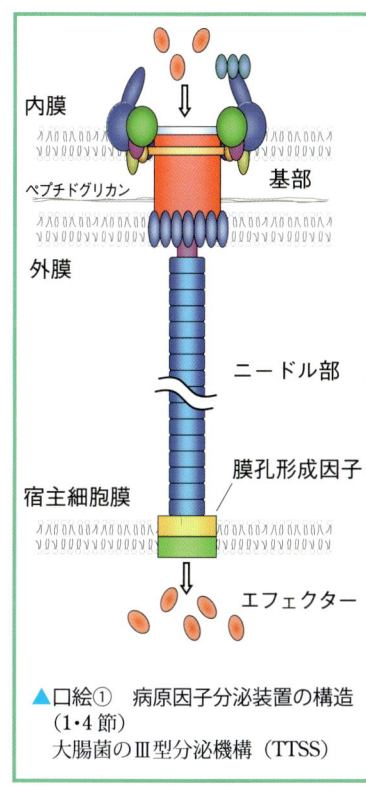

▲口絵① 病原因子分泌装置の構造（1・4節）
大腸菌のⅢ型分泌機構（TTSS）

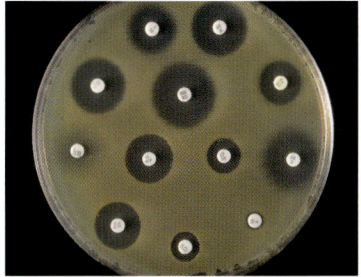

a. 抗菌薬による細菌増殖の阻止

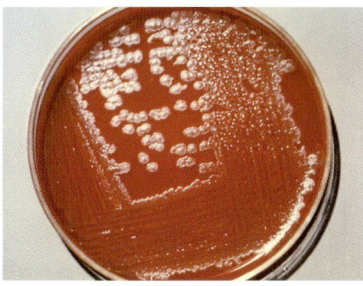

a. ヒツジ血寒天培地上の集落

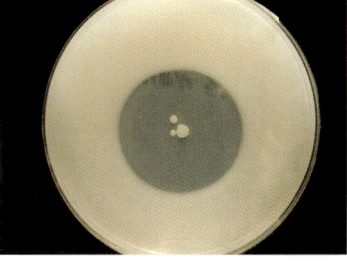

b. ヒドロキシアパタイトを溶かすリン溶解菌

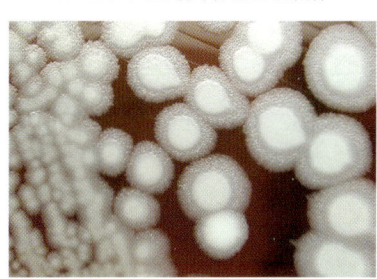

b. 集落の拡大図

▲口絵② 平板培地の有効性（Box2）
a. 病原菌 *Enterobacter sakazakii* を利用した試験（出典：CDC/Dr. J. J. farmer. ID # 3031）. b.（写真提供：宮古農林高校　前里和洋教諭）

▲口絵③ 炭疽菌のコロニー（4・1・1項）
（出典：a. CDC. ID# 3975; b. CDC/ Courtesy of Larry Stauffer, Oregon State Public Health Laboratory）

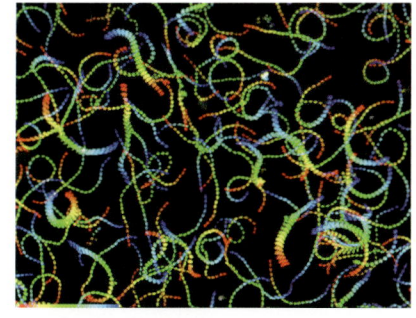

▲口絵④ 地上最速の走る細菌（4・1・5項）
マイコプラズマ *Mycoplasma mobile* の4秒間24フレームの軌跡をカラー勾配で表示．（写真提供：大阪市立大学　宮田真人教授・中根大介氏）

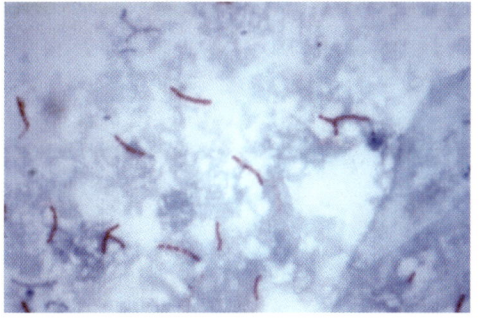

▲口絵⑤ 結核菌（4・2・3項）
M. tuberculosis のチール-ニールセン染色像（出典：CDC/Dr. George P. Kubica, ID # 5789）

a. ダイズの根と根粒

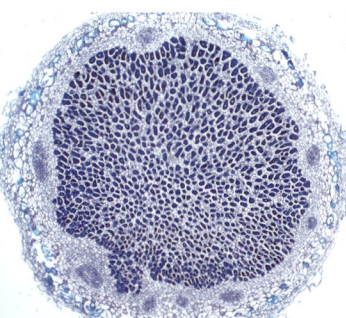

b. 根粒切断面の光学顕微鏡像

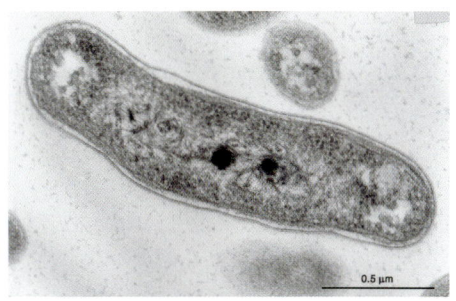

c. ダイズ根粒菌 *Bradyrhizobium japonicum* の透過型電子顕微鏡像

▲口絵⑥ ダイズの根粒と根粒菌（5・1・3項）（写真提供：3葉とも東北大学　南澤　究 教授）
b. バクテロイド組織が青く染まっている．

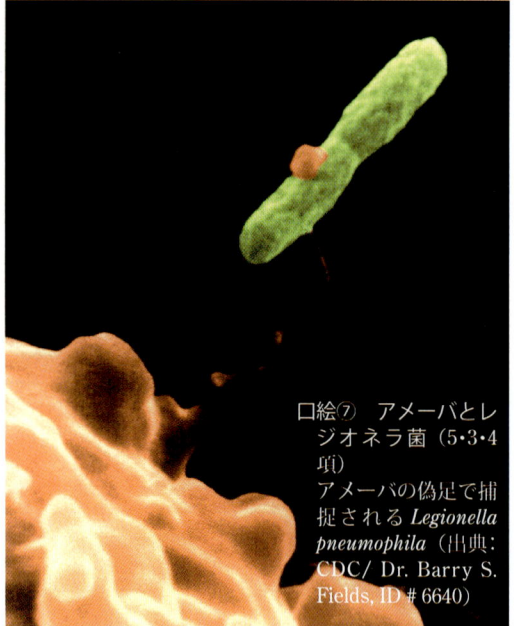

口絵⑦　アメーバとレジオネラ菌（5・3・4項）
アメーバの偽足で捕捉される *Legionella pneumophila*（出典：CDC/ Dr. Barry S. Fields, ID # 6640）

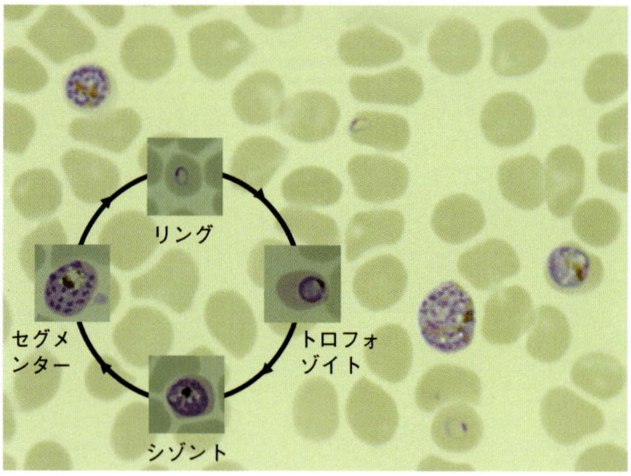

▲口絵⑧　赤血球の中のマラリア原虫（7・2・1項）
挿入図はマラリア原虫 *Plasmodium falciparum* の生活環
（写真提供：国立医療センター研究所　三田村俊秀博士・東京大学　北　潔教授）

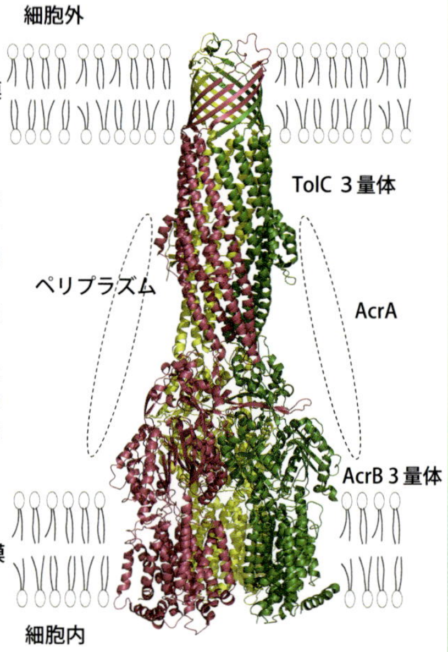

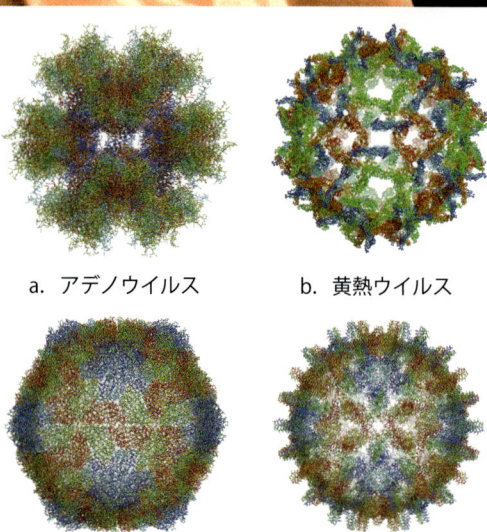

a. アデノウイルス　　b. 黄熱ウイルス
c. タバコえそウイルス　d. B型肝炎ウイルス

▶口絵⑩　多剤排出輸送体 TolC-AcrB の立体構造（8・1・4項）X線結晶構造解析による．座標データは PDB より（ID # TolC, 1EK9; AcrB, 2DHH）

▲口絵⑨　ウイルスの立体構造（7・3節）
X線結晶構造解析による．データはウイルス構造DB（VIPERdb HP, http://viperdb.scripps.edu/index.php）より（アクセッション番号：a, 1X9P; b, 1NA4; c, 1C8N; d, 1QGT）

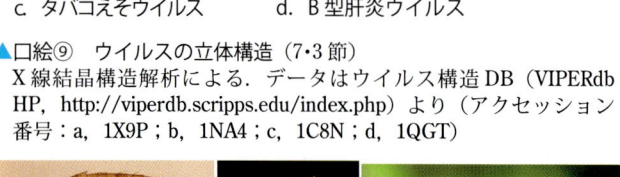

a. ペストを媒介するノミ　b. 発疹チフスを媒介するシラミ　c. 黄熱を媒介するカ

▲口絵⑪　感染症媒介性昆虫（8・4・1項）
a. *Xenopsylla cheopis*（出典：World Health Organization, ID # 4633），b. *Pediculus humanus* var. *corporis*（出典：CDC/ Frank Collins, Ph.D., ID # 9202），c. *Aedes aegypti*（出典：CDC/ Prof. Frank Hadley Collins, Dir., Cntr. for Global Health and Infectious Diseases, Univ. of Notre Dame, ID # 9176）

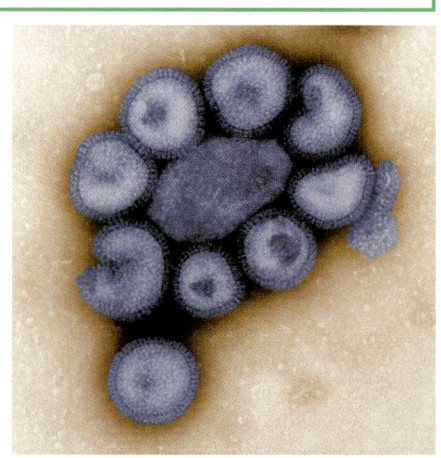

▲口絵⑫　インフルエンザウイルス（Box8）
外被をもつインフルエンザウイルスの透過型電子顕微鏡像（負染色）（出典：CDC/ Courtesy of Dr. F. A. Murphy. ID #, 10072）

微生物学
― 地球と健康を守る ―

坂本 順司 著

裳華房

Microbiology, for the blue planet and human life

by

Junshi Sakamoto　Ph. D.

SHOKABO

TOKYO

はじめに

　微生物は目に見えないのでふだんその実体を意識することはほとんどありませんが，お酒や発酵食品を作ってくれたり，逆に病気を起こしたりすることで，私たちに大きな影響を与えています．微生物は水中・土壌・大気のほか動植物の表面や体内にも多数存在し，地球生態系の重要なメンバーです．私たちの腸内にも共生している上，太古に細胞に入り込んだ微生物の子孫が今でも体内奥深くで働き続けています．私たちの免疫系も生後たまたま遭遇する病原体に対処するだけではなく，微生物を群ごとに感じ取るセンサーが生まれつき備わっています．微生物は不可視の異空間に隠れながら私たちに強く作用し続けているのです．その数は動植物よりも多く，地球は微生物の惑星といえます．

　一方，20世紀以降に示された生命の一般原理の多くは微生物を研究対象にして解き明かされました．微生物は多様性も高く，食品製造や原材料生産，医療・製薬，健康・保健，環境浄化など幅広い分野で利用されています．伝統的な発酵技術のほか近年のバイオテクノロジーでも主役の座を占めており，1995年以来たくさんの微生物の全ゲノム配列が解かれてきました．

　高齢化や地球温暖化の進む現代社会では，健康増進や環境保全に働く微生物の重要性がますます高まっています．この本はそのような微生物についての教科書です．微生物学の本はこれまでにも数多く出版されていますが，21世紀の社会の変化にも対応し，またゲノム時代に変貌を遂げた微生物科学を学ぶには，次のような特徴を備えた本が新たに必要だと考えました．

　1）微生物の関わる幅広い分野を統一的に扱う．

　微生物が多方面で有用なだけに，微生物学は専門分化が著しい学問です．医学と工学，農学では関心の焦点がまったく異なり，教科書の内容も大きく違います．図書館の十進分類でも微生物関係の書物はあちこちに分散しています．本書では第1部基礎編で幅広い領域をカバーできる統一的な視点を導入しました．

　2）ゲノム情報に基づく最新の微生物分類体系を取り入れる．

　このところ遺伝子研究が目覚ましく進んだおかげで，種の系統関係がずいぶん明確になりました．しかし，ほとんどの教科書はまだゲノム解析以前の旧式な人為分類を色濃く残しています．その背景には，医学では病原菌だけに関心

を集中する必要があるといった止むを得ぬ事情もあるでしょう．しかし例えば，原虫が光合成生物の末裔だとわかった結果，マラリアの治療薬として除草剤が脚光を浴びるような事例は，新しい自然分類の有用性を訴えています．この本の第2部分類編では，汎用的な系統分類を全面的に取り入れました．

　3）先進的な研究成果や身近な話題も初歩からわかりやすく記述する．

　基礎的な第1部と第2部を土台として，第3部応用編では幅広い応用分野を扱いました．また先端的な研究成果や社会的なトピックスを各章末のBoxという囲み記事で充実しました．広い領域をカバーした上，コンパクトにまとめたので，生物全般に共通な基礎事項は以下の自著に譲りました．一般生物学やゲノムについては『ゲノムから始める生物学』（培風館）を，生命の化学的側面や遺伝子工学については『柔らかい頭のための生物化学』（コロナ社）を，それぞれ参照していただければさらに厚みのある理解が得られるでしょう．

　3つの部に何度も登場する事柄が多いので，関連学習を助けるため用語解説や索引，練習問題もつけました．学習を折り紙にたとえるなら教科書は平らな千代紙です．関連事項をつなぎ合わせて立体的な折り鶴を組み立てましょう．

　貴重な微生物の写真などをご提供いただいた方々や機関にお礼申し上げます；東北大学 南澤 究教授，千葉大学 矢口貴志博士，東京大学 北 潔教授，東京農工大学 松永 是教授，東京慈恵会医科大学 近藤 勇名誉教授，国立医療センター研究所 三田村俊秀博士，名古屋市立大学 籔 義貞博士，藤田保健衛生大学 堤 寛教授，大阪大学 本田武司教授，大阪市立大学 宮田真人教授・中根大介氏，産業医科大学 古賀洋介教授，宮古農林高校 前里和洋教諭，国立感染症研究所，味の素株式会社 生産技術研究所，キリンビール株式会社，雪印乳業株式会社，石川雅之氏，講談社，手塚プロダクション，アメリカ疾病予防管理センター（CDC），世界保健機関（WHO）．

　また日ごろ研究室で熱心に微生物とつきあってくれている学生諸君，とりわけ内容全般にわたって補佐してくれた博士後期課程の岸川淳一くんと椛島佳樹くん，扉や用語解説のイラストを描いてくれた高司祐子さん，および知的刺激を与えてくれた同僚，学会で各種の議論に応じてくださった研究者のみなさん，とりわけ上述の北先生と宮田先生にお礼申し上げます．さらに編集作業の過程で大変なご助力をいただいた裳華房の野田昌宏さん，筒井清美さんと，協力してくれた家族にも感謝します．

2008年4月

坂 本 順 司

目　次

第 1 部　基礎編　地球は微生物の惑星

1 章　微生物と人類 ― 世界史の中の小さな巨人 ―
- 1・1　ヒトの歴史と微生物 …………… 2
- 1・2　微生物の狩人 …………………… 4
- 1・3　微生物の大きさと形 …………… 7
- 1・4　表層構造と分類 ………………… 10

2 章　培養と滅菌 ― 生きるべきか死すべきか ―
- 2・1　栄養形式 ………………………… 17
- 2・2　生育条件 ………………………… 19
  - 2・2・1　温　度 …………………… 19
  - 2・2・2　酸　素 …………………… 20
  - 2・2・3　pH ………………………… 21
  - 2・2・4　塩濃度, 浸透圧 …………… 21
  - 2・2・5　圧　力 …………………… 22
  - 2・2・6　光線および放射線 ……… 22
- 2・3　培養と増殖 ……………………… 22
  - 2・3・1　培　地 …………………… 22
  - 2・3・2　培養方法 ………………… 24
  - 2・3・3　増殖曲線 ………………… 26
  - 2・3・4　増殖の測定 ……………… 27
- 2・4　保存と殺菌 ……………………… 27
  - 2・4・1　保　存 …………………… 27
  - 2・4・2　滅菌と消毒 ……………… 28

3 章　代謝の多様性 ― パンのみにて生くるにあらず ―
- 3・1　代　謝 …………………………… 32
- 3・2　発　酵 …………………………… 33
- 3・3　酸素呼吸 ………………………… 35
- 3・4　嫌気呼吸 ………………………… 37
  - 3・4・1　硝酸呼吸 ………………… 38
  - 3・4・2　硫酸呼吸 ………………… 39
  - 3・4・3　炭酸呼吸 ………………… 39
  - 3・4・4　脱ハロゲン呼吸 ………… 40
  - 3・4・5　その他の嫌気呼吸 ……… 40
- 3・5　無機呼吸 ………………………… 40
  - 3・5・1　硝　化 …………………… 42
  - 3・5・2　硫黄化合物の酸化 ……… 43
  - 3・5・3　水素呼吸 ………………… 44
  - 3・5・4　鉄の酸化 ………………… 44
- 3・6　光合成 …………………………… 45
- 3・7　エネルギー代謝の多様性 ……… 47

　　　練習問題 …………………………… 50

第 2 部　分類編　微生物は分子ツールの宝庫

4 章　グラム陽性細菌 ― 強くなければ生きていけない ―

- 4・1　ファーミキューテス門
  （Firmicutes　低 GC グラム陽性菌）… 52
  - 4・1・1　バチルス科（Bacillaceae） …… 52
  - 4・1・2　ブドウ球菌科（Staphylococcaceae）54
  - 4・1・3　クロストリジウム科
    （Clostridiaceae） ……………… 55
  - 4・1・4　ラクトバチルス目（Lactobacillales） 55
  - 4・1・5　マイコプラズマ科
    （Mycoplasmataceae） …………… 57
- 4・2　アクチノバクテリア門
  （Actinobacteria　高 GC グラム陽性菌） 57
  - 4・2・1　ストレプトマイセス科
    （Streptomycetaceae） …………… 58
  - 4・2・2　コリネバクテリア科
    （Corynebacteriaceae） ………… 58
  - 4・2・3　マイコバクテリア科
    （Mycobacteriaceae） …………… 59
  - 4・2・4　ノカルジア科（Nocardiaceae） 61
  - 4・2・5　プロピオニバクテリア科
    （Propionibacteriaceae） ……………… 64

5 章　プロテオバクテリア ― 近接する善玉菌と悪玉菌 ―

- 5・1　α-プロテオバクテリア綱
  （α-Proteobacteria） …………… 65
  - 5・1・1　酢酸菌科（Acetobacteraceae） 65
  - 5・1・2　リケッチア目（Rickettsiales）… 66
  - 5・1・3　リゾビウム目（Rhizobiales） … 67
  - 5・1・4　その他 ……………………… 68
- 5・2　β-プロテオバクテリア綱
  （β-Proteobacteria） …………… 69
- 5・3　γ-プロテオバクテリア綱
  （γ-Proteobacteria） …………… 70
  - 5・3・1　シュードモナス科
    （Pseudomonadaceae） …………… 70
  - 5・3・2　腸内細菌科（Enterobacteriaceae）70
  - 5・3・3　ビブリオ科（Vibrionaceae）…… 73
  - 5・3・4　その他 ……………………… 74
- 5・4　δ-プロテオバクテリア綱
  （δ-Proteobacteria） …………… 75
- 5・5　ε-プロテオバクテリア綱
  （ε-Proteobacteria） …………… 75

6 章　その他の細菌と古細菌 ― 極限環境を生きるパイオニア ―

- 6・1　光合成細菌（photosynthetic bacteria）78
  - 6・1・1　紅色細菌（purple bacteria）…… 79
  - 6・1・2　緑色硫黄細菌
    （green sulfur bacteria） ………… 80
  - 6・1・3　糸状性緑色細菌
    （filamentous green bacteria） ……… 80
  - 6・1・4　ヘリオバクテリア（heliobacteria）81
  - 6・1・5　藍色細菌（cyanobacteria）…… 81
- 6・2　病原細菌や好熱性細菌など ………… 82
  - 6・2・1　クラミジア門（Chlamydiae）… 82

6・2・2　スピロヘータ門（Spirochetes）　82
6・2・3　好熱性細菌(thermophilic bacteria)84
6・2・4　デイノコッカス-サーマス門
　　　　（Deinococcus- Thermus）　……… 84
6・2・5　バクテロイデス門(Bacteroides)など84
6・3　古細菌（archaea）………………… 85
6・3・1　クレンアーキア門(Crenarchaeota)86
6・3・2　ユーリアーキア門(Euryarchaeota)86

7章　真核微生物とウイルス ― 一寸の菌にも五分の魂 ―

7・1　真 菌（fungi）………………… 90
7・1・1　子嚢菌門（Ascomycota）……… 91
7・1・2　担子菌門（Basidiomycota）…… 93
7・1・3　その他の真菌類 ……………… 93
7・2　原生生物（protista）…………… 94
7・2・1　クロムアルベオラータ
　　　　（Chromalveolata）…………… 95
7・2・2　エクスカヴァータ（Excavata）97
7・2・3　ユニコンタ（Unikonta）……… 98
7・2・4　植物（Plantae）とリザリア
　　　　（Rhizaria）…………………… 99
7・3　ウイルス（virus）………………… 99
7・3・1　分 類 ……………………… 102
7・3・2　エイズウイルス（HIV）…… 104
7・3・3　がんウイルス ……………… 105
7・4　亜ウイルス因子 ………………… 107

練習問題…………………………… 112

第3部　応用編　赤・白・緑のテクノロジー

8章　感 染 症 ― 病原体とヒトの攻防 ―

8・1　感染と防御 ……………………… 114
8・1・1　感染性と病原性 ……………… 114
8・1・2　感染の諸様式 ………………… 117
8・1・3　生体防御と免疫 ……………… 119
8・1・4　防 疫 ………………………… 124
8・2　共通感染源による感染症 ……… 126
8・2・1　食物感染 ……………………… 126
8・2・2　水系感染 ……………………… 127
8・3　ヒトからヒトにうつる感染症 ……… 128
8・3・1　経気道感染 …………………… 128
8・3・2　性行為感染症 ………………… 130
8・4　動物の媒介する感染症 ………… 131
8・4・1　節足動物媒介性感染症 ……… 131
8・4・2　人獣共通感染症 ……………… 132
8・5　医原性感染病と日和見感染症 …… 133

9章　レッドバイオテクノロジー（医療・健康）― 命を支える微生物 ―

9・1　抗生物質 ………………………… 136
9・1・1　細胞壁合成を阻害する抗生物質 137
9・1・2　タンパク質合成を阻害する抗生物質140
9・1・3　その他の化学療法薬 ………… 140
9・2　ビタミン ………………………… 141
9・3　ステロイドホルモン …………… 143
9・4　酵素とペプチド ………………… 143
9・5　ゲノム医療 ……………………… 145

10章　ホワイトバイオテクノロジー（発酵工業・食品製造） ─ おいしい微生物 ─

- 10・1　発酵生産 …………………… 149
- 10・2　発酵飲食品 ………………… 153
  - 10・2・1　酒 類 …………………… 153
  - 10・2・2　味噌，醤油 …………… 155
  - 10・2・3　酪農製品 ……………… 156
  - 10・2・4　その他の食品とプロバイオティクス …………………………… 157
- 10・3　食品素材とその応用 ……… 158
  - 10・3・1　アミノ酸 ……………… 158
  - 10・3・2　呈味性ヌクレオチド … 158
  - 10・3・3　有 機 酸 ……………… 159
  - 10・3・4　糖 類 …………………… 160
- 10・4　酵素とポリペプチド ……… 161
- 10・5　伝統工芸 …………………… 163

11章　グリーンバイオテクノロジー（環境・農業） ─ 緑の地球を守る微生物 ─

- 11・1　物質循環と水処理 ………… 166
  - 11・1・1　炭素循環とバイオ燃料 … 166
  - 11・1・2　窒素循環 ……………… 168
  - 11・1・3　硫黄とリンの循環 …… 168
  - 11・1・4　水 処 理 ………………… 169
- 11・2　微生物生態系と農業 ……… 170
  - 11・2・1　微生物生態系 ………… 170
  - 11・2・2　植物との共生 ………… 171
  - 11・2・3　農業への応用 ………… 172
- 11・3　環境浄化 …………………… 172
  - 11・3・1　石 油 …………………… 173
  - 11・3・2　生体異物 ……………… 174
  - 11・3・3　プラスチック ………… 176
- 11・4　金属と微生物 ……………… 177
  - 11・4・1　重金属の処理 ………… 177
  - 11・4・2　鉱業への応用 ………… 177

練習問題 ……………………………… 181

参考文献 ……………………………… 182
引用文献 ……………………………… 183
練習問題の解答例とヒント ………… 184
索　引 ………………………………… 187

- Box 1　古典に登場する微生物 ……………………………………… 14
- Box 2　平板培地 ─ 素朴な方法の限りない威力 ─ ……………… 30
- Box 3　好気性菌のナノテクノロジー ……………………………… 48
- Box 4　アミノ酸生産の代謝工学 …………………………………… 62
- Box 5　新興感染症と病原体の由来 ………………………………… 76
- Box 6　バイオエネルギー ─ 大きな地球を救う小さな微生物 ─ … 88
- Box 7　マンガやアニメに見る微生物 …………………………… 110
- Box 8　新型インフルエンザの恐さと備え ……………………… 134
- Box 9　米屋のカビから医薬品 ─ 微生物創薬の道筋 ─ ……… 146
- Box 10　自分で作ろう発酵食品 …………………………………… 164
- Box 11　環境微生物学の新手法 …………………………………… 178

第1部　基礎編
地球は微生物の惑星

1. 微生物と人類 ― 世界史の中の小さな巨人 ―
2. 培養と滅菌 ― 生きるべきか死すべきか ―
3. 代謝の多様性 ― パンのみにて生くるにあらず ―

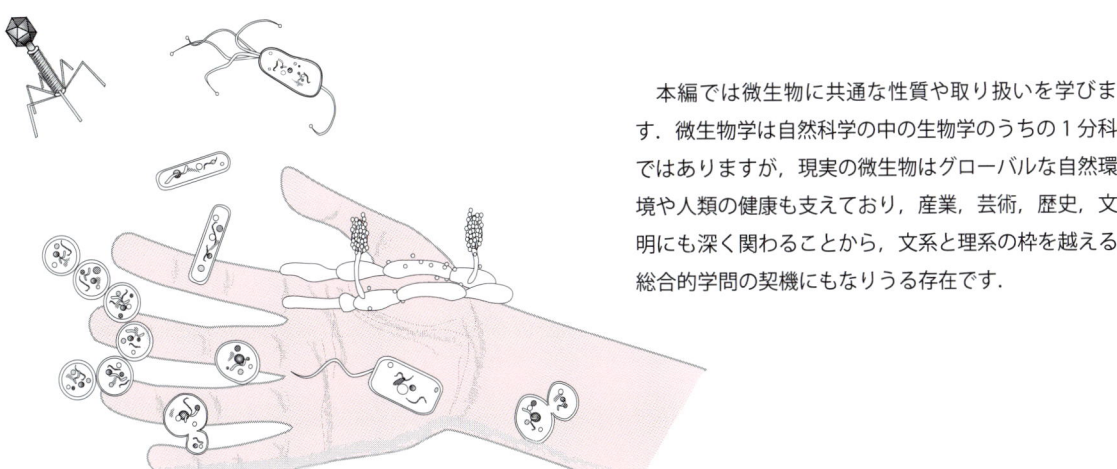

　本編では微生物に共通な性質や取り扱いを学びます．微生物学は自然科学の中の生物学のうちの1分科ではありますが，現実の微生物はグローバルな自然環境や人類の健康も支えており，産業，芸術，歴史，文明にも深く関わることから，文系と理系の枠を越える総合的学問の契機にもなりうる存在です．

1. 微生物と人類
― 世界史の中の小さな巨人 ―

微生物とは,「肉眼では見えないほど小さな生物」という意味です.哺乳類とか種子植物のように分類学的な概念ではなく便宜的な言葉ですが,歴史を通じて人類に関わりの深い生物群です.この章では,微生物と人間の関わりを振り返りながら,微生物学の基礎知識を学びましょう.

1・1 ヒトの歴史と微生物

生命は 40 億年前に微生物(microorganism, microbe)として誕生した.原始の大気には酸素 O_2 がほとんど含まれていなかった.最初に O_2 を作り出したのは植物ではなく光合成細菌である.その後,酸素呼吸によってエネルギーを効率的に獲得できるようになって複雑な動物が生まれたのも,オゾン(O_3)層が危険な宇宙線を遮断して生物が陸上に進出できたのも,光合成微生物のおかげである.また私たちの身体にあるミトコンドリアという微小な構造体は,体内に取り込まれながら消化をまぬがれて細胞内共生[†]した細菌の末裔である.

ヒトは地上に最も遅く現れた哺乳類である.ヒトとチンパンジーが分岐したのは 600 万年前で,種としてのヒト *Homo sapiens* が出現したのは 15〜20 万年前と見積もられている.

人類は他の生物のおかげで存続してきた.動物の利用は狩猟から家畜の飼育に進んだ.イヌやブタなどの哺乳類とアヒルやニワトリなどの鳥類を次々に飼いならした上,群居性のウシやヒツジなどの牧畜が始まった.植物の利用は採集から作物の栽培に進んだ.イモやバナナなど栄養繁殖する作物を栽培した上,種子繁殖するコムギ,イネ,トウモロコシなどの穀物や豆類を大量栽培できるようになると,集団の規模が拡大し都市文明が誕生した.大陸や島の各地に都市が広がると交易も盛んになった.

一方,微生物はヒトの食生活に不可欠ではないかもしれないが,食物の保存

[†] 細胞内共生(endosymbiosis);ある生物の細胞が別の生物の細胞内に取り込まれて一体となって生存すること.刺胞動物や繊毛虫に藻類が細胞内共生している例などがある.一方,ミトコンドリアや葉緑体など細胞小器官の進化的起源も,その中に残るゲノム DNA の配列類似度などから,太古に起こった細胞内共生で説明される.

性や安全性，栄養価，可食度，風味，嗜好性などが発酵によって高められた．花の蜜がたまったり果実が過熟すると野生の酵母で自然に発酵しうるので，それら天然の甘い糖から作られる原始的な酒は人類誕生以前からあっただろうが，穀物から作るビールや清酒のような酒はデンプンを糖化する過程が余分に必要なため，人類の知能や社会が発達してから発明された文明の産物だと考えられる（Box1）．

　ヒトは2万年前頃以降，動植物に人為淘汰をほどこし，オオカミからイヌを，野生コムギから栽培コムギを作出してきたが，同様に発酵飲食品の製造に適した微生物も無意識的に育種してきた．

　人類文明と共進化したのは病原菌も同じである．感染症の多くはもともと動物の病気だったが，家畜化や牧畜，都市化，交易などの進展に伴って麻疹ウイルスや結核菌，マラリア原虫，エイズウイルス（HIV）などがヒトに蔓延する病原体に変化していった．

　この間，ヒトは自らの遺伝形質も部分的ながら変化させていった．農耕で集団的な定住が始まると赤痢など水で媒介される感染症が広まった．アルコールに消毒効果のある酒類はそれらの防止に役立つため，歴史的に集団農耕を経てきた集団には飲酒の文化が広がり，アルコールを分解する脱水素酵素の遺伝子のスイッチをオンにできる体質のヒトが多い．しかし長く狩猟採集社会を生きてきた人々は伝統的に飲酒の習慣がなく，酒に弱くてアルコール依存症になりやすいと考えられる．また，母乳に含まれる乳糖（lactose）は乳児にとって大切な栄養源であり，ラクターゼという酵素がこれを分解し利用する．この酵素の遺伝子は乳離れする時期にスイッチがオフにされるのが哺乳類の常である．人類でも多くの成人はミルクを消化できない（乳糖不耐性†）．しかし長い牧畜の歴史をもち生乳を日常的に飲むヨーロッパ人やアフリカのツチ族，アラビアの遊牧民などは成人後もラクターゼの働く割合が高い．あるいは乳酸菌の力を借りて乳糖を分解したチーズなどの乳製品を重用する．

　感染症は世界史の各時代を特徴づける．13世紀のハンセン病，14世紀のペスト，16世紀の梅毒，17〜18世紀の天然痘と発疹チフス，19世紀のコレラ，20世紀のインフルエンザはそれぞれの世紀を象徴している．

　中世末期にヨーロッパを襲ったペスト（黒死病）は3000万以上の人を死に追いやった．この時，まっ先に逃げ出した高位の聖職者は宗教の権威を失墜させた．また千年以上続いたガレノスの生理学やヒポクラテスの臨床医学はペストの治療に無力だったため，権威主義的な学者の権威も地に落ち，経験から学ぶ実証主義的な学問が育まれた．さらに人口の減少は農奴制を崩壊させた．し

† 乳糖不耐性（lactose intolerance）；不耐性とは一般に，本来なら分解できる物質を分解できないため抵抗力が弱くなっている現象．乳糖不耐性では，小腸の上皮細胞にある乳糖分解酵素（lactase）の活性が低下あるいは欠如しているため，生乳を飲むと下痢や腹鳴を起こす．これは乳糖を好む腸内細菌が異常に優勢となって菌叢のバランスが崩れるのが一因．乳児期では問題だが成人では乳糖不耐性が一般的．むしろ乳糖耐性の民族が他民族に粉ミルクを援助して下痢が多発するという社会問題も起こったことがある．

たがってペスト菌は中世の終焉を準備し，ルネサンスを導いたともいえる．

新旧大陸間の文明の興亡にも微生物の力が働いている．コロンブスのアメリカ大陸進出以降に原住民が急減したのは，火器による殺傷もさることながら天然痘や麻疹，発疹チフスなどによる病死が大きな割合を占めている．人口の多い旧大陸には病気もたくさんあったが，同時にそれらに対する免疫も獲得していた．ヨーロッパ人が南北アメリカを侵略したとき，意図せず病原体も運び，免疫のない原住アメリカ人をあっけなく病死させていった．18世紀のフランス-インディアン戦争では，天然痘の蔓延をねらい患者をくるんでいた毛布を相手方に贈るという意図的な生物兵器としての利用もあった．また，酒類の中でもコンパクトに運べて長持ちする蒸留酒は大航海時代に広まったが，アルコール度が高く酔いやすいため，原住アメリカ人を支配するのにも利用された．

微生物は国家の存亡や革命の成否も左右する．第一次世界大戦中のイギリスは，強力な爆弾の原料となるアセトン†の不足に見舞われた．時の軍需大臣ロイド-ジョージはその生産技術の開発をユダヤ人科学者ハイム・ヴァイツマンに依頼した．彼は微生物の発酵による生産を計画しトウモロコシのデンプンからアセトンとブタノールを作り出す細菌を2，3週間で発見して大量生産に導いた．ロイド-ジョージが首相になると，この功績に対してイスラエルの建国を支持し，初代首相にヴァイツマンが就任した．したがってこのアセトン-ブタノール発酵菌は1つの国家の建設を導いたといえる．一方，ロシア革命後のソビエトでは，シラミの運ぶ発疹チフスリケッチアなどによる感染症に手を焼き，革命の主導者レーニンは「社会主義が勝つかシラミが勝つか」と叫んだ．

病原菌は戦争の勝敗も決定する．15世紀末のイタリア戦争では梅毒スピロヘータがフランス軍をナポリから撤退させ，19世紀初頭には発疹チフスのリケッチアがナポレオンをロシアから敗退させ，第一次世界大戦ではスペイン風邪のウイルスがドイツの進軍を阻んだ．歴史上の戦争では勇ましい戦闘よりも膿や嘔吐にまみれて伝染病や栄養失調で死ぬのが大半だった．戦場は英雄的な戦闘死より苦悶の傷病死にあふれ，最大の勝者はどの国民でもなく病原体であることも多いのが戦争の実相である．

1・2　微生物の狩人

17世紀末レーウェンフックはレンズ1枚の顕微鏡でさまざまな微生物を発見した（表1・1）．池の水や口の中，ぶどう酒などにうごめく原生動物や酵母，藻類，細菌などを観察した彼の報告は当時の人々を驚かした．この新たな生物界を見いだしたレーウェンフックは微生物学の父とよばれている．

† アセトン（acetone）；ハッカ様の特異臭と引火性のある無色の液体で，水やエタノールなどほとんどの溶媒と自由に混和する．ダイナマイトの主成分であるニトログリセリンはわずかな衝撃でも爆発する性質があるが，感度を調整するのにアセトンが使われ，実用的な爆薬の製造に有用だった．なおノーベル賞の創設者アルフレッド-ノーベルが発明した当時のダイナマイトは，微生物の珪藻（7・2・1項）の死骸が堆積ししてできた珪藻土にニトログリセリンをしみ込ませて安全化していた．

表 1・1　微生物研究の歴史

年	研究者	発見
1684	レーウェンフック（Antoni van Leeuwenhoek，蘭）	細菌を含む多くの微生物を手製の顕微鏡で発見
1798	ジェンナー（Edward Jenner，英）	免疫療法を開発（種痘，天然痘ワクチン）
1837	カニャール-ラトゥール（Charles Cagniard de la Tour，仏）；シュワン（Theodor Schwann，独）；キュチング（Friedlich Kützing，独）	アルコール発酵が酵母によることを発見（3名が独立に）
1857	パストゥール（Louis Pasteur，仏）	乳酸発酵が細菌（乳酸菌）によることを発見
1864	パストゥール（Louis Pasteur，仏）	自然発生説を完全否定．微生物さえ親から生じる
1867	リスター（Joseph Lister，英）	外科手術における消毒法を確立（石炭酸による）
1881	コッホ（Robert Koch，独）	純粋培養法を確立（固形培地による）
1884	コッホ（Robert Koch，独）	病原微生物の特定に関する4原則を提唱
1890	ベーリング（Emil von Behring，独）＆北里柴三郎（日）	血清療法を開発（ジフテリア・破傷風の抗毒素）
1890	ウィノグラドスキー（Sergei Winogradsky，露）	化学独立栄養の概念を確立
1898	レフラー（Friedrich Loeffler，独）ら	濾過性病原体を発見（ウシ口蹄疫ウイルス）
1908	エールリヒ（Paul Ehrlich，独）＆秦佐八郎（日）	化学療法薬を開発（梅毒治療にサルバルサン）
1929	フレミング（Alexander Fleming，英）	抗生物質を発見（ペニシリン）
1935	スタンリー（Wendall Stanley，米）	ウイルスを結晶化（タバコモザイク病）
1977	ウーズ（Carl Woese，米）	古細菌を発見
1995	ベンター（Craig Venter，米）＆スミス（Hamilton Smith，米）	細菌の全ゲノム配列決定（インフルエンザ菌）

　医療の面では18世紀末にジェンナーが種痘すなわち天然痘に対するワクチンを確立し，免疫療法の端緒となった．人痘を用いた療法はアジアに広く行われていたが，彼は牛痘を用いて安全性を高めた．19世紀後半リスターは，外科手術において石炭酸（phenol）を使用して治癒率を向上させた．消毒の原理の発見である．

　フランスのパストゥールは，炭疽で死んだ家畜の血液を取り出し100回希釈してから動物に注射しても原液と同様に病気を起こすことを示し，この病気の原因が単なる化学物質ではなく増殖する微生物であることを明らかにした．彼はまた予防接種の有効性を多くの病気で実証した．これら医学での寄与のほか，パストゥールは発酵生産の分野でも活躍した．ぶどう酒の酸敗が微生物（乳酸菌）によることを発見しこれを「酒の病気」と見た．またアルコール発酵が酵母で起こるというカニャール-ラトゥールらの発見には異論が強かったのだが，パストゥールはそれら異論を完膚なきまで打ち破り，これを確かな定説として確立した．飲食品の発酵・腐敗とヒトの病気というまったく別の事象を，彼は共通の微生物現象として関連づけた．さらに，動物ではすでに否定されていた自然発生†説を微生物のレベルでも最終的に反証した．

　一方，ドイツの片田舎の開業医だったコッホは，妻から誕生祝いに顕微鏡を贈られたのをきっかけに細菌研究にのめり込んだ．菌の純粋培養法を確立した

† 自然発生（spontaneous generation）；生物が親なしでも無生物から自然に生まれ出るという考え方．「蛆がわく」といった言葉からもわかるように，中世までは素朴に信じられた観念だが，17世紀のなかばフランチェスコ-レディはウジやハエのレベルの自然発生を実験によって否定した．その後レーウェンフックが発見した微生物についても，ラザロ-スパランツァーニによる滅菌操作の開発に続き，有名な白鳥の首フラスコ実験を用いたパストゥールによって完全に否定された．ただし生命のもともとの起源は，自然発生した微生物だと考えられる．

† コッホの 4 原則；a〜c の 3 条件はコッホの師のヤコブ・ヘンレが先に提唱したので「ヘンレ‐コッホの原則」とよぶこともある．ただしこの原則に基づき具体的に実証したのはコッホの炭疽菌や結核菌が最初である．なお教科書の著者によっては様々な変形がほどこされ，d を除いて「コッホの 3 原則」と称するもの，c と d を合併したもの，a を複数に分割したものなどもある．

上，弟子たちとともに炭疽菌や結核菌，コレラ菌などの病原菌を発見した．彼はこれらの業績に基づいて提唱した「コッホの 4 原則†」にも名を残している．これはある病原体が特定の病気の原因となることを証明するための条件 4 か条である．

a. 病変部位に必ずその病原体が見いだされること．
b. その病原体が病原部位から分離されて純粋培養できること．
c. その病原体を感受性ある宿主に接種すれば同じ病気を起こすこと．
d. さらにその病変部位から再びその病原体が回収されること．

この原則は今でも受け継がれている．ただし限界もあり，ヒトの病原菌に感受性のある実験動物が見つからなくても人体実験はできないし，純粋培養できない病原菌もある．ウイルスは人工培地で純粋培養できないが，代わりに適当な動物由来の培養細胞で増殖させる．

微生物の発酵現象は医学や発酵学だけではなく，化学や熱学など幅広い近代科学の興隆にも関わっている．18 世紀イギリスの医学部教授で化学を担当したジョセフ・ブラックはウイスキーの蒸留法を研究し，潜熱を発見して定量的な熱学の基礎を築いた．一方 宣教師プリーストリは，醸造桶の上部が空気より重くロウソクの火を消す気体（二酸化炭素）で満たされていることに気づいたことをきっかけに気体の研究に魅了された．その後 酸素や水素をはじめ多くの気体を発見し，ラヴォアジエなどによる近代化学の建設に刺激を与えた．

微生物学の分野で 3 人の巨人を選ぶなら，医学と発酵学を代表するコッホとパストゥールに加え，環境分野の象徴としてウィノグラドスキーが挙げられる．彼は無機物だけを食べて生きる菌や反応性の低い大気中の窒素を固定する菌をはじめ各種の土壌細菌を発見し，地球の物質循環に微生物が大きな役割を果たしていることを見いだしていった．

19 世紀末に微生物学の黄金時代を築いた知の巨人たちは，一見異なる雑多な現象の背後に共通の原因や原理を発見することによって，科学の全体性を形作っていった．現代の科学は研究を高度化し先端化しているが，一方で学問のセクショナリズムに陥ってもいる．実直な厳密性も重視しながら，他方で人類の総合的な知の体系を回復する努力も必要だろう．

† タバコモザイク病ウイルス（tobacco mosaic virus, TMV）；タバコモザイク病は古くから知られた植物病の 1 つで，タバコの葉にモザイク状の斑点ができ，生育が悪くなり，しばしば葉の奇形も生じる．TMV はその原因ウイルスで，長さ 300 nm，直径 18 nm の棒状．単一種のタンパク質約 2100 個が中空の筒状に並び，その内側に一本鎖 RNA 分子がらせん状をなす．初めて発見されたウイルスで，結晶化されたのも最初である．

以上のような細菌とはまったく異なる病原体が 19 世紀末に発見された．当時のタバコ産業に大きな被害を与えていたタバコモザイク病†の病原体は濾過滅菌しても除かれないことから，細菌より小さいことがわかった．同じ頃，ウシの口蹄疫の病原体も同様に細菌濾過器を通過する一種の生命体であることが見いだされ，ウイルスとよばれることになった．しかしウイルスは光学顕微鏡

では見えないほど小さく，その後 電子顕微鏡が開発されて初めて形態が観察された．また単なる物質のように結晶化される（口絵⑨）．

　20世紀になると，エールリヒと秦 佐八郎は有機ヒ素化合物サルバルサンで梅毒を治療できることを見いだし，化学療法を創始した．その後もサルファ薬†などの合成化学療法薬の開発が続いた．病原微生物を標的とする化学物質の中でも，フレミングがアオカビから発見した抗生物質ペニシリンはとくに注目される．以後もストレプトマイシンやテトラサイクリンなど多くの抗生物質が発見され，感染症の治療薬として利用された．すなわち微生物には病気を起こす悪玉だけではなくその対抗策を与えてくれる善玉もある．19世紀の最後の20年間が微生物の狩人の時代だとすれば，20世紀前半は抗菌薬の狩人の時代といえる．

　微生物学史の項目が19世紀より20世紀で少なくなるのはなぜだろうか（表1・1）．もはや微生物の研究はすたれて最近は大した進歩がないのだろうか．それは違う．むしろ逆に微生物は生物学全般に普遍的な知見をもたらす代表的な生物群になり，微生物を対象とする研究の歴史がそのまま現代生物学の歴史に重なったため，微生物学に限定した歴史が書けなくなったためである．すなわち20世紀の中盤から分子遺伝学や分子生物学の時代が始まった．

1・3　微生物の大きさと形

　微生物のうち典型的な原核細胞は 1 μm のスケールである．10 μm 台の真核細胞より小さく，むしろ細胞小器官と同程度である（図1・1）．実際，赤痢菌や結核菌，クラミジアなどの病原細菌はヒトの細胞の中に侵入して活動する．

　微生物の中でも原生生物や真菌は動植物と同じく細胞に核があることから真

†サルファ薬 (sulfa drug)；スルファニルアミド (sulfanilamide) 骨格をもった合成抗菌薬．「サルファ剤」ともよばれる．細菌の葉酸合成を阻害して静菌作用（p28）を示す．9・1・3項で詳述．なお「剤」は散剤，錠剤，カプセル剤など服用，投与時の形態を区別した語であり，成分の化学物質そのものをさす場合は「薬」を用いる．

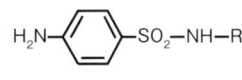

サルファ薬

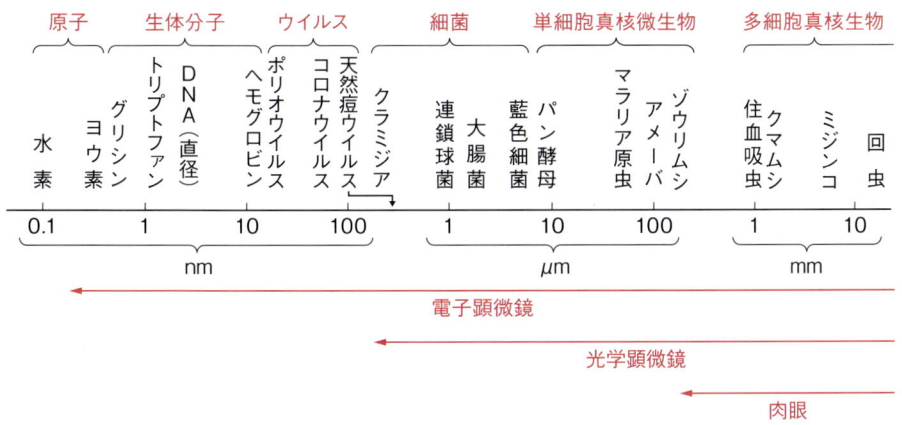

図1・1　微生物の大きさ

† 16S rRNA；細胞質にあるリボソームという小粒はタンパク質合成が起こる場であり，多くのタンパク質と数個の RNA からなる超分子複合体である（図 1・5）．16S rRNA は細菌のリボソーム RNA(ribosomal RNA) の 1 つで，その塩基配列の類似度は生物の系統関係に対応する（次節参照）．S は巨大分子の大きさの指標となる沈降係数の単位（Svedbery）．

† べん毛と鞭毛（ともに flagellum，複数形 -lla）；ともに繊維状の運動器官だが，原核生物と真核生物では大きさも組成も運動のメカニズムもまったく異なるため，前者は平仮名，後者は漢字で書き分ける．細菌の直径約 20 nm のべん毛が H⁺ 駆動力でスクリューのように回転運動するのに対し，原生動物の鞭毛虫や高等動物の精子などに見られる鞭毛は，太い部分では直径 1 μm に及び，ATP の化学エネルギーで鞭のように波打ち運動する．7・2・3 項も参照．

† 水素イオン駆動力（proton motive force）；呼吸や光合成などの過程でH⁺ イオンは膜を隔てて輸送される．これによって濃度差ができると濃い側から薄い側に流れようとする傾向が生じる．また膜内外に電位差ができると，やはり電位の高い側から低い側に流れようとする駆動力が生じる．この 2 つを合わせて H⁺ 駆動力という．すなわち酸化還元の化学エネルギーや太陽の光エネルギーがいったん H⁺ 勾配のエネルギーに変換されるわけであり，これがべん毛の回転や ATP の合成，物質の濃縮などを駆動する．3・3 節で詳述．

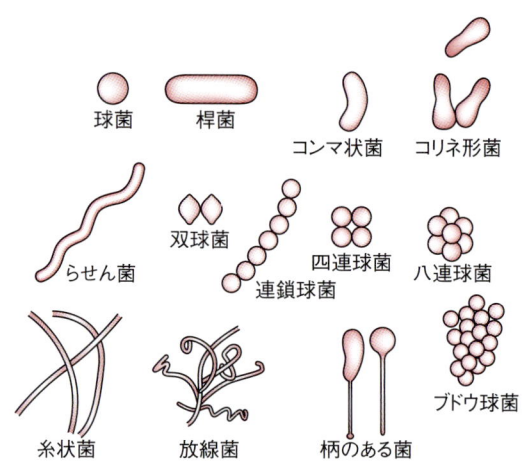

図 1・2　細菌の形態

核生物（eukaryota）とまとめられるのに対し，細菌には明確な核構造がないことから原核生物（prokaryota）と区別される．「核」を意味する "karyo-" は「木の実の核，クルミ」の意のギリシア語 karyon に由来する．ウッズらは微生物の 16S rRNA† の分析から，一部の原核生物は通常の細菌（bacteria）とまったく異なることを見いだし，古細菌（archaea）と名づけた．古細菌は細菌よりむしろ真核生物に近縁であり，生物全体は真核生物と細菌と古細菌の 3 つに大別できることを示した．したがって生物の大分類に占める微生物の地位は大きい．3 大群のうち 2 大群の全体（細菌と古細菌）と第 3 群（真核生物）の半分（原生生物や真菌）が微生物である．

　球状の細菌を球菌（coccus）といい，細長いものを桿菌（bacillus）とよぶ（図 1・2）．この 2 語は学名にもよく登場する．複数の細胞が集合する性質の菌に双球菌，四連球菌，連鎖球菌，ブドウ球菌などもある．らせんを巻いたものはらせん菌（spirillum）という．細長い繊維状の菌を糸状菌というが，この語は主に真核生物のカビの同義語として使われる．放射状に伸びた繊維状の菌を指す放線菌という語は，逆に原核生物の特定の群を指す．コンマ状（,）のビブリオ菌，一端が太い特徴的な棍棒形や，2 つがくっついた V 字形や Y 字形をとりやすいコリネ形（coryneform）菌，球状の細胞に柄がついた形の菌もある．

　多くの細菌には直径約 20 nm のべん毛†がある（図 1・3）．一端あるいは両端にあるものが極べん毛で，細胞の周囲に広く分布するのが周べん毛である．1 本だけの単毛や複数が束になった群毛もある．べん毛にはフラジェリンというタンパク質がらせん状に集合した繊維状部分と，細胞壁や細胞膜に埋め込まれたモーター部分（基底小体）とがある．べん毛運動の原動力は呼吸などで細

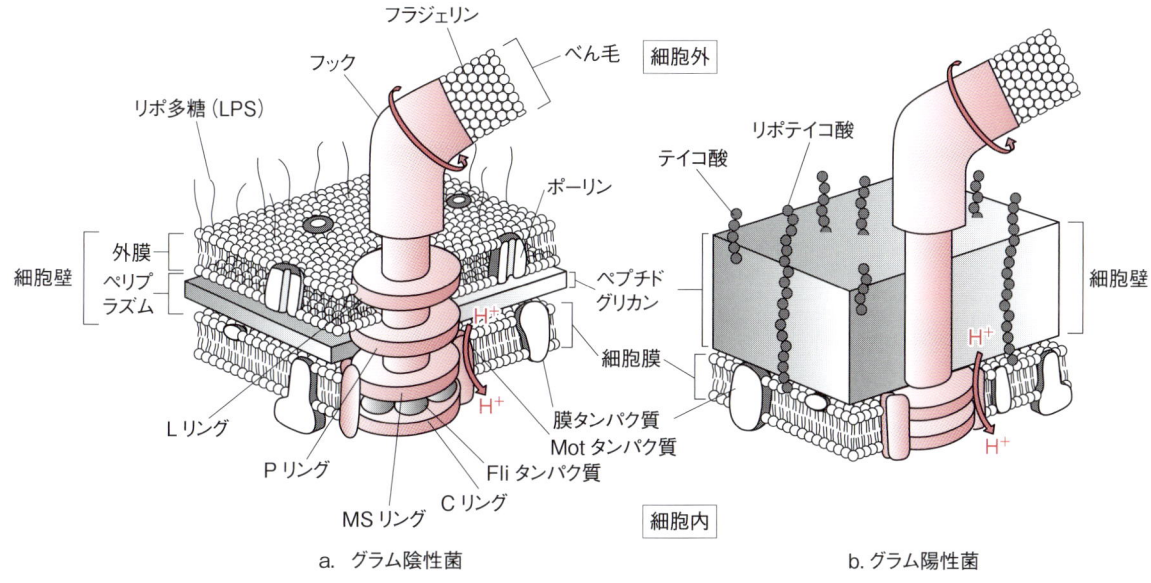

図 1・3　細菌の表層構造

胞膜に形成された水素イオン（H^+）駆動力†であり，細胞の外から H^+ が流入するのに共役してべん毛が回転し菌を動かす．この細菌の運動を時速で表すと 17 cm/h に過ぎないが，1 秒間に体長の何倍進むかで表すと地上最速の動物チーターの 2 倍の速さである．

　マイコプラズマなどある種の細菌は，べん毛以外のしくみで固形物の表面を滑走する（口絵④）．微生物はしばしば栄養など誘因物質に向かったり毒物など有害物質から遠ざかったりする．これを走化性（chemotaxis）といい，光合成微生物が光に向かって移動する走光性（phototaxis）とともに代表的な走性である．微生物には目も耳もないが，細胞膜に外界の刺激を感じとるセンサータンパク質があり，信号を伝えて反応する．

　べん毛より短くまっすぐな線毛†をもつ菌もある．線毛には，宿主細胞や人工物の表面などに接着するための付着線毛（attachment pilus）と遺伝物質 DNA を移送する中空の性線毛（sex pilus，あるいは接合線毛）とがある．いずれもピリン(pilin)とよばれるタンパク質からなり，太さ 2～8 nm のがんじょうな繊維状構造体である．付着線毛は幅広い細菌に存在し，病原菌では主要な毒性因子である．性線毛は大腸菌などに存在し，内径 2 nm の穴があり，接合（conjugation）という性現象で抗生物質耐性因子や F プラスミド（F 因子）などを伝達する．

　一部の細菌は芽胞（内生胞子，endospore）とよばれる特徴的な構造体を細胞内に作る（図 4・1 参照）．芽胞は厳しい環境下で長期間休眠するための構造

† 線毛（pilus，複数形 -li あるいは fibria，複数形 -iae）と繊毛（cillium，複数形 -li）；ともに細胞から外に向かって突出した繊維状の構造物だが，生物種や大きさ，組成，役割などがまったく異なる．線毛は細菌にあって遺伝物質の移送や基体への接着に働き，繊毛は真核細胞にあって運動する．線毛はピリンという単一のタンパク質からなり，太さは 8 nm くらいまでだが，繊毛は鞭毛と同じく細胞膜に包まれた太さ 200 nm 以上の細胞小器官である．

であり，熱や乾燥，放射線，化学物質（消毒薬も含む），酸など種々の物理化学的因子に対して通常の栄養細胞（vegetative cell）より抵抗力がずっと高い．数千年前の古代遺跡や堆積物から復活した例があるほか，2500〜4000万年前の琥珀に閉じ込められたハチの腸内の好熱菌や2億5000万年前の塩の結晶中の好塩菌が芽胞のおかげで生き返ったとの報告もある．ただし芽胞は1細胞に1個しかできないため，カビなどの胞子と違い繁殖には役立たない．

1·4　表層構造と分類

微生物にも以上のような形態的特徴があるものの，動植物と違い形態だけで種を同定することは難しい．そこで含有物質の種類や割合という化学的性質のほか，生化学的・血清学的・実用的性質・染色性なども分類に用いられた．

特異的な染色のうち細菌のグラム染色（Gram stain）はとくに重要である（図1·4）．紫の色素クリスタルバイオレットで染まる菌をグラム陽性菌（Gram positive bacteria），サフラニンで薄いピンク色に後染色される菌をグラム陰性菌（Gram negative bacteria）とよぶ．この染色性の違いは細胞表層の構造の違いを反映している．

グラム陽性菌は脂質二重層を基盤とする細胞膜の外に厚い細胞壁をもっている（図1·3）．細胞壁は糖の鎖をペプチドが架橋したペプチドグリカン（peptidoglycan）からなる．ペプチドグリカンは網袋状に細胞全体を包む巨大な分子である．この細胞壁にはテイコ酸（teichoic acid）やリポテイコ酸が含まれている．テイコ酸は糖やアミノ酸を結合したポリアルコールをリン酸が架橋した分子である．一方グラム陰性菌には，細胞膜（内膜）のほかにリポ多糖（lipopolysaccharide, LPS）を含む外膜がある．両者の間は幅12〜15 nmのペリプラズム（periplasm, あるいはペリプラズム空間 periplasmic space）であり，ここに薄いペプチドグリカン層がある．アミノ酸の種類や架橋の長さの違いでペプチドグリカンは化学的に多様である．古細菌にはさらに組成の異なるシュードペプチドグリカンがある．

グラム陰性菌が物質を分泌するには2層の膜を通過させなければならないため，特別な分泌機構

ステップI．準備
1. スライドガラスに試料液を薄く広げる
2. 空気中で乾かす
3. 火炎を通して固定

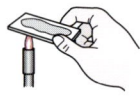

ステップII．染色
1. クリスタルバイオレットで染色，1分

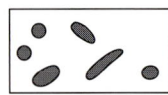
すべて濃紫色

2. ヨウ素溶液で媒染，1分

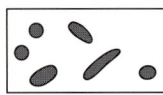
濃紫色にとどまる

3. 95% アルコールで脱染，すばやく水洗

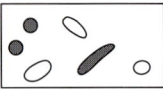
グラム陽性菌：濃紫色
グラム陰性菌：透明

4. サフラニンで後染色，1〜2分．水洗

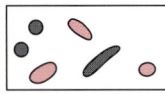
グラム陽性菌：濃紫色
グラム陰性菌：桃〜赤色

ステップIII．顕微鏡で観察

図1·4　グラム染色

(secretion system) を備えている（口絵①）．構造や分子進化的起源の違いからⅠ～Ⅴの5型に分類されている．Ⅰ型分泌機構では内膜，外膜，ペリプラズム空間を貫通するチャネル構造を3種類のタンパク質が形成しており，H^+駆動力によって物質を分泌する．多剤耐性菌の異物排出輸送体にもこれと同類のタイプがある．Ⅱ型とⅤ型は内膜と外膜で別のタンパク質によって2段階で通過する分泌様式である．Ⅲ型（type three）とⅣ型（type four）の分泌機構はそれぞれ TTSS，TFSS と略され，ともに中空の長い針状構造体を標的細胞に差し込んで注射器のように物質を注入する．またいずれも多数のタンパク質からなる巨大な超分子複合体であり，内膜と外膜をつないで土台となる基部と針状に伸びるニードル部とがある．その遺伝子群は注入物質の遺伝子とともにゲノム上で大きなクラスターとして集合している．病原菌の場合，これは病原性の島（pathogenicity island）とよばれる．Ⅲ型はタンパク質性の病原因子の分泌に特化しており，べん毛と起源を同じくするのに対し，Ⅳ型は病原因子のほかに DNA を伝えるなど多様な機能があり，接合[†]の性線毛から派生した．

細胞壁や外膜のさらに外側にポリペプチドや多糖からなる粘液層（slime layer）をもつ菌も多い．これが細胞に強く結合しまとまった膜状構造をとる場合は莢膜(きょうまく)（capsule）という．納豆のネバネバは納豆菌の粘液層であり，グルタミン酸の重合体である．大量の粘液に多数の微生物が包まれ，物体の表面に固着して生存や増殖の場となっている構造体をバイオフィルム（biofilm）という．歯垢(しこう)や配水管のぬめりなどもバイオフィルムである．莢膜やバイオフィルムはジャングルジムのように隙間(すきま)のあるゲル状構造で，水や栄養素も通過する．宿主の免疫系など外界からの防壁になっており，病原性の強化因子でもある．

以上のような形態や染色性，化学組成など表現型（phenotype）に基づく古典的な分類では，系統的に離れた微生物でも偶然的な類似からまとめてしまうこともあるし，類縁の遠近を定量化しにくい．そこで現在はゲノム DNA の一次構造の類似度を基本にした遺伝子型（genotype）による分類が主になっている．具体的にはリボソームの 16S rRNA（真核生物の場合は 18S rRNA）の塩基配列が信頼性の高い判断基準とされている（図1・5）．

微生物も動植物と同じく，種（species），属（genus），科（family），目（order），綱（class），門（phylum），界（kingdom）およびドメイン（domain）などの階層で分類される（表1・2）．目名の語尾は "-ales"，科名の語尾は "-aceae" とする．

動植物では種の定義は明確である．「自然界で交雑が可能で生殖力のある子孫を作り，他の集団から生殖的に隔離された個体の集団」とされる．しかし無

[†] 接合（conjugation）；細菌の2細胞が結合し，一方（donor）から他方（recipient）へ遺伝物質 DNA の一部を伝達する現象．大腸菌などでは性線毛をつくる遺伝子を含む大型の F プラスミドをもつ F^+ 株が donor，これをもたない F^- 株が recipient になるが，F プラスミドが宿主の染色体に組み込まれた Hfr 株では接合の頻度がより高い．真核生物の有性生殖になぞらえて細菌の性（sex）とみなし，雄株，雌株などとよぶこともある．なお繊毛虫類や真菌類などにも接合とよばれる遺伝現象があるが仕組みはまったく異なる．

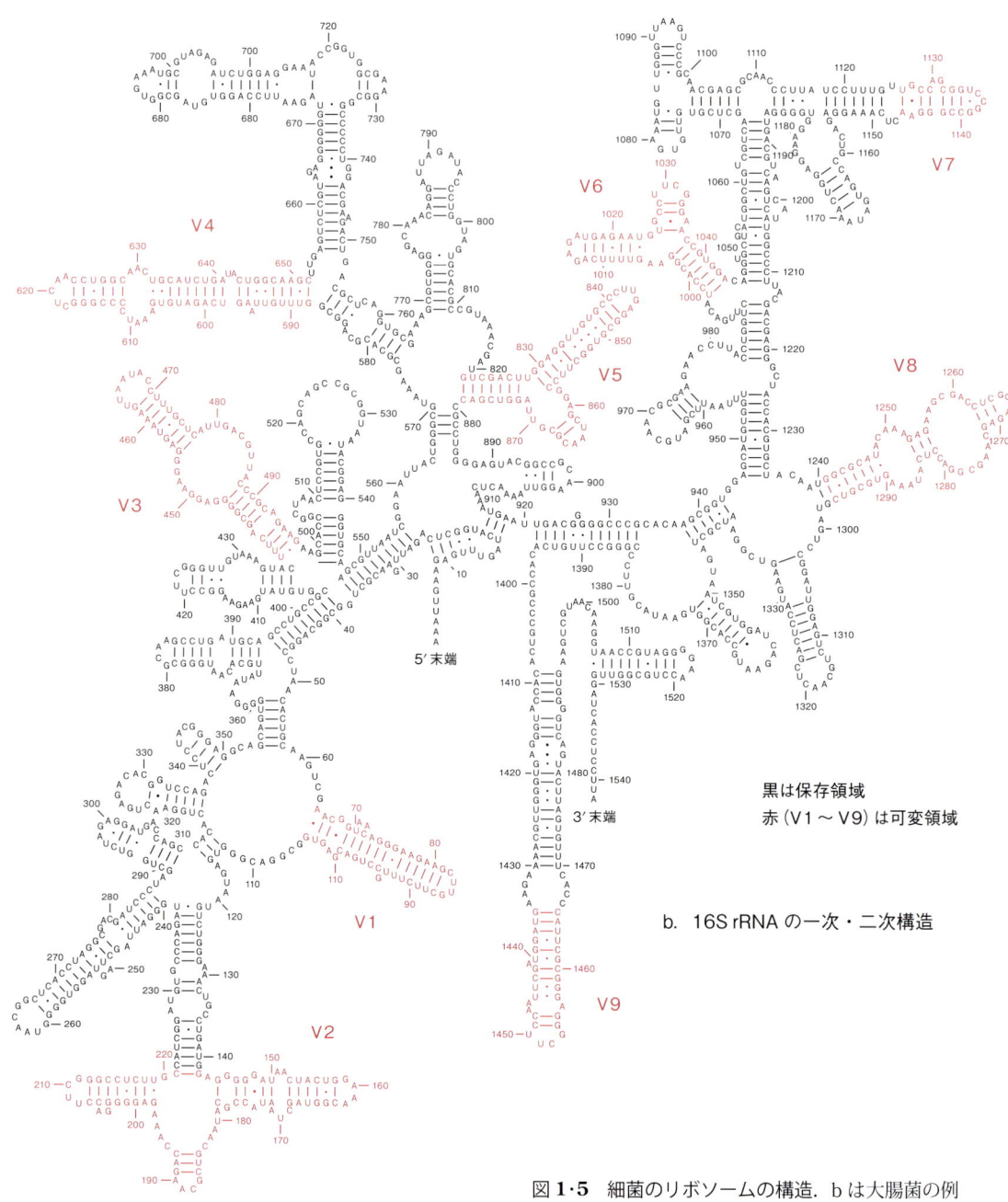

図 1・5　細菌のリボソームの構造．b は大腸菌の例

表 1・2 細菌と古細菌の分類

界 門 綱	目	科	属（例）
古細菌　Archaea			
Crenarchaeota　クレンアーキア			
Thermoprotei	Sulfolobales	Sulfolobaceae	*Sulfolobus*
Euryarchaeota　ユーリアーキア			
Methanomicrobia（メタン生成菌）	Methanosarcinales	Methanosarcinaceae	*Methanosarcina*
Halobacteria 好塩菌	Halobacteriales	Halobacteriaceae	*Natoronobacterium*
Thermoplasmata　（好熱好酸菌）	Thermoplasmatales	Thermoplasmataceae	*Thermoplasma*
細菌　Bacteria			
Aquificae　　　　　（同名の 1 綱のみ）	Aquificales	Aquificaceae	*Aquifex*
Deinococcus-Thermus			
Deincocci （1 綱のみ）	Deinococcales	Deinococcaceae	*Deinococcus*
	Thermales	Thermaceae	*Thermus*
Chloroflexi			
Chloroflexia	Chloroflexales	Chloroflexaceae	*Chloroflexus*
Dehalococcoidia	Dehalococcoidales	Dehalococcoidaceae	*Dehalococcoides*
Cyanobacteria　藍色細菌	Nostocales	Nostocaceae	*Anabaena*
Firmicutes　　低 GC グラム陽性菌			
Clostridia	Clostridiales	Clostridiaceae	*Clostridium*
		Heliobacteriaceae	*Heliobacterium*
Bacilli	Bacillales	Bacillaceae	*Bacillus*
		Staphylococcaceae	*Staphylococcus*　ブドウ球菌
	Lactobacillales	Lactobacillaceae	*Lactobacillus*　乳酸桿菌
		Enterococcaceae	*Enterococcus*　腸球菌
		Streptococcaceae	*Streptococcus*　連鎖球菌
			Lactococcus　乳酸球菌
Tenericutes			
Mollicutes	Mycoplasmatales	Mycoplasmataceae	*Mycoplasma*
Actinobacteria　高 GC グラム陽性菌			
Actinobacteria （1 綱のみ）	Actinomycetales　放線菌	Actinomycetaceae	*Actinomyces*
	Corynebacteriales	Corynebacteriaceae	*Corynebacterium*
		Mycobacteriaceae	*Mycobacterium*
		Nocardiaceae	*Rhodococcus*
	Propionibacteriales	Propionibacteriaceae	*Propionibacterium*
	Streptomycetales	Streptomycetaceae	*Streptomyces*
Chlorobi　　　　（同名の 1 綱のみ）	Chlorobiales	Chlorobiaceae	*Chlorobium*
Proteobacteria　プロテオバクテリア			
Alphaproteobacteria	Rhodospirillales	Rhodospirillaceae	*Rhodospirillum*（紅色らせん菌）
			Magnetospirillum
		Acetobacteraceae	*Acetobacter*　酢酸菌
	Rickettsiales	Rickettsiaceae	*Rickettsia*
	Rhodobacterales	Rhodobacteraceae	*Rhodobacter*（紅色細菌）
	Rhizobiales	Bradyrhizobiaceae	*Bradyrhizobium*
			Nitrobacter
Betaproteobacteria	Neisseriales	Neisseriaceae	*Neisseria*
	Nitrosomonadales	Nitrosomonadaceae	*Nitrosomonas*
Gammaproteobacteria	Acidithiobacillales	Acidithiobacillaceae	*Acidithiobacillus*
	Pseudomonadales	Pseudomonadaceae	*Pseudomonas*
	Vibrionales	Vibrionaceae	*Vibrio*
	Enterobacteriales 腸内細菌	Enterobacteriaceae	*Escherichia*
	Pasteurellales	Pasteurellaceae	*Haemophilus*
Deltaproteobacteria	Desulfovibrionales	Desulfovibrionaceae	*Desulfovibrio*
Epsilonproteobacteria	Campyloacterales	Campyrobacteraceae	*Campylobacter*
		Helicobacteraceae	*Helicobacter*
Planctomycetes　（1 綱のみ）			
Planctomycetia	Planctomycetales	Planctomycetaceae	*Planctomyces*
Chlamidiae　（同名 1 綱のみ）	Chlamydiales	Chlamydiaceae	*Chlamydia*
Spirochetes　（同名の 1 綱のみ）	Spirochaetales	Spirochaetaceae	*Treponema*
Bacteroidetes　（同名の 1 綱のみ）	Bacteroidales	Bacteroidaceae	*Bacteroides*

Bergey's Manuals（2017 年版）と NCBI Taxonomy Browser（2019 年 6 月 25 日現在）に基づく．
Deinococcus-Thermus から Actinobacteria までの 6 門は，Terrabacteria 上門にまとめることもある．

Box 1　古典に登場する微生物

　本文にもあるように，微生物が発見されたのは 17 世紀末だが，微生物の引き起こす現象は古代から古典に記されている．その内容は発酵飲食品と病気の 2 つに集中している．

i．古　代

　人類最古の文明発祥の地メソポタミア地方（現在のイラク）から出土した 5 千年前の板碑にすでに，楔形文字と絵でオオムギの麦芽を使ったビール造りの様子が描かれている．エジプト神話では，死者の神オシリスが麦酒の製法を人々に教えたと伝えられる．酒の神として最も有名なのはギリシャ神話のディオニソス（ローマ神話ではバッカス）であり，ぶどうの栽培法とワインの製造法を地上に広めたとされる．新約聖書の最後の晩餐でイエスが自らの血にたとえたように，キリスト教ではぶどう酒が尊重されているのに対し，イスラム教やヒンズー教では飲酒が禁止されている．日本の『古事記』で最古の酒の記述は須佐之男命が八俣之大蛇を退治した話であり，何度も醸した芳醇な酒を 8 つの酒船で 8 つの頭にふるまい，酔わせ眠らせて退治した．その後も酒は『万葉集』や『源氏物語』『徒然草』などにも登場し，古典に酒は欠かせない．

　一方，古代ギリシアの医聖ヒポクラテスはさまざまな流行病を報告している．現代の病名に対応させにくいものも多いが症状を詳しく記述しており，マラリア，おたふく風邪，コレラか赤痢，結核かインフルエンザ，ジフテリアなどの患者を治療したらしい．ハンセン病はインドの聖典ヴェーダをはじめエジプトのパピルス文書，中国の『論語』，バビロニアの楔形文字などにも記載されており，結核もヴェーダやハムラビ法典に載っている．ハンセン病はまた旧約聖書の『レビ記』でも詳述され，『マタイ伝』など新約福音書ではイエスが患者を救ったとされている．ただしハンセン病の原因が 19 世紀末に判明するまでは，症状の似た他の皮膚病と一緒に癩病とよばれていた．聖書で従来癩病と訳されていたものが 1997 年からのプロテスタントとカトリックの共同訳では「重い皮膚病」と直されている．旧約聖書の『出エジプト記』で神がエジプトに下した 10 の災厄の 5 番目は炭疽に比定される．

ii．中世から近代へ

　ボッカチオの『デカメロン（十日物語）』は，中世イタリアを中心にヨーロッパから西アジアを含む幅広い階層の人々の生活を活写した短編集だが，黒死病を記録した貴重な史料でもある．シェークスピアの戯曲の中でジュリエットの仮死を知らせる手紙がロミオに届かなかったのもペストのせいだった．カミュには『ペスト』という名作がある．

　性感染症は洋の東西とも古典的には花柳病と優雅によばれた．性病を意味する英語の "venereal disease" を直訳すると「ビーナス（売春婦の麗称）の病気」となる．15 世紀末には激しかった梅毒の症状が温和に変化し，また 17 世紀以降宮廷やサロンの上流階級に広がると，音楽や文芸の創作意欲を高揚させる文化的な病ともみなされた．作曲家シューベルト，小説家モーパッサン，詩人ハイネ，哲学者ニーチェ，画家マネなど梅毒におかされた文化人も数多い．ヴォルテールの『カンディード』には梅毒の哲学者が

登場する.

　結核は洋の東西を問わず教養ある芸術家や不運な麗人のかかる悲劇的な病というイメージを伴っていた．ボッティチェリの「ヴィーナスの誕生」（図 1・6）には実在のモデルがあり，女神の容貌は結核の症状をそのまま示している．透き通るような白い肌，けだる気な表情，くぼんだ頬，細長い首，なで肩の姿態．また哲学者デカルト，科学者プリーストリ，詩人シラー，小説家バルザック，劇作家チェーホフなど多くの文化人がこの病に倒れた．ショパンの作曲した「雨だれ」は，結核を患う自分の胸の音を込めたと言われている．日本でも樋口一葉は 24 歳で，正岡子規は 34 歳で結核のため夭折した．結核の療養所（サナトリウム）を舞台にした堀 辰雄の『風立ちぬ』などの小説はサナトリウム文学ともよばれている．

　微生物は科学の領域に留まらず，文学，美術，音楽，宗教，哲学など人類の精神的遺産全般に深く関わる「小さな巨人」である．

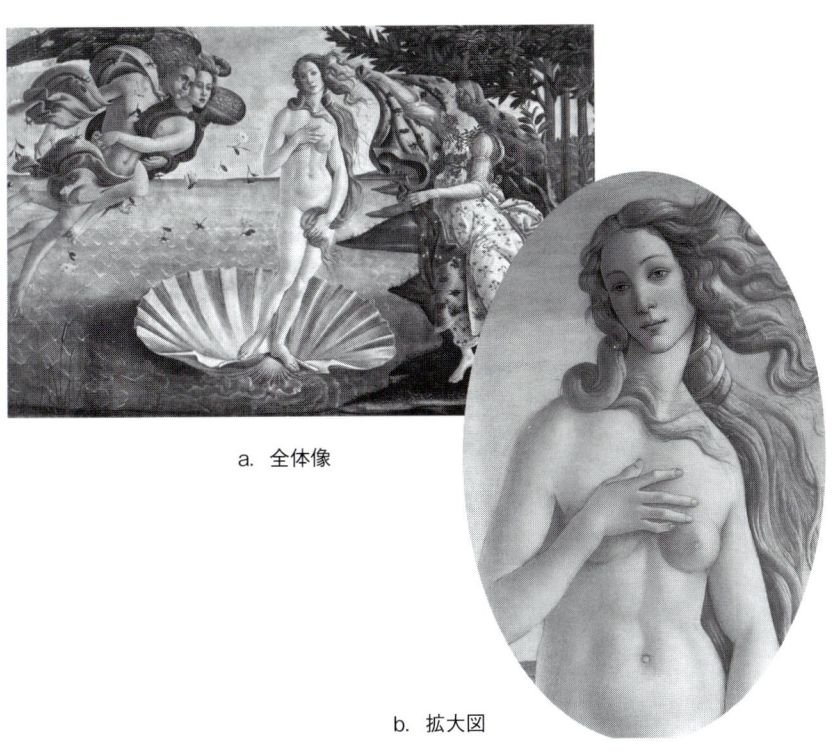

a. 全体像

b. 拡大図

図 1・6　ボッティチェリの「ヴィーナスの誕生」

†ハイブリッド形成（hybridization）；一本鎖の核酸分子どうしが相補性をもつ塩基対，A対T（あるいはU）およびG対Cの間で水素結合して対合し，二本鎖を形成すること．DNAの塩基配列の類似度を見積もったり相同な遺伝子を検出したりするのに用いられる．なおこの英語はもともと動植物の雑種形成（交雑）の意味であり，"hybrid"（雑種）の語はガソリンと電気で走る自動車「ハイブリッドカー」などにも転用されている．

性生殖する原核生物ではこの定義は適用できない．そこで16S rRNAの塩基配列の類似度がおおむね98％以上が同種，93〜95％以上が同属の目安と考えられている．これに全染色体DNAのハイブリッド形成†実験や，幅広い微生物に存在し生命現象の一般的な基盤となる重要な遺伝子の配列類似度も勘案される．重要な遺伝子といっても生物群ごとで異なるため，全生物に画一的に適用できる基準はない．今のところよく使われている遺伝子には，染色体DNAの複製時にその高次折り畳み構造を巻き戻すジャイレースや，タンパク質の正常な立体構造の保持を助ける分子シャペロンなどの構造遺伝子がある．基準とする遺伝子の採用にあたっては，ゲノム上の分布が偏らないように選ぶ必要もある．

以上のような下からの積み上げで，通常は科まで設定される．一方，上からの分割で，門あるいは亜門の設定まではほぼ同意が得られている．しかし中位の目や綱のレベルの決定は難しい．現在，細菌の分類では"Bergey's Manual of Systematic Bacteriology"の定評が高い（表1・2）．"The Prokaryotes"とともに最新版がインターネットで公開されている（巻末の「参考文献」の欄参照）．

一方，病原性の島（p11）などの遺伝子群は種の壁を超えて伝えられる．この伝達にはプロファージによる染色体への挿入とプラスミドによる染色体外遺伝因子の伝播とがある．ゲノムの全長の1％にも満たない遺伝子が水平伝達によって導入されても種の定義を揺るがすことはないが，表現型には大きな影響を与えうる．病原性を代表とする顕著な形質は菌種に固定された因子ではなく，菌株によって異なる場合もあるという明確な認識をもって，種の同定とともに株の同定も微生物検査の2大柱だと見なすべきだろう．

2. 培養と滅菌
— 生きるべきか死すべきか —

もともと目に見えない微生物を見えるようにする方法には何があるでしょうか？まず思いつくのは顕微鏡でしょう．しかしもう一つ，実際の研究の現場でもっと手軽に菌を眺める重要な方法に，寒天培地の上に菌の集落（コロニー）を作らせるという手法があります．細胞1つ1つは見えなくても何万，何百万と増えた集団は肉眼でも見えるので，多数の集落を分別しながら操作することができます．この章では，微生物の生育条件と実験室での取り扱い方を学びましょう．

2·1 栄養形式

生物が食物として取り込む物質を栄養素（nutrient），その現象を栄養（nutrition）という．栄養素には鉄やカルシウムなど無機物と，糖質や脂質，タンパク質など有機物とがある．有機物は，生物の身体の物質的な素材とくに炭素源（carbon source）であるとともにエネルギー源（energy source）でもある．

動物では炭素源とエネルギー源が共通して有機物だが，植物では太陽光がエネルギー源でCO_2が炭素源である．微生物にはさらに多様な栄養形式がある（図2·1）．エネルギー源として光を利用する生物を光合成生物（phototroph）というのに対し，化学物質を利用するものを化学合成生物（chemotroph）という．また炭素源がCO_2という無機物である生物を独立栄養生物（autotroph）というのに対し，有機物を必要とする生物を従属栄養生物（heterotroph）とよぶ．これらを組み合わせると生物は4つに類別できる．

a. 化学従属栄養生物（chemoheterotroph）：動物のほか多くの細菌や真菌類，原生生物がある．動物のように有機物をO_2で酸化する酸素呼吸を行う生物のほか，酸化剤（電子受容体[†]）としてO_2の代わりにSO_4^{2-}やNO_3^-を用いる嫌気呼吸を行う細菌もいる．またO_2を使わない発酵で生きる微生物もこれに含まれる（3章）．

[†] 電子受容体（electron acceptor）；酸化還元反応（oxidoreduction）は酸素原子Oや水素原子Hのやり取りと見られることもあるが，より広くは電子eのやり取りと定義される．たとえば$Cu^{2+} + Fe^{2+} \rightarrow Cu^+ + Fe^{3+}$の場合，銅イオンは$e$を1つ受け取って還元され，電子供与体（electron donor）の鉄イオンはeを1つ失って酸化される．なお，光やホルモンなどの信号を受け取る細胞やタンパク質を意味する「受容体」は"receptor"の訳語である．細胞間の遺伝子授受や個体間の臓器移植などでは，"donor"の相手は"recipient"となる．

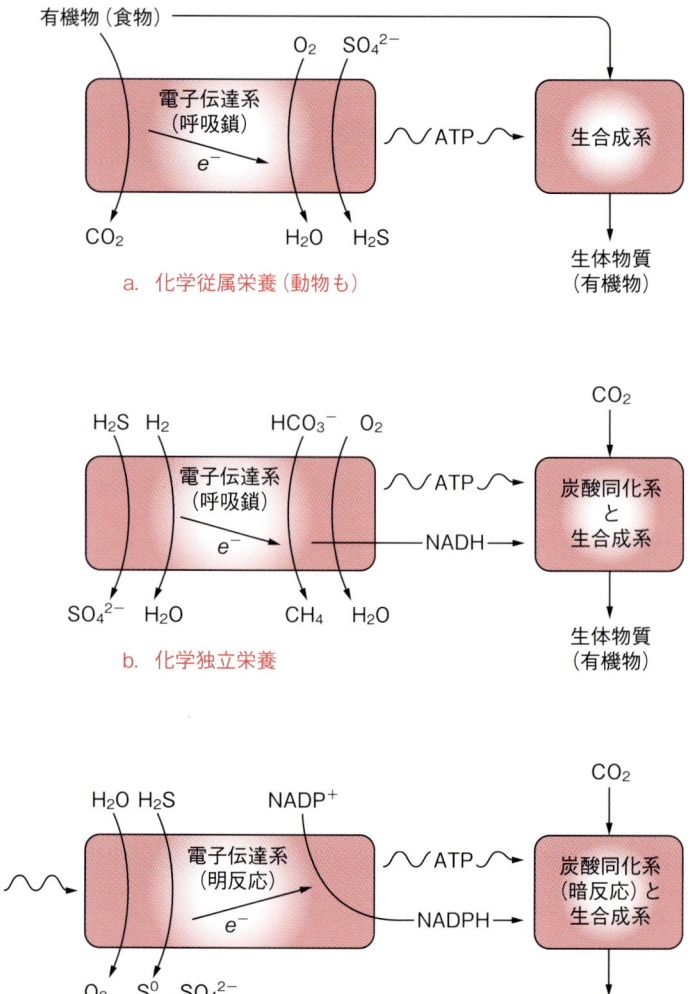

図 2・1　代表的な3つの栄養形式
光従属栄養は省略．詳細は第3章で説明．

 b. **化学独立栄養生物**（chemoautotroph）：有機物も光も必要とせず，H_2S や NH_4^+, H_2, Fe^{2+} など還元的な無機物をエネルギー源とし，CO_2 を炭素源とする．このような無機呼吸で生きる栄養形式は微生物に特有なため，a や c とは違い 19 世紀末になって初めて発見された（表 1・1）．

 c. **光独立栄養生物**（photoautotroph）：光合成生物の大部分はこれで，藻類や植物とともに各種の光合成細菌がある．ただし植物のように O_2 を発生するタイプの光合成のほかに，O_2 を発生せず硫黄などを生成する細菌特有のタイプの光合成もある．

d. 光従属栄養生物（photoheterotroph）：藻類のごく一部のほか，光合成細菌のうち紅色非硫黄細菌と糸状性緑色細菌（緑色非硫黄細菌）がある．光合成でもリンゴ酸やグルタミン酸のような有機物を用い，炭素源としても有機物を必要とする．

　生育条件に応じて複数の栄養形式をとる生物もある．なお，呼吸や光合成の還元剤（電子供与体）として硫黄や窒素化合物など無機物を使う生物を無機栄養生物（lithotroph），有機物を使うものを有機栄養生物（organotroph）と分類することもある．"litho-" は「岩」の意味である．

2・2　生育条件

　微生物は前節で述べたように栄養形式が多様であるだけではなく，物理的要因も含め至適生育環境もさまざまである．とくに厳しい環境に生息する菌を極限環境微生物（extremophile）という．そのような微生物の産生する物理化学的に強靭な酵素は工業的物質生産や医療，学術研究などに応用されており，極限酵素（extremozyme）ともよばれる．

2・2・1　温　度

　微生物は種によって生育の至適温度（optimal temperature）や許容温度が異なり，培養には温度の制御が必要である．増殖中は代謝で大量の熱が発生するので，大規模培養の際はとくに冷却が重要な因子となる．

　生育温度によって微生物は4分類できる．通常の微生物は，至適温度が25～40℃，生育可能温度が15～55℃くらいであり，中温菌（あるいは常温菌 mesophile）という．至適温度が45℃以上の菌を好熱菌（thermophile），80℃以上のものを超好熱菌（hyperthermophile）という．至適温度65℃を境にして好熱菌をさらに中等度好熱菌（moderate t.）と高度好熱菌（extreme t.）に分けることもある．深海の熱水噴出孔にすむ超好熱菌には，300℃近い高圧熱水にも耐え120℃程度まで増殖できる菌が知られている．逆に至適温度が15℃以下で生育上限温度が20℃以下，生育下限温度が0℃以下のものを好冷菌（psychrophile）という．0℃以下で増殖できても生育温度域がより高いものは別に低温菌（psychrotroph）とよぶことがある．

　なお，温度に限らずpHや塩濃度などでも同じく，特殊な条件Xを好んで生育する菌を好X菌†とよび，通常の穏やかな条件を好むが極端な条件でも生育しうるものを耐X菌とするのが合理的だろうが，必ずしも統一的な定義は確立していない．

† 好X菌；しばしば「微生物が好む条件」といういい方がされるが，微生物には神経系がないので自我はもちろん好き嫌いの感情もない．これは，筋肉がなければ筋収縮もなく，血管系がなければ血液循環もないのと同じである．脳と独立に「精神」があると考えるのも同様の誤謬である．

2・2・2 酸　素

ほとんどの動物は酸素 O_2 がないと生きていけないが，微生物には O_2 がなくても生育できるものや，むしろ逆に O_2 がないときしか生きられないものもある．O_2 は反応性が高く，摂取した有機物を酸化する呼吸作用（3・3節）で大量のエネルギーを得るには好都合である．しかし，O_2 の4電子還元から生じる H_2O は無害なのに対し，中途半端な還元で生まれる活性酸素は細胞に障害を与える毒物である．スーパーオキシド $O_2^{-\cdot}$ や過酸化水素 H_2O_2，ヒドロキシラジカル $OH^\cdot$ などがそれである．呼吸鎖のオキシダーゼにはこれら有害な酸素分子種を解毒するものもある．また生体防御専用の酵素として，$O_2^{-\cdot}$ を除去するスーパーオキシド-ディスムターゼ (superoxide dismutase, SOD) や H_2O_2 を分解するカタラーゼ（catalase）やペルオキシダーゼ（peroxidase）をもつ生物もある．

O_2 のある条件でのみ生育できる微生物を好気性菌（aerobe, aerobic organism）といい，O_2 がなくても生育できるものを嫌気性菌（anaerobe, anaerobic o.）という（図2・2）．好気性の代謝の方がエネルギー効率がいいため，発酵生産の多くは好気性菌で行われる．ところが O_2 は水に溶けにくいことから，菌体密度が高くなる培養槽では通気が重要な因子となる．大気の酸素分圧 pO_2 は 20.95 % (v/v) で，飽和した25 ℃の緩衝液の O_2 濃度は 225 μM である．根粒菌やカンピロバクターなど通常の好気性菌より低濃度の O_2 を好む菌を微好気性菌（microaerophile）という．

嫌気性菌のうち O_2 のない条件でしか生育できないものを偏性（strict, obligatory 絶対）嫌気性菌という．偏性嫌気性菌は発酵や嫌気呼吸で生きており，メタン生成古細菌や酪酸菌が含まれる．一方，O_2 のある条件でも生育できるものは通性（facultative, 条件）嫌気性菌という．大腸菌やパン酵母など通常の通性嫌気性菌は O_2 があると酸素呼吸に切り替え，より良く生育できる．これに対し乳酸菌などは，広義には通性嫌気性菌に入れられるが呼吸系をもたず，O_2 があってもエネルギー獲得に利用しない．代わりにSODなど活性酸素分子種除去系をもっており，とくに空気耐性菌（aerotolerant anaerobe）とよんで区別される．

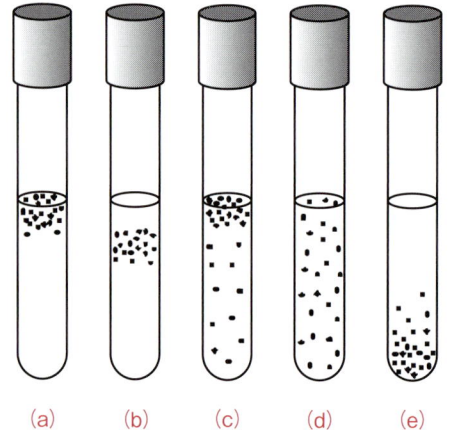

図2・2　微生物の酸素条件
培養用試験管で菌を培養する際，培地に少量の寒天を加えて液の対流を妨げると，菌の性格に応じて特徴的な集落（colony）の生え方が見られる．
a：好気性菌，b：微好気性菌，c：通性嫌気性菌，d：空気耐性菌，e：偏性嫌気性菌．

2・2・3 pH

一般には，pH 中性付近（6〜8）を至適とする好中性菌（neutrophile）が多いため，食品を酢漬けにすると長く保存できるが，好酸菌（acidophile）や好アルカリ菌（alkaliphile）もある．真菌には好酸性のものが多い．好アルカリ菌の酵素には，タンパク質や脂質など汚れ物質を分解する酵素として洗剤に配合されるものもある．微生物の培養では一般に，培地の pH は緩衝剤（buffer）で生育に至適な値に保つ．緩衝剤の中でもリン酸は中性付近に pK_a†があり，無毒でむしろ栄養の 1 つなのでよく使われる．pH をモニターしながら NaOH や HCl の添加によって一定に制御する場合もある．

好アルカリ菌の一部は同時に好塩性でもある．これは H$^+$/溶質共輸送†系による栄養物の取り込みやべん毛運動に必要な H$^+$ 駆動力（3・3 節）が，アルカリ性環境にある細胞では不足するためである．好アルカリ性バチルス属細菌の場合，べん毛は Na$^+$ に駆動され，栄養物の取り込みも Na$^+$/溶質共輸送系による．ただし呼吸によるエネルギー獲得は通常どおり H$^+$ を汲み出す形でなされる．膜電位差で補われることによって ATP 合成酵素も H$^+$ で駆動され，Na$^+$ の排出も Na$^+$/H$^+$ 逆輸送†系が担う．

2・2・4 塩濃度，浸透圧

淡水から宿主生物の体液程度までの塩濃度や浸透圧の環境に生息する通常の微生物は高浸透圧下では生育できないものが多いため，食品の塩漬けや砂糖漬けは保存性を高める．しかし中には高塩濃度を好む菌もいて，好塩菌（halophile）という．塩以外でも糖などの濃いところを好む菌を含める場合は好浸透圧菌（osmophile）とよぶ．好塩菌を至適食塩濃度で 3 分類すると，0.2〜0.5 M の海洋性の低度好塩菌（slight h.），塩漬けの魚や肉から分離される 0.5〜2.5 M の中等度好塩菌（moderate h.），2.5 M 以上の高度好塩菌（extreme h.）に分けられる．海水は 0.5 M の塩水である．高度好塩菌はパレスチナの死海や塩田，塩漬け食品などから分離される古細菌である．

通常の細胞を高浸透圧の液につけると脱水して死ぬが，好塩菌は体内に有機化合物や KCl（古細菌の場合）を保有し脱水をまぬがれている．有機物には細胞の生化学的過程を阻害しない物質が選ばれており，適合溶質（compatible solute）とよばれる．アミノ酸（グリセリンベタインやエクトイン）や多価アルコール（グリセリンやマンニトール），ショ糖などがある．二糖のトレハロースは昆虫では血糖として利用されている物質だが，保水性もよく風味や保存性を向上させることから食品の天然添加物として重用されている．

---

† pK_a；アミノ基やカルボキシル基などは水溶液中で解離平衡にある．
-NH$_2$ + H$^+$ ⇌ -NH$_3^+$
-COOH ⇌ -COO$^-$ + H$^+$
K_a はこのような H$^+$ の解離定数で，p は関数 $-\log_{10}$ を表す．水溶液の pH が pK_a に等しい時，解離型（-NH$_2$, -COO$^-$）と非解離型（-NH$_3^+$, -COOH）が 1:1 となる．リン酸 H$_3$PO$_4$ は 3 つの H$^+$ が解離しうるので，その pK_a は 2.15, 7.20, 12.33 の 3 つがある．

† 共輸送（symport），逆輸送（antiport），単輸送（uniport）；生体膜では輸送体（transporter）と呼ばれる膜タンパク質が物質やイオンを運ぶが，その輸送の 3 様式．2 つの分子やイオン（例えばグルコースと Na$^+$ イオン）を同じ方向に運ぶのが共輸送で，反対方向に運ぶのが逆輸送．1 つの分子のみを運ぶのが単輸送．

2・2・5　圧　力

　一般の細菌でも外圧に耐えうるものが多いが，それでも 300 気圧くらいからは生育阻害が起こる．とくに圧力の急激な変化には弱く，菌体が破壊されてしまう．菌体破壊装置の 1 つフレンチプレス†はこのことを利用している．水深 1000 m ごとに水圧は 100 気圧ずつ高まり，深海には至適圧力が 400 気圧以上の好圧菌（piezophile, barophile）が生きている．

† フレンチプレス（French press）；油圧により細胞懸濁液を加圧し，細いノズルから噴出させて急激な減圧，膨張により細胞を破壊する装置．C.S. French らが考案したことによる命名．細胞破壊法にはほかに超音波処理，ガラス‐テフロンホモジェナイザー，ワーリングブレンダー，ビーズ震盪法などがある．

2・2・6　光線および放射線

　光合成細菌にとって可視光線はエネルギー源だが，一般の生物にとって放射線とくにエネルギーの高い電離放射線は生体物質を破壊するので有害である．エネルギーが比較的低い非電離放射線でも，260 nm 付近の紫外線は DNA に障害を与える．調理場などの殺菌灯はこれを利用している．動物に比べ微生物は一般に放射線に強く，大腸菌はヒトの 6 倍の線量に耐える．細菌デイノコッカス ラジオデュランス *Deinococcus radiodurans* の放射線耐性（radiotolerance）は顕著で，ヒトの 1000 倍以上である．

　紫外線単独に比べ 365〜450 nm の可視光線を同時に照射すると，生菌数は著しく多くなる．この波長域の光は DNA の障害を修復する酵素系を活性化するためである．これを光回復（photoreversal あるいは光修復，光再活性化 photoreactivation）という．すなわち，せっかく殺菌灯をつけるなら照明用の電灯は消すべきである．

2・3　培養と増殖

2・3・1　培　地

　微生物や細胞を育てるための栄養混合物を培地（medium）という．生物の栄養形式に応じて培地に必要なものが異なる（表 2・1）．エネルギー源のほか炭素源と窒素源は必要だが，独立栄養生物ではそれらは無機物でよい．多くの微生物はアミノ酸やプリン，ピリミジン，ビタミンなど生育に必要な化合物を自ら合成できるが，乳酸菌など一部の微生物はそれらを外から取り込む必要がある．これらを成長因子†という．ミネラルはどの生物も必要とする．

　培地のうち，無機塩類や糖など純粋な化合物だけを混合して作る合成培地（synthetic medium あるいは限定培地 defined m.）は，組成を厳密に設定できる．光独立栄養生物は，最小ミネラル培地に無機の炭素源と窒素源を加え光を当てれば生育する．ただし光源の波長スペクトル特性に注意がいる．藍色細菌は蛍

† 成長因子（growth factor）；"Growth factor" は 2 つの異なる意味で用いられる．微生物学では，細胞の生育に微量に必要な有機化合物を指し，ビタミン，アミノ酸，プリン，ピリミジンなど微量栄養素が主である．「成長因子」と訳すことが多い．多細胞生物では，微量で細胞の増殖を促進する信号物質を指し，高分子のポリペプチドが主である．「増殖因子」と訳すことが多い．

表 2·1 栄養様式と培地

栄養要素	独立栄養生物	従属栄養生物
エネルギー源	光あるいは無機物 + O_2	有機化合物 ± O_2
C源	CO_2	有機化合物
N源[a]	NH_4^+, NO_3^-, N_2	NH_4^+, NO_3^-, 有機窒素化合物
ミネラル[b]	要	要
ビタミン[c]	不要	多くは不要だが，要も．
アミノ酸, 塩基類	不要	要あるいは不要
		寄生生物：もっと多数

[a] N源；NH_4^+：多くの細菌と真菌．NO_3^-：一部の細菌と真菌．N_2：窒素固定菌（根粒菌や土壌菌 *Azotobacter* など）． [b] ミネラル；比較的多量に必要なのは P (PO_4^{3-}), S (SO_4^{2-}), Mg, K, Na．少量でよいのは Fe と Ca．必要量が微量の Co, Mn, Cu, Zn, Mo は，ふつう意識的に培地に加える必要はない． [c] ビタミン；B_1（ピリドキサル），B_2（チアミン），B_6（リボフラビン），ビオチン（ビタミン H），パントテン酸など．

光灯で培養できるが，紅色細菌や緑色細菌はより自然光に近いスペクトルを必要とする．化学独立栄養生物にはそれぞれ適する還元的無機物と O_2 が必要である．従属栄養生物ではさらに炭素源や成長因子としての有機物を足す必要がある．

最もよく使われる培地は複合培地（complex m.）で，これは化学組成の必ずしも明らかでない天然成分も含む．代表的な培地成分やそれを用いた混合培地の例を表 2·2 に示す．ただし天然成分は製造元やロット[†]により微妙な違いもありうる．

肉の煮出し汁や蒸したジャガイモなど天然素材をそのまま使うものを天然培地（natural m.）という．酒や味噌，醬油など伝統的な発酵食品の製造過程は，天然素材そのままで微生物を培養していることになる．なおウイルスの増殖には生きた細胞が必要であり，いかなる培地でも培養はできない．

生物がどのような栄養を必要とするかを栄養要求性（auxotrophy）という．微生物の栄養要求性は，試料に含まれる微量物質の定量法としても利用できる．まず定量したい栄養素（たとえばビタミン B_2）だけを除いた培地を何本か調製する．そのうち一部に測定対象の試料（ビタミン B_2 を含んでいるが量が不明の混合液）を加え（実験群），残りにさまざまな既知量の当該栄養素を加える（対照群）．この栄養素を要求する微生物（たとえば乳酸菌）を両群の培地に均一に植菌する．対照群について，栄養素の量と微生物の増殖度との関係をグラフに描き，検量線とする．実験群の増殖度をこの検量線と比べて試料に含まれていたはずの当該栄養素の量を逆算する．このような方法を微生物定量法（microbioassay）という．

[†] ロット（lot）；製品の最小製造単位．同一条件で製造された商品のまとまりであり，ビンや箱が別でも共通の品質だと期待されるため，実験試薬など微妙な品質が問われる製品の場合，生産ロット番号が重視される．組成のずれや，まれには不純物の混入などもありうるので，実験ノートにはロット番号まで書き留めておくのが望ましい．

表 2・2　代表的な培地組成

混合培地の代表的な成分		
ペプトン（peptone）		獣肉や魚肉，牛乳カゼイン，大豆タンパク質などをペプシン，トリプシン，パパインなどのタンパク質分解酵素で分解したものを乾燥した粉末．オリゴペプチドやアミノ酸を主成分とする．
	獣肉ペプトン	含硫アミノ酸が比較的多く，トリプトファンが少ない．
	カゼインペプトン	逆にトリプトファンが比較的多く，含硫アミノ酸が少ない．
	両者を混合したもの	微生物用には上の2つを混合したものが都合が良い．「ポリペプトン」や "Bacto-Peptone" の商標で市販．
	トリプトン	タンパク質をトリプシンで分解したもの．比較的分子量の大きいものが多い．
カゼインの塩酸加水分解物		「カザミノ酸 casamino acids」などの商標で市販．牛乳カゼインをアミノ酸まで分解．トリプトファンは壊れるが，他のアミノ酸は適当な割合で含み，ほぼ完全にアミノ酸のみからなる．合成培地にも「アミノ酸混合物」として使われる．
酵母抽出物（yeast extract）		生育したパン酵母を嫌気的に培養することによって自己溶解を起こさせて得られた細胞抽出液を乾燥した粉末．アミノ酸のほかヌクレオチドやビタミンも多く含むきわめて栄養豊かな培地材料．
血清		病原菌等，寄生性の生物などに使う．
その他		麦芽エキス malt extract, 肉エキス, 可溶性デンプン, 廃糖蜜, コーン-スティープ-リカー corn steep liquor などが利用される．
代表的な混合培地		
LB 培地（Luria-Bertani broth）		1.0 % (w/v) トリプトン，0.5 % (w/v) 酵母エキス，1.0 % (w/v) NaCl, pH7.2〜7.4．大腸菌の生育に最も普通に利用．
MY 培地		0.3 % (w/v) 酵母エキス，0.3 % (w/v) 麦芽エキス，0.5 % (w/v) ポリペプトン，1.0 % (w/v) ブドウ糖，pH6.0．酵母やカビの培養や保存によく利用．
Bennet 培地		0.1 % (w/v) 肉エキス，0.1 % (w/v) 酵母エキス，0.2 % (w/v) ポリペプトン，1.0 % (w/v) ブドウ糖，pH7.2．放線菌用培地．

2・3・2　培養方法

　自然の発酵過程では多くの菌が共存していることが多い．このような状態での培養を混合培養（mixed culture）という．一方，目的の微生物だけに適した培地や条件で一群の生物だけを増殖させることを集積培養（enrichment c.）という．たとえば培地を酸性にすると乳酸菌など好酸菌のみが増殖し，好中性や好アルカリ性の雑菌を排除できる．伝統的な発酵生産でもこの方式が利用されている．ウィノグラドスキー（1・2節）が化学独立栄養細菌を発見できたのも，通常の栄養豊かな培地の代わりに無機物だけの培地で集積培養したおかげである．さらに単一種あるいは単一株の培養を純粋培養（pure c.）という．

　培地の形状には液体培地と固形培地がある．微生物を均一に扱い菌体やその生産物を大量に得るためには液体培地が使われるのに対し，菌を分離した

り区別，計数するなどの目的には固形培地を用いる．固形培地は栄養液を1.5〜2％の寒天（agar）で固めて作ることが多い（Box2）．古典的にはジャガイモの輪切りなど天然培地も用いた．複合培地でも初期には動物から抽出したタンパク質のゼラチンで固めていたが，これは分解して液状化する菌も多くまた28℃以上の孵卵器†では融解してしまう．紅藻のテングサから得られる多糖類の寒天は，ゲルの融点が高く分解菌も少ないアガロース（agarose）を主成分とするため広く使われている．

フラスコや試験管に液体培地を入れて好気性菌を培養するときは，綿栓や多孔質のシリコン栓でふたをし，震盪などにより通気を確保する．嫌気性菌では密栓し静置する．培養の規模（体積）に応じ，試験管やフラスコ，培養槽などを用いる（図2・3）．10リットル程度までだと中を観察しやすいガラス容器を使うが，それ以上だと強度を確保するためステンレス製が多い．大量に培養する際は，小スケールで前培養したものを種菌として，100〜1000倍ごとにスケールを上げていく．

液体培養のうちもっともよく使われるのは，操作の単純な回分培養（batch culture）である．一定量の培地に最初から一定量の栄養が仕込まれており，菌の密度や培地の組成は変化し続ける．増殖に見合うよう栄養を追加するのを流加培養（feed c., 半回分培養）という．さらに，新鮮な培地を注ぎ込むのと同じ速度で槽の培地を抜き取り体積を一定に保って培養することを連続培養（continuous c.）という（図2・3c）．連続培養では培地の組成を固定でき，菌も増殖相（次項参照）に保たれ，菌の密度と増殖速度を独立に変えられる．連続培養で培地の化学組成をモニターして一定に保つことをケモスタット

† 孵卵器（incubator）；鳥などの卵をかえすためにヒーターを備えて温度を一定に保つ容器．転じて微生物や培養動植物細胞を植えた平板培地などを静置する容器を意味する．同じ定温容器でも，液体培地を波打たせて通気するために試験管やフラスコを振り続ける震盪機（shaker）と対比される．

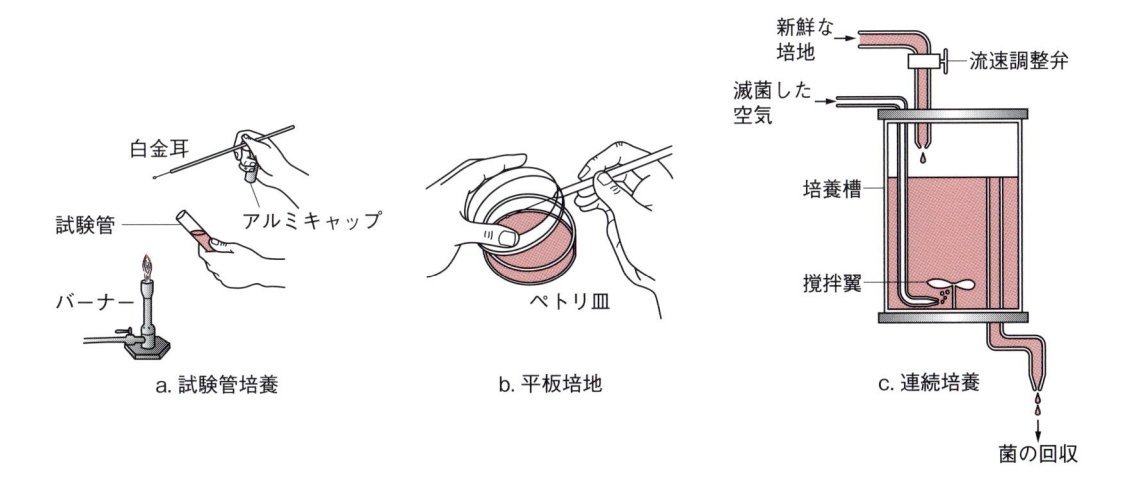

図2・3 培養方法
　　a：菌は白金耳などで扱う．試験管の口やアルミキャップは開閉のたびバーナーで火炎滅菌する．b：ペトリ皿の寒天培地に菌を塗布したり集落をかき取ったりする作業はふたをかざしたまま行う．c：連続培養では，オーバーフローで培養液を回収すると液量を一定に保てる．

2・3・3 増殖曲線

生育（growth）とは，動物の場合は個体サイズの拡大を意味するが，微生物の場合は細胞数つまり個体数の増加を意味するため「増殖」とも訳す．回分培養では次の4つの特徴的な増殖段階をたどる（図2・4a）．

a. **遅滞期**（lag phase，または誘導期 induction p.）：もともと増殖期にある細胞を同じ組成の新しい培地に植菌するとそのまま増殖を継続する．しかし一般には，すぐには増えはじめないことが多い．冷凍保存後の細胞などは障害を受けているのでその修復に時間がかかる．また増殖が止まった定常期の細胞は細胞内成分が枯渇しており，それの生合成でも遅れを生じる．さらに栄養豊かな培地から貧栄養培地に移した場合は，抑制されていた生合成系が再活性化される必要がある．

b. **対数増殖期**（logarithmic growth p. あるいは指数増殖期 exponential g. p.）：細胞が急激に増加する段階．ほとんどの原核生物は**二分裂**（binary fission）を繰り返すので指数関数的に増殖する．細胞が最も健康な時期なので，典型的な代謝などはこの相で研究される．増殖の片対数グラフは直線になり，その傾きから生育速度が求められる．細胞数が2倍になる時間を倍加時間（doubling time）あるいは世代時間（generation t.）という．大腸菌ではこれは約20分だが，増殖速度は種や栄養，pH，温度，酸素分圧などの条件によって異なる．同じ増殖期でも O_2 などの供給速度が限られている場合にはそれが律速†となり，直線的な増加になる場合がある（linear g. p.）．

c. **定常期**（stationary p. または静止期）：細胞がある密度に達すると増殖速度が減じ，生菌数が変化しない状態になる．この時期には胞子を形成したり抗生物質や細胞外酵素の生産が高まることもある．増殖が止まる要因には栄養の枯渇と有害な代謝産物（老廃物）の蓄積とがある．

d. **死滅期**（death p.）：培養の最終期で生菌数が減少する．原因にはたとえば分解酵素による細胞成分の分解などがある．

多くの細菌で同種の菌の密度を感知して多くの遺伝子発現を調節するしくみがあり，quorum sensing（定訳はまだないが「定足数感知」の意）とい

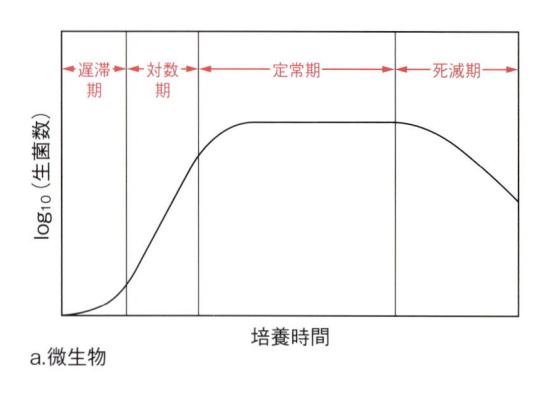

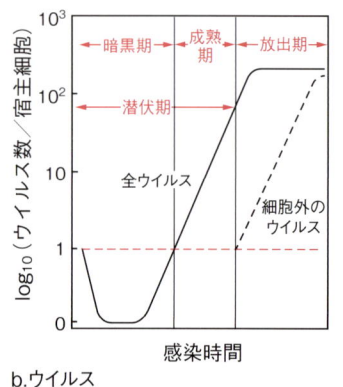

図2・4 増殖曲線

† **律速**（rate-limiting）；多くの段階や要因があるプロセスにおいて，そのうちの1つがプロセス全体の速度を制限して決定すること．微生物の培養で栄養や O_2 供給が十分であれば，細胞の分裂能力が律速となって増殖速度は菌体数に比例するため，増殖は指数関数的に加速される．一方，O_2 供給が不十分であればそれが律速となって，O_2 供給速度に一致して増殖は直線的になる．多段階の代謝経路でも，特定の酵素反応が律速になる．

う．たとえば緑膿菌ではアシルホモセリンラクトン（acyl homoserine lactone, AHL）などの信号物質が分泌される．互いにこれを感知すると多くの遺伝子の発現が誘導されてバイオフィルム（1・4節）の合成が起こり集団で防御する．

なおウイルスの増殖は二分裂ではなく，増殖曲線（growth curve）はまったく異なる．細胞に侵入したウイルスはいったん解体され暗黒期（eclipse p.）を経たあと，急激に（バースト的に）一段階増殖（one-step growth）し細胞外に放出される．

2・3・4　増殖の測定

微生物の増殖の測定法には直接的なものと間接的なものとがある．直接測定には，顕微鏡下で計数する方法がある．すなわち碁盤の目が刻まれたガラス板（計数盤）に微生物の培養液を載せ，カバーガラスをかぶせて細胞を数える．これだと死菌も含まれ，全菌数を測定したことになる．生菌のみを判別して数える方法に，固形培地の上で集落を数える方法がある（Box2）．

菌の細胞数を直接測定するのは時間がかかるので，研究室では日常的に間接測定をすることが多い．すなわち菌数に比例すると考えられる定量的指標を測る．最も手軽な方法は，培養液の 600 〜 660 nm の吸光度や濁度を分光光度計や比濁計で測定する．また，菌体を遠心機で集めた沈澱の重さすなわち湿重量（wet weight）を測ったり，その水分を蒸発させて乾燥重量（dry w.）を測ることもある．さらに生体成分の炭素量や窒素量を定量して菌体量を見積もることもある．

2・4　保存と殺菌

2・4・1　保　存

産業上の有用菌や学術上のモデル微生物を長期的に保存して供給する機関[†]もあるが，自然界から独自に単離した微生物や研究室で新しく作出した株などは独自に保存する必要がある．

微生物を生かしたまま定期的に新しい培地に植え直す継代培養法は，培養可能なすべての菌に適用できるが，植え継ぎの手間が面倒で死滅しやすく雑菌で汚染しやすい上，菌の性質が変わりうるなど欠点も多い．代謝を低下させて植え継ぎの頻度を下げるため，栄養成分の薄い培地を使い 2 〜 12℃で培養する場合が多い．菌の保存によく使われる斜面培地（slant）は，寒天栄養液を試験管に流し込み斜めの角度で静置して固めたものであり，小さな体積で大きな面積をかせげる．

腸内細菌科の菌やシュードモナス，ブドウ球菌などでは軟寒天法でより手軽

[†] 微生物保存機関；日本では独立行政法人製品評価技術基盤機構バイオテクノロジー本部生物遺伝資源部門がある．世界最大の機関として米国に American Type Culture Collection（ATCC）がある．ATCC の通し番号は，種や株を特定する指標として学術論文などにも広く使われている．

に扱いうる．滅菌した白金線やつまようじに菌をまぶして，バイアル瓶などに半量ほど注いで固めた低栄養軟寒天培地に差し込み（穿刺培養），冷暗所で密封保存する．

凍結や乾燥に耐える菌の場合は凍結法や乾燥法で代謝を停止し，より長期に保存できる．凍結法では，培養液に保護剤としてグリセロールを終濃度20％になるように加えて凍結し，－80℃のディープフリーザーや－196℃の液体窒素中で長期ないしは永年保存する．カビや酵母・放線菌などは胞子を形成させると－20℃でも安定である．多孔質のビーズに吸着させて保存する製品も市販されている．凍結法は電力消費が大きいことなどの問題がある．

一方，凍結乾燥法は確実性が高く，パン酵母の「ドライイースト」や日本酒用の麴（こうじ）のように乾燥保存菌体が商業ベースに乗っているものもある．実験室では，微生物培養液を液状のままか短冊型の濾紙片（ろ）にしみ込ませてガラスの細管に入れ，冷却凍結して減圧下で乾燥してからガラスを密封し室温保存する．スキムミルクやウシ血清などの保護剤を加えることも多い．調製に手間はかかるが，いったん作れば保管場所も維持経費もあまりかからない．

2・4・2 滅菌と消毒

微生物を有効に利用するには，逆説的だが微生物を殺す技術が必要である．すなわち特定の微生物を取り扱うのに用いる器具や培地に不要な雑菌が生えないよう前処理する必要がある．微生物をすべて殺すか除く処理を滅菌（sterilization）というのに対し，医学用語で消毒（disinfection）というのは病原菌を殺して感染（infection）を防止する操作のことであり，無害な菌には着目しない．菌を殺す薬品は殺菌的（bactericidal）であり，増殖を抑える薬品は静菌的（bacteriostatic）である．滅菌や消毒の効果は平板培地法で検定できる（Box2）．雑菌の混入を避ける無菌操作（aseptic technique）は，微生物学だけではなく幅広い生命科学研究やバイオテクノロジー，食品，医療，健康などの産業分野でも習熟すべき基礎技術である（図2・3）．

滅菌方法のうちでは煮沸など加熱が最もよく用いられる．調理で食材を加熱することには，栄養吸収性や風味を向上させる作用のほかに滅菌の意味もある．1804年に発明された缶詰も100℃の加熱滅菌の後で密閉する．ただし芽胞（1・3節）は耐熱性が高く，通常の100℃の加熱処理では死滅しない．研究室で頻用される方法には，オートクレーブ（autoclave）を用いた高圧滅菌がある．オートクレーブは2気圧に加圧することによって圧力鍋のような原理で121℃の高温を達成する．液体培地やガラス器具，耐熱性プラスチック器具などを約20

分で滅菌する．一方，芽胞形成菌も通常の栄養細胞[†]（1・3節）は熱に弱い点に着目した間歇殺菌法（tyndallization）も用いられる．この方法では加熱後に生き残る芽胞をおだやかな温度で出芽させて栄養細胞に変え，再び加熱することによって滅菌する．20世紀後半に開発されたレトルト食品は，アルミ箔とプラスチックフィルムの3層の袋に溶封し135℃，2〜3分の高圧滅菌にかける．

培地成分のうちビタミンや抗生物質の一部は加熱で分解するので，これらだけは別に濾過滅菌し後ほど混合する．アミノ酸と糖をいっしょに加熱すると褐色に変成する．これはアミノ酸のアミノ基と還元糖のカルボニル基が化合するメイラード反応（Maillard reaction）で，着色を避けるには別々に加熱する．

乾燥状態で扱うガラス器具や金属器具などは180℃，2時間程度で乾熱滅菌する．空気は熱伝導度や熱容量が低いので，乾燥空気中での加熱滅菌にはより高い温度と長い時間が必要である．滅菌操作の基本に火炎滅菌がある．白金耳やピンセット，つまようじ，培養容器の口やふたをガスバーナーの炎にかざして滅菌する（図2・3）．

強い加熱で風味の悪化する牛乳や食品の腐敗菌や病原菌を殺す方法に低温殺菌（pasteurization）がある．ワインやビールの傷みを減らし風味を保つためにパストゥール（1・2節）が開発した．現在，多くの牛乳は130℃2秒で高温殺菌しているのに対し，75℃15秒や65℃30分で低温殺菌した製品も市販されている．

殺菌にはマイクロ波（電子レンジ）や紫外線，X線，γ線，電子線などの放射線も用いられる．マイクロ波は主に加熱の効果によるが，X線やγ線など電離放射線[†]は反応性の高いラジカルなどを生じて微生物のDNAやタンパク質を破損する．研究室の実験台や厨房の調理台は，夜間には紫外線ランプを点灯して消毒している．

液体や気体の滅菌には濾過も利用される．加熱によらないので食物の風味やビタミンを損なわないという利点がある．伝統的には陶器や珪藻土，石綿，木炭などが用いられたが，現在用いられているのはガラス繊維などのネットワークでできたデプスフィルター（depth filter）や無数の細かい穴の開いたセルロースエステル素材の膜フィルター（membrane f.），ポリカーボネートの薄膜に核放射で均一径の孔をあけたヌクレオポアフィルター（nucleopore f.）などである．細菌を遮断する孔径0.22μmのフィルターがよく使われる．濾過では除けないウイルスを細菌と対比して濾過性病原体とよぶことがある．

消毒用アルコール（80％エタノール）や3％石炭酸，逆性石けんなど化学薬品（消毒薬）は，手指や実験台など表面の滅菌処置に使われる．加熱に弱いプラスチック器具はエチレンオキサイドなどのガスで滅菌され市販されている．

[†] 栄養細胞（vegetative cell）；微生物などにおいて活発に代謝を行っている体細胞や増殖中の細胞．芽胞や生殖細胞など特殊な細胞に対比して一般の細胞をさす．英語はvegitable（野菜）と混同しないこと．なお動物の栄養細胞（nutritive cell）は，生殖細胞の栄養補給に関わる特殊な細胞の総称．

[†] 電離放射線（ionizing radiation）；放射線（radiation）とは，狭義には放射性物質の崩壊によって放出される粒子（光子を含む）の流れで，α線，β線，γ線などのこと．広義には可視光線やラジオ波を含むすべての電磁波と粒子線をさす．そのうち電離放射線とは，物質を分解してイオン化する電離作用のあるエネルギーの高い放射線で，高速荷電粒子線や高速中性子線のほか，電磁波では波長の短い紫外線，X線，γ線が含まれる．

Box 2　平板培地 ― 素朴な方法の限りない威力 ―

固形培地による集落の培養は微生物学を象徴する代表的な方法論の要である．

ⅰ．固形培地と菌の単離

固形培地を作るには，まず寒天を 1.5 〜 2.0 ％含む栄養液をオートクレーブで加熱滅菌し，ペトリ皿など平らな容器に流し込む．これが冷えて固まると，表面が平面状の透明な平板培地（plate）ができる．菌の懸濁液を適当に希釈して平面上にたらし，滅菌したガラス棒などで広げ，孵卵器（p25）で終夜培養すると，翌日か数日後には不透明な塊（かたまり）が目視できるようになる．これを集落（colony，コロニー）という．集落形成は素朴な方法論だが，顕微鏡と並ぶもう 1 つの微生物可視化法といえる．

集落形成は菌の種や株を単離する手段でもある．自然環境や伝統産業の発酵槽などは多数の微生物を含んでいる．そのような試料を用いた場合でも，それぞれの集落が重なり合わないほど疎であれば，当初 1 個の細胞が増殖してできたので遺伝的に均一な微生物集団だと期待できる．このような集団を株（strain）とよぶ．19 世紀の末にコッホが純粋培養法を確立できたのは，この固形培地のおかげである（1・2 節）．

ⅱ．菌とファージの計数

平板培地は微生物の単離のほか，計数やスクリーニング，集落の形状の観察，小規模な菌体取得などにも利用される．生菌の計数では，溶液を段階的に希釈して平板培地に塗布し，培養後に集落数を数える．希釈度から逆算すれば，もとの溶液に含まれていた菌の密度が得られる．これで求めた菌数は c.f.u.（colony-forming unit）で表される．この方法だと顕微鏡による直接観察では区別できない死菌を除外できる利点がある．しかし増殖せず集落を作らない生菌を数え落とす欠点もある．自然界には，生きているが培養はできない（viable but not culturable，VNC）菌が培養可能な菌の 100 倍もいるといわれている．

ウイルスのうち，細菌を宿主とするものをバクテリオファージという．ファージの計数には細菌の集落形成をちょうど裏返した方法が使われる．宿主細胞内で増殖したファージは宿主菌を溶かして飛び出し周囲に広がる．そこで平板培地に細菌を高密度で塗布し平面全体がまんべんなく菌で不透明におおわれるように培養した上で，適当に希釈したファージ溶液をまくと透明な斑点が現れる．これを溶菌斑（plaque，プラーク）という．この溶菌斑が原溶液に含まれていたファージの数に対応することは，菌の集落の場合と同様である．薬物の抗菌能の評価にもこのような透明化を利用する（口絵②a）．

ⅲ．変異株のスクリーニングと遺伝子工学

平板培地は変異株（mutant strain）を選択する方法としても使われる．たとえば著者らは，ある好気性好熱菌の新しい呼吸酵素を同定するのに平板培地を用いる酸化酵素試験法を利用した．この試験では，ある種の酸化酵素（シトクロム c 酸化酵素 A 型，次章の Box3 参照）をもつ菌の集落は青変し，この A 型酵素をもたない菌は無色にとどま

る．好熱菌はふだんA型酵素で呼吸しているため，野生株（wild strain）はこの試験で青変するが，別の型の呼吸鎖酸化酵素も合わせもつことが示唆されていた．そこでこの好熱菌を変異誘発して塗布した平板培地でこの試験をしたところ，多くの集落が青変するのに対し，長く無色にとどまる集落も散在した．後者はA型酵素をもたないのに好気的に生存していることから，それとは別の型の酸化酵素を発現した変異株だと考えられた．研究の結果この変異株から新しい2種類の酸化酵素を発見することができた．

平板培地は遺伝子工学（genetic engineering）でも必須の手法である．詳しくは他の教科書に譲るが（拙著『柔らかい頭のための生物化学』コロナ社など），たとえば集落ハイブリッド形成（p16）という方法は，さまざまなDNA断片を含む菌の集団から目的のDNAを含む集落を識別する方法である．

iv．リン溶解菌による環境保全活動

適切なスクリーニング法を工夫すれば，平板培地によって自然環境から新たな有用菌を単離することもできる．たとえば沖縄県の宮古農林高校では，土壌中で難溶化したリン（P）を溶解する微生物を発見し，作物に再利用させる方法を開発した活動で国際的に評価されている（図2・5）．

宮古島の土壌はサンゴに由来する石灰岩が風化したものであり，アルカリ性でカルシウムを豊富に含む．化学肥料として投入したリン酸はこのカルシウムと反応して難溶性のカルシウムリン酸となり，作物に利用されないまま土壌に滞留していた．同高校の環境班は，土壌中からこの難溶性リン酸を溶かす能力の高い菌を選抜した．サトウキビによる製糖の副生物から作った有機肥料にこのリン溶解菌を混ぜることによって，作物によるリン酸の利用率を高め，ひいては化学肥料の施肥量を減らし地下水の汚染を防ぐことができる．

このリン溶解菌の選抜にやはり平板培地が利用された．寒天培地にリン酸カルシウムを混ぜると不透明な培地ができる．その上にリン溶解候補株の集落を作らせると，溶解作用のある菌のまわりが透明化し，溶解力が強いほどその透明な輪が大きくなる（口絵②b）．自然界は微生物の宝庫であり，いまだ知られざる有用菌が他にも多数潜んでいるに違いない．この宝探しに挑む意欲的な若者たちにとっても，素朴ながら工夫を凝らした平板培地法は今後とも有力な手段の1つであり続けるだろう．

図2・5 リン溶解菌の集落
集落のすぐ回りに，ヒドロキシアパタイト（難溶性リン酸カルシウム）の溶けた透明帯ができている（写真提供：宮古農林高校　前里和洋教諭）．

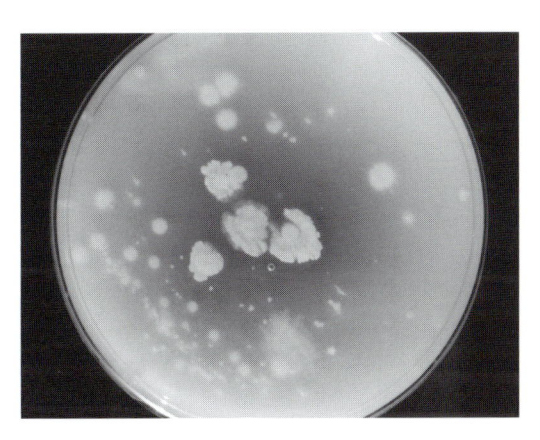

3. 代謝の多様性
― パンのみにて生くるにあらず ―

　微生物が豊かな個性の集団であることは，色や形よりも「代謝」によく表れています．高等動植物はすべて光合成と酸素呼吸という2種類の代謝で生きていますが，微生物には硫黄を食べたり，大気の窒素を吸収したり，酸素の変わりに硝酸塩を使ったりするものもいます．新素材や医薬品の原料を作る細菌や有害物質を分解できるカビなども多く，微生物は生物界の梁山泊です．物質代謝は第3部にたくさん出てくるので，この章では生存の根幹となるエネルギー代謝に焦点を当てます．

3·1　代　謝

　食物の有機物を分解してエネルギーを獲得する過程を異化（catabolism）とよぶのに対し，自ら必要な有機物を生合成することを同化（anabolism）という．一般に異化は有機物を酸化することによって起こり，同化は還元的になされる．異化と同化をまとめて代謝（metabolism）という．代謝とはすなわち，生物のつくる酵素（enzyme）が触媒する化学反応の連鎖である．微生物は発酵や腐敗などさまざまな化学変化を引き起こすので，微生物の実体が顕微鏡で発見されるずっと前からその化学変化の方が認識されていた．

　生物の生存や増殖には物質とエネルギーが必要である．物質の生合成や分解の過程を物質代謝，エネルギーの獲得や消費の過程をエネルギー代謝というが，多くの酵素反応は両方の側面を備えている．したがって「ある酵素反応は物質代謝で，別の酵素反応はエネルギー代謝である」とくっきり分類できるわけではなく，多くの反応は場合によって物質変化に着目したりエネルギー変化を重視したりされる．生体エネルギー（bioenergy）の多くは ATP（adenosine 5′-triphosphate）という化合物の形で流通し供給される．ATPを生成するエネルギー獲得系には，発酵（3·2節），呼吸（3·3〜3·5節），光合成（3·6節）の3種がある．

　細胞の代謝を包括的に理解するには，まず細胞質ゾル（cytosol）など液状

の区画にある水溶性酵素群と細胞膜など生体膜に埋め込まれた膜酵素[†]群を区別するとよい．前者はランダムな混合状態でも働くが，後者はイオン輸送を伴うため閉膜構造に正しく配向している必要がある．発酵では水溶性酵素が，呼吸や光合成では膜酵素が主役を演じる．

3・2 発 酵

水に溶ける酸素 O_2 の量は限られているので自然環境は簡単に無酸素状態になりうるが，そういう条件下にも多くの微生物が生きている（2・2・2項）．O_2 や NO_3^-，SO_4^{2-} のような酸化剤（電子受容体，2・1節）なしで有機化合物の分解によりエネルギーを獲得する嫌気的な代謝を発酵[†]（fermentation）という．しかし一定量の有機化合物（たとえばグルコース）から得られるエネルギー（ATP）量は，次節以下で述べる酸素呼吸の場合よりは桁違いに少ない．

微生物には多様なタイプの発酵がある（図3・1）．グルコースなどヘキソース（六炭糖，C_6）を2分子の C_3 化合物に分解する解糖系には，動植物にも共通な EMP 経路（Embden-Meyerhof-Parnas pathway）のほか一部の微生物に特有な ED 経路（Entner-Doudoroff pathway）などがある．EMP 経路ではグルコース1分子から ATP が2分子生成されるのに対し，ED 経路やホスホケトラーゼ経路では1分子しか生成されない．ペントースリン酸経路は ATP の生成とは無縁で，ペントース（五炭糖，C_5）や NADPH を供給することがその役割である．ピルビン酸など C_3 化合物以降の経路も多様で，ホモ乳酸発酵，ヘテロ乳酸発酵，酪酸発酵，アセトン-ブタノール発酵，プロピオン酸発酵などがある．

多くの発酵では細胞質の水溶性酵素による基質レベルのリン酸化（substrate-level phosphorylation）で ATP が合成される．しかしある種の発酵では，有機物を分解しても ATP 合成の $\Delta G^{0\prime}$（30.5 kJ/mol）を下回る量のエネルギーしか出さないため基質レベルのリン酸化ができず，膜酵素による化学浸透共役（3・3節）で ATP をつくる．たとえばプロピオニゲニウム モデストゥム *Propionigenium modestum* はコハク酸の脱炭酸でプロピオン酸発酵を行う．

$$HOOC\text{-}CH_2\text{-}CH_2\text{-}COOH + H_2O \rightarrow CH_3CH_2COOH + HCO_3^- + H^+$$

$$\Delta G^{0\prime} = -20.5 \text{ kJ/mol}$$

$\Delta G^{0\prime}$ の数値は1反応当たり．以下同じ．

このコハク酸脱炭酸酵素は細胞膜を貫通しており，コハク酸1分子の反応に伴って1個の Na^+ を細胞外に排出する．Na^+ が流入するのに伴い，ATP 合成酵素（次節，図3・2参照）によって ATP が合成される．このとき ATP 1分子当たり Na^+ は3個流入するのでエネルギー収支は合う．

[†] 膜酵素（membrane enzyme）; 膜タンパク質（membrane protein）のうち酵素活性をもつもの．酵素を含めタンパク質は一般に，物理化学的性質や高次の超分子構造，細胞内局在などから4大別できる; ① 溶液状態で存在する水溶性タンパク質，② 生体膜に埋め込まれたり結合している膜タンパク質，③ 転写調節因子など DNA や RNA に直接作用する核酸結合タンパク質，④ 微小管や微小繊維などを構成したり，それらに結合している細胞骨格関連タンパク質および細胞外マトリクスタンパク質．③と④の多くは条件によって水溶性タンパク質としてふるまう．④は分子自体あるいは超分子集合体が繊維状である．

[†] 発酵; 発酵は酸化剤を必要としない有機物の分解であるが，基質の有機分子の内部で酸化還元反応が起こっている．たとえばアルコール発酵の基質グルコース $C_6H_{12}O_6$ の6つの炭素原子は酸化数がいずれも0だが，生成物エタノール CH_3CH_2OH の炭素は酸化数がそれぞれ＋3と＋1であり，CO_2 では－4である．すなわち外部に酸化剤（電子受容体）や還元剤（電子供与体）のない単一の物質でも，不均等な分解によって酸化還元が起こっている．

図3・1 解糖と発酵の多様性

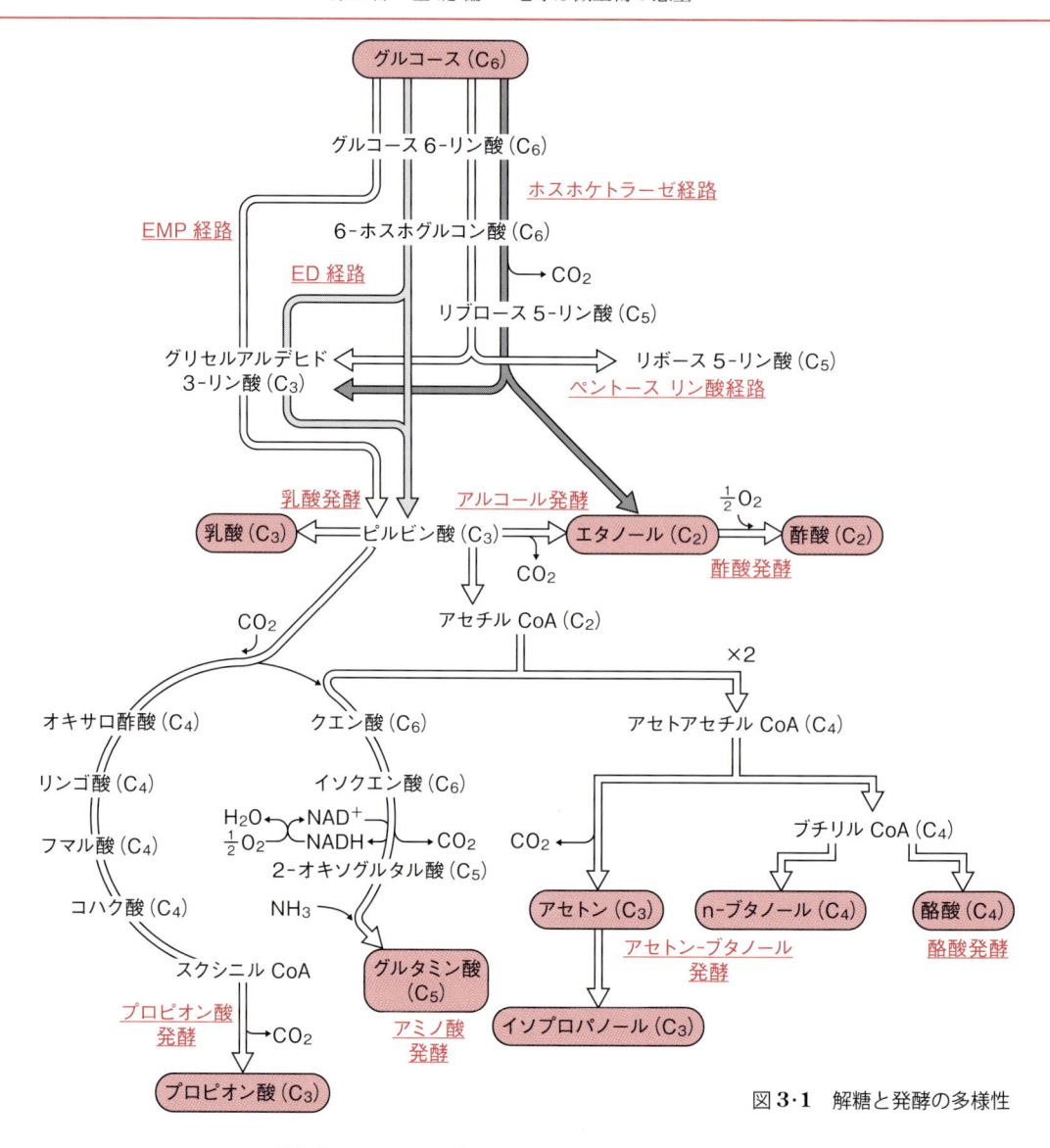

† インドール (indole); 化学名は 2,3-benzopyrrole でベンゼン環とピロール環が縮合した構造の弱酸性有機化合物. 青色天然染料インディゴ (indigo, 藍の主成分, 10・5節) から作られ その母核として命名された. 不快な糞様臭をもち実際大便にも含まれるが, 希薄だと芳香を放ちジャスミンなど花の香りの成分でもある. 主要アミノ酸トリプトファンの側鎖や多くの植物アルカロイドにも含まれる.

「発酵」という言葉は, 場合によって狭義と広義の使い方がある. 狭義には, ここで述べているように「O_2 などの酸化剤を使わない嫌気的なエネルギー獲得」という生化学的で厳密な使われ方をする. 広義には, O_2 を使うかどうかにかかわらず微生物が有益な物質を生産したり不要物を分解する現象を広く指し, 狭義の発酵に加え酢酸発酵やアミノ酸発酵なども含める (図3・1). 製造業や日常生活では広義に用いられる. 広義の発酵には有用性という価値観が加味されており, 有害な腐敗 (putrefaction) に対比される. 腐敗とは, 窒素化合物などが微生物によって分解されてインドール†やアンモニウム, 硫化水素などの悪臭を放ったり, 有毒物質を生じて食中毒の原因となることを意味する.

なお, クエン酸回路の一部の酵素に2つの酵素, イソクエン酸リアーゼと

リンゴ酸シンターゼが加わって構成されるグリオキシル酸回路（glyoxylate cycle）をもつ微生物もいる．これは酢酸（C_2）2分子からコハク酸（C_4）1分子を生成する炭素鎖生合成経路である．酢酸を原料とするアミノ酸の合成などで重要である．

3・3 酸素呼吸

O_2 を電子受容体として基質（電子供与体）を酸化することによってエネルギーを獲得する代謝を酸素呼吸（oxygen respiration）あるいは好気呼吸（aerobic r.）という．電子供与体は有機物の場合も無機物の場合もあるが，後者は3・5節で述べるので，ここでは前者に焦点を当てる．このタイプの呼吸は多くの微生物だけではなくヒトを含む真核生物にも共通なので，一般生物学では呼吸の基本型とみなされている．発酵（前節）では有機物の分解が C_2 や C_3 化合物でとどまるのに対し，呼吸では CO_2 や H_2O にまで徹底的に分解され，獲得できるエネルギー量も多い．典型的な場合，グルコース1分子あたり約30個のATPが合成される．

酸素呼吸ではいくつかの膜酵素が一連の酸化還元反応を行う．真核生物や一部の細菌では複合体（complex）I，II，III，IVとよばれる4つの酵素が働く（図3・2）が，その他では種ごとに多様な酵素がある（Box3）．全体としてNADHやコハク酸が O_2 によって酸化される．この一連の酵素群を呼吸鎖（respiratory chain）あるいは電子伝達系（electron transfer system）という．このとき H^+ が細胞の内から外へ運ばれ，H^+ の電気化学ポテンシャル勾配†（$\Delta\mu_{H^+}$）が形成される．

† 電気化学ポテンシャル勾配（electrochemical potential gradient）；イオンなどの荷電粒子が2相間を移動するのに必要な仕事．たとえば，電荷 z+ のイオン A^{z+} が細胞の外から内に移る場合の $\Delta\mu_A^{z+}$ は次の式で表される：

$\Delta\mu_A^{z+}{}_{in\text{-}out} = zF\Delta\psi_{in\text{-}out} + RT\ln([A^{z+}]_{in}/[A^{z+}]_{out})$

ここで F はファラデー定数，$\Delta\psi_{in\text{-}out}$ は膜電位，R は気体定数，T は絶対温度，$[A^{z+}]_{in}$ は細胞内の A^{z+} の濃度を示す．すなわちイオンの移動方向は1つの力だけでは決まらず，電気的な力と，濃度の高い所から低い所へ動こうとする力の2つの和で決まる．

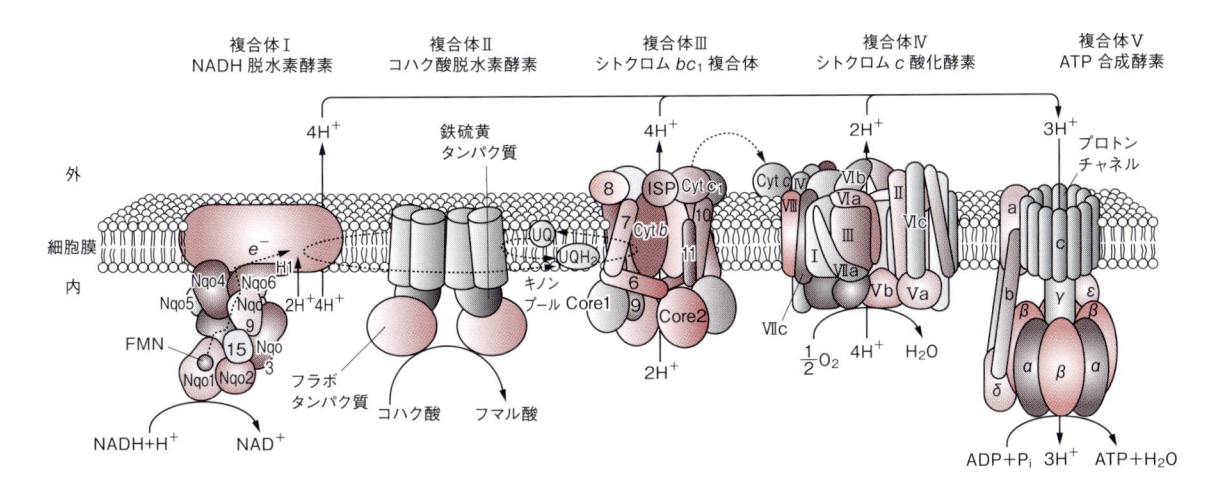

図3・2 酸素呼吸の5つの酵素複合体
化学反応（酸化還元やATP合成）とイオン輸送（膜を介した H^+ の移動）の化学浸透共役によってエネルギーが獲得される．京都大学化学研究所ホームページ（http://www.genome.ad.jp/kegg/pathway/map/map00190.html）より改変．

表 3・1 呼吸に関わる物質の酸化還元電位

酸化還元対	電子数 (n)	E_0' (V)	呼吸の例 [a]
SO_4^{2-}/HSO_3^-	2	−0.52	
CO_2/ブドウ糖	24	−0.43	
CO_2/ギ酸	2	−0.43	
$2H^+/H_2$	2	−0.41	硝酸呼吸(H_2 が電子供与体)
$NAD^+/NADH$	2	−0.32	$H_2 + NO_3^- \rightarrow NO_2^- + H_2O$
CO_2/酢酸$^-$	8	−0.29	$\Delta G^{0\prime} = -162$ kJ
S^0/HS^-	2	−0.27	
CO_2/CH_4	8	−0.24	
SO_4^{2-}/HS^-	8	−0.217	フマル酸呼吸(NADH が電子供与体)
ピルビン酸$^-$/乳酸$^-$	2	−0.19	NADH + H^+ + フマル酸$^{2-}$
HSO_3^-/HS^-	6	−0.116	$\rightarrow NAD^+$ + コハク酸$^{2-}$
メナキノン/メナキノール	2	−0.074	$\Delta G^{0\prime} = -67.7$ kJ
フマル酸$^{2-}$/コハク酸$^{2-}$	2	+0.031	
ユビキノン/ユビキノール	2	+0.09	
NO_2^-/NO	1	+0.36	
NO_3^-/NO_2^-	2	+0.43	鉄細菌の無機呼吸
Fe^{3+}/Fe^{2+}	1	+0.77	$4Fe^{2+} + O_2 + 4H^+$
$½O_2/H_2O$	2	+0.82	$\rightarrow 4Fe^{3+} + 2H_2O$
$NO/½N_2O$	1	+1.18	$\Delta G^{0\prime} = -19.3$ kJ
$N_2O/½N_2$	1	+1.36	

[a] 呼吸反応の自由エネルギー変化 $\Delta G^{0\prime}$ は電子供与体と電子受容体の酸化還元電位の差 $\Delta E_0'$ と受け渡される電子の数 n から計算できる;$\Delta G^{0\prime} = -nF\Delta E_0'$.ここで F はファラデー定数 96,500 C.

† 化学浸透共役;呼吸や光合成において膜酵素が関わる ATP 合成のしくみを説明する理論として 1960 年代に P. ミッチェルにより提唱され,後に広く実証された.多くの細菌やミトコンドリア,葉緑体では H^+ が使われるが,海洋細菌などでは Na^+ も使われる.また動物細胞の細胞膜では $\Delta\mu_{Na^+}$ によって栄養素の取込みや異物の排出が駆動され,神経のシナプス小胞では神経伝達物質の濃縮に $\Delta\mu_{H^+}$ が使われるなど,幅広いエネルギー変換系に共通のしくみである.

† ギブズの自由エネルギー変化 (Gibbs free energy change);$G = H - TS$ で定義される熱力学状態量.H はエンタルピー,T は絶対温度,S はエントロピー.等温等圧過程における G の減少量は有効な仕事に等しいので,通常の生物学的な過程について判断するにはこの G が有益である.たとえばある化学反応について,それが正方向に自発的に進むか否かは ΔG が負か正かで判断でき,$-\Delta G$ の値はその反応から利用できるエネルギーの量を示す.

細胞膜にはもう 1 つ ATP 合成酵素(ATP synthase)という膜タンパク質もある.こちらは複合体Ⅴともよばれる.H^+ はこの酵素分子の中を通って $\Delta\mu_{H^+}$ を下る方向に動く.そのとき放出されるエネルギーを用いて ATP が合成される.$\Delta\mu_{H^+}$ のことを H^+ 駆動力(proton motive force)ともいう.

前半の酸化還元反応はエネルギーを放出する発エルゴン反応(exergonic reaction)であり,自発的に進行する.後半の ATP 合成反応はエネルギーの注入の必要な吸エルゴン反応(endergonic reaction)で,単独では自発的には起こらない.この両者が H^+ のイオン輸送を介して結び付けられるために,後者も進行可能になる.このようなイオン輸送反応と化学反応の共役を化学浸透共役†(chemiosmotic coupling)といい,生体エネルギー変換系の核心である.

電子の供与体や受容体の酸化還元力の程度は,それらの半反応の酸化還元電位(redox potential)で定量的に表される(表 3・1).酸化還元反応によって放出されるエネルギーすなわち利用しうるエネルギーの上限 $\Delta G^{0\prime}$(ギブズの自由エネルギー変化†)は,反応する 2 物質の酸化還元電位の差 $\Delta E_0'$ に比例する(表の脚注参照).つまり,電位差が大きいほどエネルギー放出量も多い.

以上のように 2 種の膜酵素,呼吸鎖と ATP 合成酵素が化学浸透共役

で結ばれることによって起こるATP合成を酸化的リン酸化（oxidative phosphorylation）とよぶ．このメカニズムの基本は次の嫌気呼吸や無機呼吸も含め呼吸全般に共通である．具体的な分子レベルのしくみはきわめて多様だが，酸化還元電位（表3・1）と化学浸透共役（図3・2）の普遍的原理に基づいて統一的に理解することができる．

3・4 嫌気呼吸

微生物には酸素 O_2 がなくても呼吸のできるものが多い．最終電子受容体として O_2 のかわりに硫酸塩 SO_4^{2-} や硝酸塩 NO_3^- などを用いる呼吸を嫌気呼吸（anaerobic respiration）という（図3・3）．嫌気呼吸は地中や水中，動物体内など O_2 のない環境で有機物を分解する点で生態学的にも重要である．しかし SO_4^{2-} や CO_2 の酸化還元電位は O_2 のそれに比べ低いので（表3・1），生成できるエネルギー量は少なく細胞の増殖も遅い．大腸菌や脱窒菌など両タイプの呼吸が可能な通性嫌気性菌（2・2・2項）は，O_2 があれば優先的に酸素呼吸を行い O_2 が枯渇すると嫌気呼吸に切り換える．

一般に，NO_3^-，SO_4^{2-}，CO_2 などの無機化合物の還元には2つのタイプがある．嫌気呼吸はそのうち異化（dissimilative metabolism）である．特定少数の微生物だけが行うが，エネルギー獲得のために大量に還元され細胞外に排出される．一方の同化（assimilative metabolism）では，有機化合物のアミノ基（-NH_2）やスルフヒドリル基（-SH）として細胞内に取り込まれ蓄積する．微生物だけではなく植物なども行うが，必要な少量のみ還元される．動物は植物などが同化して有機化合物に変えたものを摂食する．

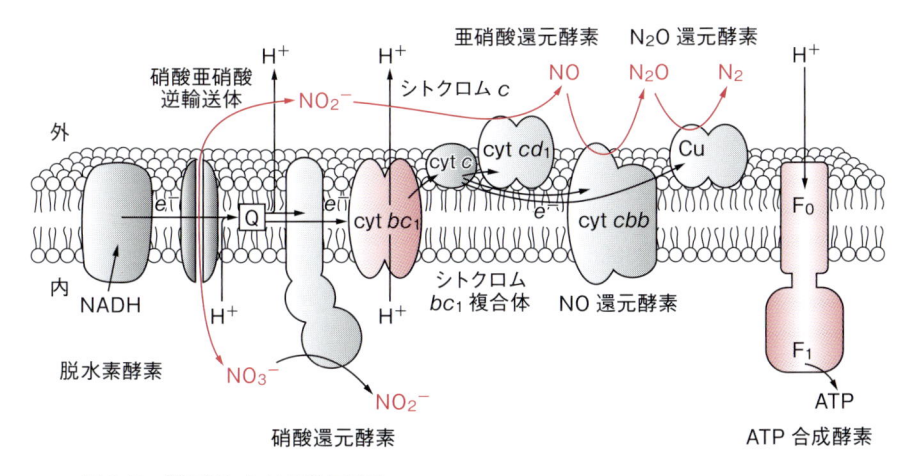

図3・3 脱窒菌における嫌気呼吸
嫌気呼吸でエネルギーを獲得する脱窒菌では，窒素化合物を電子受容体とする4つの酵素が細胞膜で働いている．各酵素のタイプは生物ごとでさまざまである．

3・4・1 硝酸呼吸

自然界にはさまざまな無機窒素化合物があり，それらを電子受容体として嫌気呼吸を行う微生物がいる（図3・4）．硝酸塩†NO_3^-を用いる呼吸を硝酸呼吸という．NO_3^-が順次還元されてN_2やN_2O，NOなど気体になると大気に散逸する．これを脱窒（denitrification）という．硝酸呼吸菌でも大腸菌などはNO_3^-をNH_4^+にまで還元するので脱窒菌ではない．脱窒は農作物に必要な窒素化合物を分解し消失させるため農業には有害だが，藻類などの繁殖を妨げるため湖沼の富栄養化対策や汚水処理など環境面では有益である．脱窒菌の多くはシュードモナス属 *Pseudomonas* など通性嫌気性のプロテオバクテリア（5章）でエネルギー代謝の経路が多様であり，Fe^{3+}や有機物も電子受容体として用いることができるし，発酵によっても生育しうる．

脱窒のうちNO_3^-から亜硝酸塩NO_2^-までの変化は硝酸還元菌が硝酸還元酵素（nitrate reductase）で行う．NO_2^-からN_2までの反応は，亜硝酸還元菌のもつ3つの酵素が順次触媒する（図3・4）．なお，これら硝酸呼吸や脱窒は異

† 酸（-ic acid）と塩（-ate）；"nitric acid"は硝酸HNO_3を指し，"nitrate"は硝酸塩と訳す．「塩（えん）」とは本来$Ca(NO_3)_2$（calcium nitrate）のように酸のH^+を他の陽イオンで置換した化合物を指す．しかし生物学的過程の多くは水中で起こるので，実際には塩も解離してNO_3^-のような単独のイオンとして存在する．したがって酵素名でも"nitrate reductase"のように"-ate"が使われる．ただし和名は「硝酸還元酵素」のような表記が簡潔である．

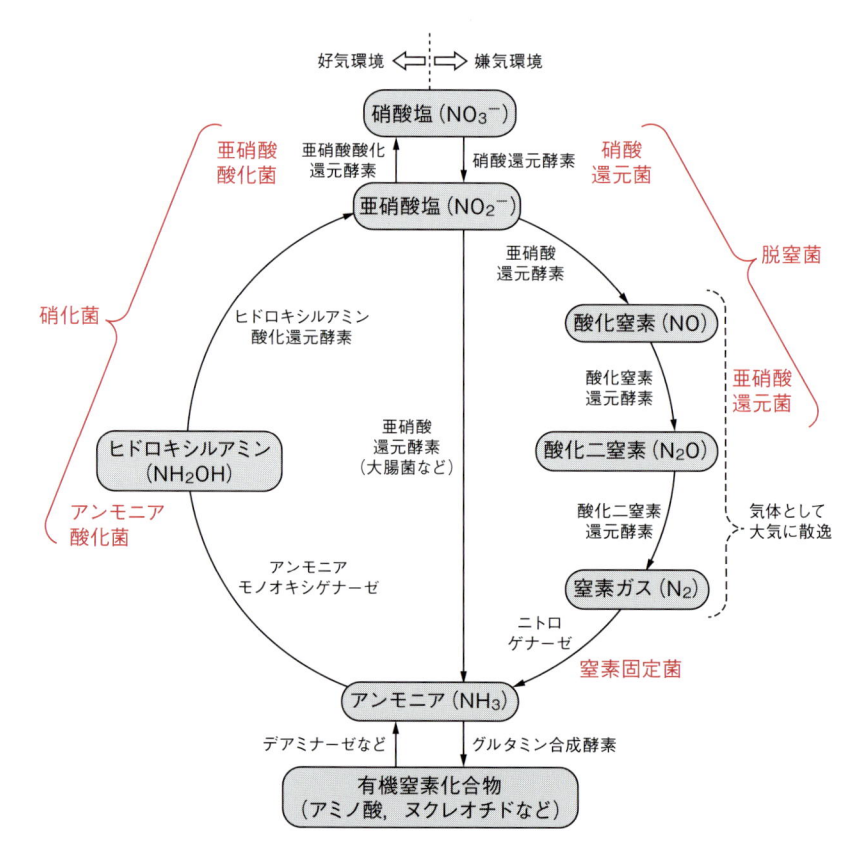

図3・4　窒素化合物の変化と微生物

化型硝酸還元であり，幅広い植物や微生物が窒素源として取り込むための還元反応は同化型硝酸還元である．

3・4・2 硫酸呼吸

硫酸呼吸は最終電子受容体として SO_4^{2-} を使う嫌気呼吸である（図 2・1a）．硫酸還元細菌（sulfate-reducing bacteria）では δ-プロテオバクテリア（5 章）に含まれるデスルホビブリオ属 *Desulfovibrio* が代表的で，ほかにも "*Desulfo-*" で始まる多くの属がある．これら硫酸還元菌の大部分は無酸素状態になった水中や土壌に生息する偏性嫌気性菌である．

電子供与体は H_2 や乳酸塩，ピルビン酸塩，酢酸塩などだが，これら有機酸塩も細胞内で H_2 に変換された上でヒドロゲナーゼ† で利用される（図 3・5）．化学浸透共役で ATP を産生する点はこれまでの酸素呼吸や硝酸呼吸と同様だが，SO_4^{2-} の還元反応の酸化還元電位は低いため反応の $\Delta E_0'$ も小さく，得られるエネルギー $\Delta G^{0\prime}$ は少なく増殖収率も小さい（表 3・1）．

同化型硫酸還元では H_2S がアミノ酸として有機化合物に取り込まれるが，硫酸呼吸（異化型硫酸還元）では H_2S のまま排出される．H_2S が放出されるとその腐卵臭に悩まされるだけではなく，イネの根に障害を与えたり，埋設したガスや水道の鉄管を腐食させたりする．硫酸還元菌が嫌気性であることから，水田の水抜きや埋設に砂を使うなど通気性を良くするのが有効である．

3・4・3 炭酸呼吸

二酸化炭素 CO_2 は幅広い生物の最終代謝産物なので嫌気的な環境にたくさん存在する．この CO_2（水中では HCO_3^-）を電子受容体とする炭酸呼吸を 2 群の偏性嫌気性菌が行う．すなわちホモ酢酸生成菌（homoacetogen）とメタン生成菌（methanogen）がそれぞれ主に次の反応を行う．

$$4H_2 + 2HCO_3^- + H^+ \rightarrow CH_3COO^- + 4H_2O \qquad \Delta G^{0\prime} = -105\,\text{kJ}$$

$$4H_2 + HCO_3^- + H^+ \rightarrow CH_4 + 3H_2O \qquad \Delta G^{0\prime} = -136\,\text{kJ}$$

これらはいずれも発エルゴン反応で，H^+（あるいは Na^+）の輸送を伴い化学浸透共役のしくみで ATP を合成する．また嫌気呼吸であると同時に無機呼吸でもある．

ホモ酢酸生成菌はクロストリジウム属（4・1・3 項参照）に多い．エタノールを好気的に酸化して酢酸を作る酢酸菌（5・1・1 項）とは異なるので注意が必要である．なお酢酸生成には H_2 のほかにも糖やアミノ酸などを電子供与体にする場合もある．またホモ酢酸生成菌には CO_2 のほかに NO_3^- や $S_2O_3^{2-}$ を電子

† ヒドロゲナーゼ（hydrogenase）；微生物において水素 H_2 の吸収と発生に関与する酵素．機能や補欠分子族，相手の基質，EC 番号，水溶性か膜結合性かなど，さまざまなタイプのヒドロゲナーゼがあるが，無機呼吸では H_2 を電子供与体としてエネルギー獲得に寄与する．なお脱水素酵素（dehydrogenase）は化合物から水素原子を除く酵素であり，一般に水素分子 H_2 には関わらない．

受容体にできる菌もある．メタン生成の方は一群の古細菌が行う（6・3・2項）．バイオ燃料として注目されているメタンはこの古細菌が作り出す．

3・4・4　脱ハロゲン呼吸

塩素化合物をはじめとする有機ハロゲン化物を最終電子受容体とし，そこからハロゲンを脱離する脱ハロゲン呼吸（dehalorespiration）は，ダイオキシンやテトラクロロエチレン†（perchloroethylene, PCE）など難分解性有毒塩素化合物を分解するので，環境浄化の面で注目される．たとえばδ-プロテオバクテリアのデスルフォモニル属 *Desulfomonile* の菌は H_2 を電子供与体，塩化安息香酸を電子受容体として脱塩素呼吸し，やはり細胞膜での化学浸透共役によって ATP を合成する．またクロロフレクス門（6・1・3項）のデハロコッコイデス属 *Dehalococcoides* や低 GC グラム陽性菌のデスルフィトバクテリウム属 *Desulfitobacterium* の菌は H_2 を電子供与体として PCE から順次 Cl 原子を1つずつ HCl として除く．他にも属名が "*Dehalo-*" で始まるいくつかの偏性嫌気性菌が知られている．自然界では，H_2 を供給する菌と共生しているらしいが，塩素化合物によって汚染された土壌にこの菌をまき H_2 ガスを吹き付けることでも処理を促進できるのではないかと期待されている．

†テトラクロロエチレン（tetrachloroethylene）；化学式が $Cl_2C=CCl_2$ の無色の安定な液体．トリクロロエチレン（trichloroethylene, 略号 TCE）と混同しないよう，"perchloroethylene" の略号 PCE が用いられる．不燃性で金属を侵さないため，ドライクリーニングや金属の脱脂洗浄，不燃性溶剤，抽出剤などに用いられるが，有毒物質に指定されている．11・3・2項と図11・4c も参照．

3・4・5　その他の嫌気呼吸

以上のほかに酸化鉄 Fe^{3+}，マンガン Mn^{4+}，塩素酸塩 ClO_4^- などの無機物が嫌気呼吸の電子受容体になりうる．このうち Fe^{3+} を使うものを鉄呼吸（iron respiration）という．

また大腸菌を含む通性嫌気性腸内細菌はフマル酸を使って嫌気呼吸を行う．フマル酸は酸素呼吸（前節）の呼吸鎖で働くコハク酸脱水素酵素（succinate dehydrogenase, SDH, 複合体 II）の反応生成物であるが，この酵素の逆反応を触媒するフマル酸還元酵素（fumarate reductase, FRD）が大腸菌などに存在する．この FRD と NADH 脱水素酵素によって，NADH を電子供与体，フマル酸を電子受容体として ATP 合成を駆動するのがフマル酸呼吸である（表3・1）．ウシなど反芻動物の第1胃（rumen）に生息する偏性嫌気性のルーメン菌ウォリネラ サクシノゲネス *Wolinella succinogenes* や真核微生物の寄生虫などもフマル酸呼吸を行う．

3・5　無機呼吸

2000 年に大噴火の起きた三宅島では，火山ガスの噴出と火山灰の堆積で植

a. 水素呼吸

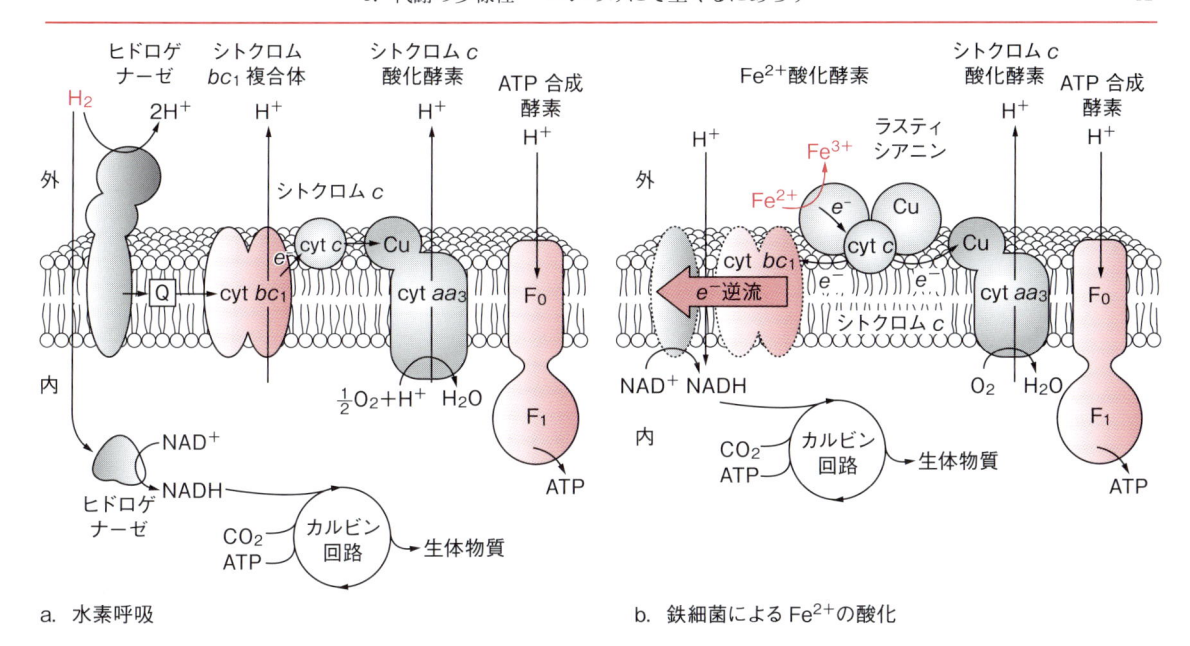

b. 鉄細菌による Fe^{2+} の酸化

図 3・5 無機呼吸のしくみ
電子供与体として H_2 (a) や Fe^{2+} (b) を使う無機呼吸の例. 各酵素のタイプは生物ごとでさまざまだが, 膜タンパク質による化学浸透共役によってエネルギーを獲得していることは共通である.

物は壊滅的な打撃を被った. しかし有機物の乏しい火山灰層にも, しばらくすると硫黄細菌や水素細菌, 鉄細菌, 硝化細菌が生息し始め, 植生が回復するきっかけとなった. これらは荒廃した大地でも無機物からエネルギーを得て増殖できるたくましい化学独立栄養細菌である.

大気には酸化力の強い O_2 が満ちているので地表の無機物の多くは酸化型になっているが, 火山の活動や鉱山の採掘, 農業での施肥などは地表に還元型の無機物をもたらす. それら H_2 や H_2S, NH_3, Fe^{2+} などの無機物を電子供与体として利用する呼吸を無機呼吸 (inorganic respiration) とよぶ (図 3・5). このタイプの呼吸もやはり膜酵素による H^+ 駆動力で ATP を合成するというしくみの基本は同じである (3・3節). 電子受容体は O_2 の場合が多く, それらは無機呼吸でかつ酸素呼吸でもあるが, 一方 NO_3^- や SO_4^{2-}, Fe^{3+} などの場合もあり, 前節の炭酸呼吸や脱塩素呼吸も, 無機呼吸でかつ嫌気呼吸だった.

無機呼吸を行う生物のほとんどは, エネルギー源だけではなく炭素源にも無機物の CO_2 を用いる化学独立栄養生物である (2・1節). 代表的な炭酸固定経路はカルビン-ベンソン回路 (Calvin-Benson cycle) である. 植物や藻類を含む多くの光合成生物もこの回路で炭酸固定を行う (次節). 化学独立栄養生物はウィノグラドスキーが発見した (1・2節).

3·5·1 硝　化

無機呼吸でもっともよく使われる無機窒素化合物はアンモニア NH_3 と亜硝酸塩 NO_2^- である．これらを好気的に硝酸塩 NO_3^- まで酸化する過程を硝化（nitrification）とよぶ（図 3・4）．硝化細菌（nitrifying bacteria）は NH_3 や NO_2^- で呼吸鎖のシトクロム c を還元し，末端酸化酵素によって H^+ 駆動力を作り出して ATP 合成を導く．H^+ はまた逆向き電子伝達系も駆動して NADH が産生され，カルビン - ベンソン回路で CO_2 を固定する（図 2・1b）．しかし NH_3 や NO_2^- が酸化される反応の $\Delta E_0'$ は高いため，やはり得られるエネルギーは少量で菌の増殖収率も低い（表 3・1）．

硝化細菌は細胞内の膜系†が発達している．この点は紅色光合成細菌やメタン酸化細菌も同様である．硝化細菌は土壌と水圏に広く分布するが，とくに排泄物や下水の処理場やそれらの流れ込む湖沼や河川などアンモニアの濃いところに多い．硝化細菌にはアンモニア酸化細菌と亜硝酸酸化細菌の 2 つがあり，自然界で共存して 2 段階の反応で硝化が行われる．

アンモニア酸化細菌（nitrosifying bacteria）は NH_3 を NO_2^- まで酸化する独立栄養生物である．

$$NH_4^+ + 3/2\, O_2 \rightarrow NO_2^- + H_2O + 2H^+$$

アンモニアの酸化に働く 2 つの酵素（図 3・4）のうちアンモニアモノオキシゲナーゼの反応には 2 つの電子が必要だが，これにはヒドロキシアミン酸化還元酵素の反応で得られる 4 つの電子の半分が使われる．残り 2 つだけが呼吸鎖を順方向に流れエネルギー獲得に寄与する．

アンモニア酸化細菌は属名が "*Nitroso-*" で始まるものが多い．代表種のニトロソモナス属 *Nitrosomonas* のほか同じ β-プロテオバクテリアのニトロスピラ属 *Nitrosospira* やニトロソビブリオ属 *Nitrosovibrio*，また γ-プロテオバクテリアのニトロソコッカス属 *Nitrosococcus* の菌がある．

これらの菌が生成する NO_2^- は毒性が強いので植物は利用できず，もう一方の亜硝酸酸化細菌（狭義の nitrifying bacteria）が NO_2^- を NO_3^- に酸化する．

$$NO_2^- + H_2O \rightarrow NO_3^- + 2H^+ + 2e^-$$

属名が "*Nitro-*" で始まるものが多い．α-プロテオバクテリアに含まれる代表種のニトロバクター属 *Nitrobacter* のほか，γ-プロテオバクテリアのニトロコッカス属 *Nitrococcus*，δ-プロテオバクテリアのニトロスピナ属 *Nitrospina*，独立の門に分類されるニトロスピラ属 *Nitrospira* などがある．アンモニア酸化細菌よりエネルギー的負荷が大きいので，電子伝達系の逆流はさらに不利である．ほとんどの亜硝酸酸化細菌が有機栄養的にも増殖できるのはそのせいだろう．

---

† 細胞内の膜系（intracellular membrane system）；真核生物と原核生物の違いの 1 つとして，前者は生体膜で包まれた各種の細胞小器官を含むが後者は含まないという点がある．しかし光合成細菌・硝化細菌・メタン酸化菌などは，小胞状や多重層状などさまざまな内膜系を発達させている．これは疎水性の光合成色素や膜酵素（p33）を集積してより多くのエネルギーを獲得するための適応だと考えられる．

なおこれら2つの古典的な硝化細菌は偏性好気性だが，無酸素条件下でNO_2^-を電子受容体としてNH_4^+を酸化する細菌もある．またNH_3からNO_3^-まで続けて酸化する従属栄養細菌や真菌も見つかった．

夏の花火は日本の伝統的な風物詩だが，江戸時代の花火は硝化細菌に支えられていた．花火や鉄砲の火薬は木炭（C）と硫黄（S），硝石（KNO_3）を混ぜて作る．硝石は日本では産出しないので土壌細菌を利用した．人馬の尿や魚のはらわた，カイコの糞などをいろり付近の床下に掘った穴に埋めておくと硝化され$Ca(NO_3)_2$として土中に蓄積する．K_2CO_3を含む灰汁をこの土と混ぜると$CaCO_3$が沈澱し上澄みにKNO_3が残る．この上澄みを厳冬の明け方に屋外で冷やすと針状結晶が析出する．加賀藩は寒冷な世界遺産の五箇山でこれを再結晶して上質の塩硝（KNO_3）を年間約5トン得ていたという．

3・5・2　硫黄化合物の酸化

火山は硫化水素H_2Sをはじめとする還元型無機硫黄化合物の源である．硫黄化合物を電子供与体とする細菌には紅色細菌など色素をもつ光合成菌（次節）もあるが，無機呼吸に利用する硫黄細菌（sulfur bacteria，硫黄酸化細菌）は無色である．硫黄化合物は次のように酸化される．

$$H_2S + 2\,O_2 \rightarrow SO_4^{2-} + 2H^+ \qquad \Delta G^{0'} = -798\,\text{kJ}$$

$$HS^- + \tfrac{1}{2}\,O_2 + H^+ \rightarrow S^0 + H_2O \qquad \Delta G^{0'} = -209\,\text{kJ}$$

$$S^0 + H_2O + 3/2\,O_2 \rightarrow SO_4^{2-} + 2H^+ \qquad \Delta G^{0'} = -587\,\text{kJ}$$

$$S_2O_3^{2-} + H_2O + 2\,O_2 \rightarrow 2\,SO_4^{2-} + 2H^+ \qquad \Delta G^{0'} = -818\,\text{kJ}$$

ここでS^0は単体硫黄であり，細胞内に蓄積される場合もある．これらの反応で移動する電子はすべて呼吸鎖電子伝達系に流れる．硝化細菌の場合と同様に，電子の多くは呼吸鎖を下り最後にO_2に渡される過程でH^+駆動力を作りATPが合成される一方，電子の一部は呼吸鎖を逆流†してNAD^+を還元し炭素固定に使われる（図3・5bを参照）．

硫黄細菌にはプロテオバクテリアの3綱（α，β，γ）にまたがる40以上もの属がある．硫黄化合物の酸化の最終産物は強酸のH_2SO_4なので，コンクリートの腐食などを引き起こす．硫黄細菌には至適pHの異なる2タイプがある．好酸菌にはγ-プロテオバクテリアのアシディチオバチルス チオオキシダンス *Acidithiobacillus thiooxidans* がある．これは鉄細菌の *A.* フェロオキシダンス *A. ferrooxidans* とともに最近までβ-プロテオバクテリアのチオバチルス デニトリフィカンス *Thiobacillus denitrificans* と同属とされていたが16S rRNAの分析で正された．この後者がもう一方の好中性菌の代表であり，NO_3^-を使って嫌気

† 呼吸鎖を逆流（reverse flow through respiratory chain）；反応が自発的に進行するのは，そのギブズの自由エネルギー変化ΔGが負の場合である（p36）．酸化還元反応すなわち電子伝達反応（p17）では，それは酸化還元電位変化ΔEが正の場合である（表3・1）．ΔEが負の反応は単独では進行しないが，外からエネルギー入力があれば進行しうる．図3・5bの例では，ΔEが負のため単独では起こらないFe^{2+}からNAD^+への電子伝達も，H^+の流入と共役することにより駆動される．

†ハオリムシ (tubeworm)；深海の H_2S を大量に含んだ熱水の噴出口付近に生息する管状の動物．先端に鮮紅色の突起のある長さ数十 cm のチューブが海底に群生する．和名はこの突起が羽織に見えることによる．突起以外の部分は栄養体とよばれ，そこに血管や生殖腺はあるが口や消化管はもたず，体内に共生する硫黄細菌のつくる栄養に依存する．鰓突起を通して CO_2，O_2，H_2S を細菌に供給し，細菌からは化学合成した有機物を受け取る．有鬚（ゆうしゅう）動物門ハオリムシ綱とされるが，環形動物門多毛類に含める考え方もある．

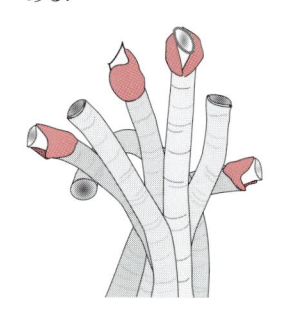

的にも生育が可能である．

深海には硫黄細菌が支える豊かな生態系があることが，最近深海探査が進んでわかってきた．地表の動物の世界が太陽光をエネルギー源とする植物すなわち光独立栄養生物に支えられているのに対し，暗黒の大洋底に生息するカニやエビ，ヒトデ，貝，ハオリムシ†などたくさんの動物は硫黄細菌すなわち化学独立栄養生物に依存している．深海の熱水口から噴出している H_2S や金属硫化物を利用する硫黄細菌は，マット状に増殖して動物の食物となり，また動物体内に共生して「もう1つの世界」を演出している．

3・5・3 水素呼吸

H_2 を電子供与体とする嫌気的な細菌や古細菌は前節に出てきたが，ここでは好気的な水素細菌（hydrogen bacteria，水素酸化細菌）に焦点を当てる．H_2 を酸化する直接の酵素はヒドロゲナーゼ（3・4・2項）である．水素細菌のヒドロゲナーゼには2つのタイプがある（図3・5a）．生体膜に貫通している酵素はキノンを電子受容体とする．還元されたキノールは通常の酸素呼吸（3・3節）と同様にシトクロム bc_1 とシトクロム aa_3 型シトクロム c 酸化酵素を経ることにより，全体として次の反応でエネルギーを獲得する．

$$H_2 + \tfrac{1}{2} O_2 \to H_2O \qquad \Delta G^{0\prime} = -237 \,\text{kJ}$$

もう一つは水溶性ヒドロゲナーゼで，NAD^+ を還元する．できた NADH はカルビン-ベンソン回路で炭酸固定に使われる．

代表的な水素細菌に β-プロテオバクテリアのキュープリアビダス ネカター *Cupriavidus necator*（同義名ラルストニア ユートロファ *Ralstonia eutropha*，旧名アルカリゲネス ユートロファス *Alcaligenes eutrophus*）がある．ほかに γ-プロテオバクテリアのシュードモナス属 *Pseudomonas* や α-プロテオバクテリアのパラコッカス属 *Paracoccus* もあり，さらにはグラム陽性菌やアクイフェックス属 *Aquifex* などにも広く分布する．アクイフェックス科のヒドロゲノバクター属 *Hydrogenobacter* を除けば有機栄養的にも増殖できる通性無機栄養生物であり，上で述べた硝化細菌や硫黄細菌のほとんどが偏性無機栄養であるのとは対照的である．

3・5・4 鉄の酸化

鉄細菌（iron bacteria，鉄酸化細菌）は2価鉄を3価に酸化して生きている．

$$Fe^{2+} \to Fe^{3+}$$

この反応と O_2/H_2O の反応の酸化還元電位の差が小さいことからわかるように

（表3·1），鉄による呼吸で遊離されるエネルギーは少なく，鉄細菌の生存には大量の反応が必要である．したがって火山の麓(ふもと)などでこの菌の存在に気づくのは，増殖した菌体ではなく鉄さび色に変わった地面による．Fe^{2+} は中性 pH では非生物的にすみやかに酸化されるが，酸性下では安定である．このためほとんどの鉄細菌は pH2 付近で生息する偏性好酸性である．

硫黄細菌の場合と同様に鉄細菌も，Fe^{2+} の還元力を呼吸鎖の順方向による ATP 合成と逆流による NADH を介した炭素固定の両方に使う（図3·5b）．鉄細菌の代表種は γ-プロテオバクテリアのアシディチオバチルス フェロオキシダンス *Acidithiobacillus ferrooxidans* である．これは鉱石から銅などの金属を回収するのに利用される（11章で後述）．

3·6 光合成

光合成（photosynthesis）は植物でよく知られているが微生物でも行われている（図3·6）．とくに大気の O_2 は，地球史的には植物の登場する前から海洋の藍色細菌による光合成で蓄積し始めたものであり，現在でも地球生態系全体の CO_2 吸収では藻類を含む微生物の寄与が大きな割合を占めている．光独立栄養微生物の光合成も植物の場合と同様，明反応と暗反応からなるが，それらの分子機構は微生物の種類ごとでさまざまである（図3·6b）．

明反応（light reaction）は光エネルギーで駆動される酸化還元反応の連鎖，すなわち電子伝達系である．呼吸の場合と同様 H^+ 駆動力により ATP が作られる（3·3節）．酸化的リン酸化に対してこちらは光リン酸化（photophosphorylation）という．細菌の明反応には，植物と同様に O_2 の発生するタイプのほかに O_2 を発生しない細菌特有のタイプもある．

藍色細菌以外の光合成細菌は酸素非発生型光合成（anoxygenic photosynthesis）を行う（図3·6a）．光合成色素の多くは集光複合体（light-harvesting complex）とよばれる膜タンパク質複合体に結合し，一部は光反応中心（photoreaction center）に結合している．これらの色素に吸収されたエネルギーは，光反応中心にある特殊な一対のバクテリオクロロフィル分子（図ではP870）に集められる．励起†された色素分子は還元力が高まり電子伝達が始まる（図3·6b）．電子はシトクロム bc_1 などを流れて元の色素分子対に戻る．このような環状電子伝達（cyclic electron transfer）で H^+ イオンが輸送され，H^+ 駆動力により ATP 合成酵素で ATP が作られる．還元力が必要な場合，紅色硫黄細菌では H_2S や S^0，$S_2O_3^{2-}$ などを電子供与体として非環状電子伝達（non-cyclic electron transfer）が起こり NADH や NADPH が供給される．ただ

† 励起（excitation）；一般には原子や分子の電子や振動などに対し光や熱等によってエネルギーを与え，エネルギー水準の低い状態から高い状態に遷移させること．図3·6では光合成色素 P870 の電子が励起される．この P870 は強い電子供与体となって隣の分子 Bph に電子を与え，連鎖的な電子伝達が始まる．電子を失った P870 は別の弱い電子供与体 cyt c_2 からでも電子を受け取れる状態となり，基底状態に戻る．すなわち，光エネルギーの入射によって酸化還元反応が駆動される．

a. 明反応のしくみ

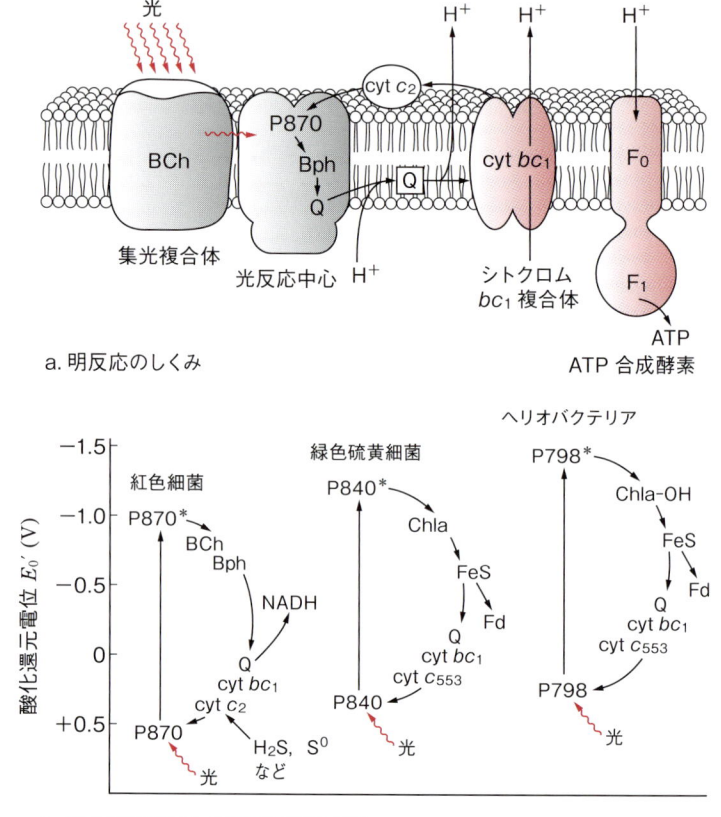

b. 光合成細菌ごとの電子伝達系の違い

図 3・6 光合成のしくみ
　a：光合成明反応によるエネルギー獲得も，膜タンパク質による化学浸透共役で行われている．b：具体的なタンパク質や補欠分子族の種類は生物ごとでさまざまである．

しこれら硫黄化合物は NAD より E_0' が高く，H^+ 駆動力の一部が消費される．

　光独立栄養生物（2・1節）では明反応から供給される ATP をエネルギー源とし，NAD(P)H を電子供与体として CO_2 を固定し有機物を作り出す．この反応を暗反応（dark reaction）という．この炭酸固定反応では，無機呼吸による化学独立栄養生物の場合と同様カルビン-ベンソン回路が代表的である（3・5節），この回路は還元的ペントースリン酸経路ともよばれる．そのうち中心的な酵素はリブロース 1,5-二リン酸カルボキシラーゼ（ribulose 1,5-bisphosphate carboxylase）略してルビスコ（RuBisCo）とよばれる．これは地球上で最も大量に存在する酵素と考えられている．明反応が膜酵素で起こるのに対し，炭酸固定反応は水溶性酵素が触媒する（p33）．

　なお従属栄養や混合栄養の光合成では CO_2 以外の炭素源も利用される．光合成のメカニズムは分類群ごとでさまざまであり，その多様性については後述する（6・1節）．

3・7 エネルギー代謝の多様性

微生物のエネルギー獲得様式は多様で複雑なので，最後に改めて3つの観点から分類しておく．第1に，化学反応の種類によって発酵 (1a)，呼吸 (1b)，光合成 (1c) に分類される．発酵は有機物の分解反応であり，その基質（有機物）のほかには酸化剤（電子受容体）がいらない (p33 側注，発酵) のに対し，呼吸と光合成では基質（還元剤としての有機物や H_2S，H_2O など）以外に酸化剤（O_2 や NO_3^-，$NADP^+$ など）が必要である．第2に，ATP 合成のメカニズムによって基質レベルのリン酸化 (2a)，酸化的リン酸化 (2b)，光リン酸化 (2c) に分類される．基質レベルのリン酸化では，基質（高エネルギーリン酸化合物[†]であるホスホエノールピルビン酸など）から ADP がリン酸基を受け取るなど，基質の化学反応で直接 ATP が合成される．一方，酸化的リン酸化と光リン酸化では，ATP 合成酵素（F_oF_1 など）による ADP と無機リン酸 P_i からの ATP 合成が，それとは化学的に独立な酸化還元反応や光化学反応によって駆動される．第3に酵素の種類によって2つに分類できる．単純な化学共役による基質レベルのリン酸化は水溶性酵素 (3a) が担っているのに対し，膜を隔てたイオン輸送を伴う化学浸透共役は必然的に膜酵素 (3b) が触媒する．

これら3つの分類様式の基本的な対応関係は比較的単純である．乳酸発酵など多くの発酵 (1a) では水溶性酵素 (3a) による基質レベルのリン酸化 (2a) が起こる．これに対し呼吸 (1b) や光合成 (1c) の中核部分では膜酵素 (3b) が働き，それぞれ酸化的リン酸化 (2b) や光リン酸化 (2c) で ATP が作られる．

しかし例外的な対応関係もいくつかある．発酵 (1a) のうちでもプロピオン酸発酵 (3・2節) などは例外的で，膜酵素 (3b) による化学浸透共役で ATP が合成される．これは基質レベルのリン酸化 (2a) ではないし，また基質コハク酸は酸化ではなく脱炭酸されるので酸化的リン酸化 (2b) でもないため，第2の分類様式のいずれにも当てはまらない．一方，呼吸のうちグルコースを O_2 で酸化して約30個の ATP を生成するタイプの酸素呼吸を例にとると，そのうち24個は酸化的リン酸化で作られるのに対し，6個だけは基質レベルのリン酸化 (2a) を行う3つの水溶性酵素 (3a)，すなわち解糖系のホスホグリセリン酸キナーゼとピルビン酸キナーゼおよびクエン酸回路のスクシニル CoA シンターゼで，それぞれ2つずつ合成される．なお，化学浸透共役で H^+ 駆動力の代わりに Na^+ 駆動力[†]を使う微生物もいる．

このように微生物は様々な手段を組み合わせてたくましく生きており，高等生物はそのうち狭い幅の手段だけを採用して洗練された体制を組み上げた．

[†] 高エネルギーリン酸化合物 (high-energy phosphate compound)；リン酸化合物のうちで，中性水溶液中でのリン酸基の加水分解の際に，ATP と同等かそれ以上の自由エネルギー G の減少を伴う物質．アセチルリン酸などの酸無水物（ATP も含む），ホスホクレアチンなどのリン酸アミド，ホスホエノールピルビン酸などのエノールリン酸の3群がある．

[†] Na^+ 駆動力 (sodium motive force)；コレラ菌など海洋細菌 (5・3・3項) やクラミジアなど偏性細胞内寄生菌 (8・1・1項)，また好アルカリ菌 (2・2・3項) や超好熱菌 (2・2・1項) など幅広い細菌や古細菌が化学浸透共役 (p36) に Na^+ 駆動力を用いる．Na^+ 駆動性のエネルギー変換体は呼吸鎖複合体 I，ATP 合成酵素（F_oF_1 と V_oV_1），輸送体（共，逆 p21），べん毛など多岐にわたる．しかし同一細胞でも H^+ 駆動性分子と混在し，同類の菌でも H^+ 駆動性菌もあることなどから，進化的には Na^+ 駆動力が古く，複数の系統で効率的な H^+ 駆動力に置き換わっていったと考えられる．

Box 3　好気性菌のナノテクノロジー

　カーボンナノチューブなど nm（ナノメートル）サイズの構造体を利用した技術が注目されているが，微生物はそもそも nm スケールの生体高分子やその複合装置（超分子複合体）を使って生きている．最近はさらに nM（ナノモラー）レベルの低濃度の O_2 を利用して呼吸する「ナノ好気性菌」が注視されている．

ⅰ．呼吸酵素の多様性

　呼吸鎖の酵素にはいろいろな補欠分子族や金属補因子が結合している（図3・2）．タンパク質を構成するアミノ酸は20種類あるがいずれも電子伝達には不向きなのでそれを補うためである．中心に Fe をもつヘム（heme）のほか，Fe-S 中心や Cu, Mo などの金属原子をもつ酵素がある．ヘムで酸化還元を行うタンパク質をシトクロム（cytochrome）というが，これもそのヘムの種類によって a, b, c, d, o などがある．

　呼吸鎖の複合体Ⅰは NADH 脱水素酵素（NDH）である（表3・2）．十数個から数十個のサブユニットからなり H^+ を輸送する．ところが1970年代に微生物で別の型の NADH 脱水素酵素も見つかった．こちらは1個のポリペプチドからなり H^+ 輸送はしない．こちらを2型NDH，前者を1型NDH とよぶ．

　複合体Ⅱ（コハク酸脱水素酵素，SDH）も5つのサブグループに分けられる．H^+ 非輸送性（図3・2）と H^+ 輸送性の SDH があるが，多様性の幅は他の複合体よりは狭い．

　キノールからシトクロム c に電子を伝達する酵素としてはシトクロム bc（複合体Ⅲ）だけが知られていたが，2002年にまったく異なる酵素が糸状性緑色細菌から見つかった．プロテオバクテリアなどいくつかの細菌のゲノム上にもこれが見つかった（表3・2では MFIcc と略称）．

　複合体Ⅴ（ATP 合成酵素）には F_oF_1 型と V_oV_1 型とがある．真核生物や多くの細菌は F_oF_1 型をもち，古細菌と一部の細菌では V_oV_1 型が働いている．

表3・2　酸素呼吸の酵素群

		酵素複合体タイプ / サブタイプ	NDH 1型 複合体Ⅰ	NDH 2型	複合体Ⅱ SDH	複合体Ⅲ など シトクロム bc	MFIcc	酸化酵素（複合体Ⅳなど）ヘム‐銅酸化酵素 A型 c	A型 Q	B型 c	B型 Q	C型 c	bd L型 Q	S型	合計数	複合体Ⅴ ATP合成酵素 F型	V型	ゲノムプロジェクト完成年
グラム陽性菌	低GC群	*Bacillus subtilis*	-	O	O	O	-	Oc	O	-	-	-	-	OO	4	O	-	1997
		Staphylococcus aureus	-	O	O	-	-	-	O	-	-	-	-	O	2	O	-	2001
	高GC群	*Corynebacterium glutamicum*	-	O	O	Oc	-	O	-	-	-	-	-	O	2	O	-	2002
		Mycobacterium tuberculosis	O	O	O	Oc	-	-	-	-	-	-	-	O	2	O	-	1998
プロテオバクテリア	α	*Rickettsia prowazekii*	O	-	O	O	-	-	-	-	-	-	-	-	2	O	-	1998
		Rhodobacter sphaeroides	OO	OO	O	O	-	O	O	-	-	-	-	O	5	O	-	2005
	β	*Ralstonia eutropha*	O	-	O	O	-	O	OOO	-	-	OO	-	-	7	O	-	2006
	γ	*Escherichia coli*	O	O	O	O	-	-	-	-	-	-	-	OO	-	O	-	1997
		Pseudomonas aeruginosa	O	O	O	O	-	-	O	-	-	OO	-	O	5	O	-	2000
	ε	*Helicobacter pylori*	O	-	O	-	-	Oc	-	-	-	-	-	O	1	O	-	1997
緑色非硫黄菌		*Chloroflexus aurantiacus*	-	-	-	-	OO	-	-	-	-	-	-	-	≥1	-	-	-
デイノコッカスなど		*Thermus thermophilus*	O	-	O	O	-	Oc	-	O	-	-	-	-	2	-	O	2004
古細菌	ユーリアーキア	*Halobacterium* sp. NRC-1	-	O	O	△	-	-	-	-	-	-	-	O	3	O	-	2000
		Thermoplasma acidophilum	-	O	O	△△	-	-	-	-	-	-	OO	-	2	-	O	2000
	クレンアーキア	*Aeropyrum pernix*	-	-	-	-	-	-	-	-	-	-	-	-	2	-	O	1999

-：不在，O：存在，数は個数，△：一部のサブユニットのみ存在，Oc：シトクロム c が融合．

ii. 末端酸化酵素の種類と組合せ

呼吸鎖のなかでも最大の多様性を示すのは，電子伝達の末端で O_2 を還元する酸化酵素（oxidase）である．動物の主な酸化酵素はシトクロム c を電子供与体とし，ヘムと銅を補欠分子族としてもつ（ヘム-銅酸化酵素）．これは複合体Ⅳともよばれる．微生物の伝統的な分類指標として，この動物型の酸化酵素の有無が調べられてきた．これを酸化酵素試験（oxidase test）という．人工基質 N,N,N',N'-tetramethyl-p-phenylenediamine (TMPD) を菌の生えた平板培地に注ぐと，この酸化酵素をもつ集落は早く青く染まるが他の集落は無色に留まることで判定できる（Box2）．

その後，微生物にはキノールを電子供与体とする酸化酵素も見つかった（表のQ）．また銅をもたないシトクロム bd 型のキノール酸化酵素も見つかった（表の bd ）．ヘム-銅酸化酵素は一次構造の違いからA, B, Cの3型があり，シトクロム bd もL, Sの2型に分けられる．ヘム-銅酸化酵素は含まれるヘムの組合せによっても区別でき，シトクロム aa_3, bo_3, ba_3, cbb_3 などとよばれる．植物や真菌・原虫などのミトコンドリアには，ヘム-銅酸化酵素でもシトクロム bd でもない第3群の酸化酵素もある．表3・2では省略したが「シアン耐性代替酸化酵素」とよばれる特殊な酵素で，ヒトには存在しない．この酵素を特異的に阻害する化合物アスコフラノンは，アフリカ睡眠病原虫トリパノソーマ（7・2・2項）に対する日本発の新規睡眠病治療薬としてきわめて有望である．

高等動物の酸化酵素とは型の異なるこれらの酵素は "noncanonical（非正統的）" な酸化酵素とよばれる．呼吸鎖をさらに複雑にしているのは，たいていの菌が非正統的酵素も含め2個から7個の酸化酵素をもっており，しかもその組合せがさまざまなことである（表3・2）．これらは環境の条件に応じて使い分けられている．

iii. "ナノ好気性菌"

非正統的酵素のうちでとくに注目されるのはnMレベルの O_2 を利用する "nanoaerobe"（ナノ好気性菌）である．これまで偏性嫌気性と考えられていた細菌が，実はごく低濃度の酸素を好み，しかもそれでエネルギーを獲得していることが2004年頃から判明してきた．微好気性菌（microaerophile, 2・2・2項）の「マイクロ」よりさらに低分圧の O_2 を利用するという意味で「ナノ」のよび名が提案されたが，定訳はまだない．

日和見感染症菌バクテロイデス フラジリス *B. fragilis*（6・2・5項）では酸素濃度 300 nM でも bd 型キノール酸化酵素による酸素呼吸で生きていることが実証された． δ-プロテオバクテリア綱に属する硫酸還元菌のデスルホビブリオ ギガス *Desulfovibrio gigas*（5・4節）も偏性嫌気性とされてきたが，やはりnM濃度の O_2 を使うシトクロム bd による酸素呼吸で生きている．機能解析はまだでも全ゲノム解析でシトクロム bd の遺伝子が見つかった偏性嫌気性菌もある．たとえば脱ハロゲン呼吸（3・4・4項）による環境浄化機能が注目されるグラム陽性菌デスルフィトバクテリウム ハフニエンス *Desulfitobacterium hafniense*（4・1・3項）のゲノムにもこの遺伝子が見つかった．

マメ科作物に共生する根粒細菌（α-プロテオバクテリア，5・1・3項）および胃潰瘍菌のピロリ菌や食中毒菌のカンピロバクター（ともに ε 綱，5・5節）はC型のヘム-銅酸化酵素であるシトクロム cbb_3 が働く微好気性菌である．この酵素の O_2 親和性もnMレベルであることから，これらもまとめてナノ好気性菌と呼んでよいだろう．

酸素不足の環境でしぶとく生きるナノ好気性菌にはこのように医療や農業，環境問題で重要な菌が多い．新しい選択毒性をもつ抗菌薬開発の標的として，また地球環境問題の解決のため，これらナノ好気性菌の変わりだねの酵素が着目される．

練習問題 第1部

1-1. 微生物はさまざまな意味で人類の歴史に影響を与えてきた．そのような影響を3点挙げ，それぞれに関わる主な微生物の名前を添えよ．

1-2. 微生物に関する次の文の（ ）に最適な語句や文字を書き込め．また [ ] には，直前の語句に対応する英単語を解答すること．

　　微生物 [1] とは肉眼では見えない小さな生物のことである．高等動植物と同じく細胞に核のある（2 ）微生物と，明確な核構造のない（3 ）微生物とがある．（2 ）微生物には酵母 [4] があり，（3 ）微生物には細菌 [5] がある．（6 ）はこのいずれでもなく，そもそも細胞 [7] を持たないため微「生物」とはいえない．微生物は通常（8 ）顕微鏡 [9] で見えるが，（6 ）の観察には（10 ）顕微鏡が必要である．

　　細菌を染める方法では（11 ）染色が最も基本的である．これは主な色素として（12 ）を用い，脱染後に後染色として（13 ）を用いる．濃紫色に染まるのが（11 ）（14 ）性細菌とよばれ，脱色後の後染色で（15 ）色に染まるのが（11 ）（16 ）性細菌とよばれる．

1-3. ある球菌を培養して 200 g の菌体を得たとする．この塊に含まれる球菌の細胞数を概算せよ．球菌の直径は 1 μm で密度は 1.1 g/cm^3 と仮定せよ．

1-4. 細菌の細胞膜には，主にタンパク質からなるさまざまな構造体がある．その構造体を3つ挙げ，それぞれの機能と，それらを構成するタンパク質の名前を記せ．

2-1. 生物は栄養様式によって次の4つに分類できる；化学独立栄養生物，化学従属栄養生物，光独立栄養生物，光従属栄養生物．このうちはじめの3つについて，次の4点をまとめて表にせよ．

　　a) 代表的な生物名3種，b) 炭素源，c) エネルギー源，
　　d) ビタミン，ミネラル，アミノ酸，ヌクレオチドの4栄養素それぞれを必要とするか否か．

2-2. 目に見えないはずの微生物を研究室では顕微鏡なしでも取り扱い，ある容器から別の容器に植え継いだりしている．どのようにして微生物を「見て」いるのか．大事なキーワードを含めて答えよ．

2-3. 大腸菌が倍加時間20分で1細胞から16時間2分裂を続けると，その重量はおよそいくらになるか．数値の仮定や計算過程も含めて答えよ．

3-1. 酵母などの通性嫌気性菌は，同じグルコースを炭素源としても，酸素のあるときとないときでエネルギー代謝が大きく異なる．前者の発酵と後者の酸素呼吸について，次の4点を対比せよ．

　　a) グルコースの分解産物，b) グルコース1分子の分解で生成される ATP の数，
　　c) 働く酵素の細胞内局在，d) ATP 合成の分子メカニズム

3-2. 酵母でアルコールを生産するときは嫌気条件で培養し，酵母菌体自体を大量に生産するときは好気条件で培養する．目的に応じて培養条件を変える理由を，問3-1の対比に基づいて考察せよ．

3-3. 微生物の呼吸は多様である．高等動物では，有機物を電子供与体，O_2 を電子受容体とする通常の酸素呼吸が行われるが，微生物ではより幅広い物質を使う．次のような呼吸について，それぞれ実例を挙げて説明せよ．

	電子供与体	電子受容体
a)	有機物	O_2 以外の無機物
b)	有機物	有機物
c)	無機物	O_2
d)	無機物	O_2 以外の無機物

3-4. 二酸化炭素 CO_2 を H_2 で還元してメタン CH_4 を生成する炭酸呼吸の反応の標準自由エネルギー変化を，表3・1の酸化還元電位の数値から計算せよ．またその値を，炭酸塩 HCO_3^- からのメタン生成の場合の数値（3・4・3項）と比較せよ．

第 2 部　分類編
微生物は分子ツールの宝庫

4. グラム陽性細菌 ― 強くなければ生きていけない ―
5. プロテオバクテリア ― 近接する善玉菌と悪玉菌 ―
6. その他の細菌と古細菌 ― 極限環境を生きるパイオニア ―
7. 真核微生物とウイルス ― 一寸の菌にも五分の魂 ―

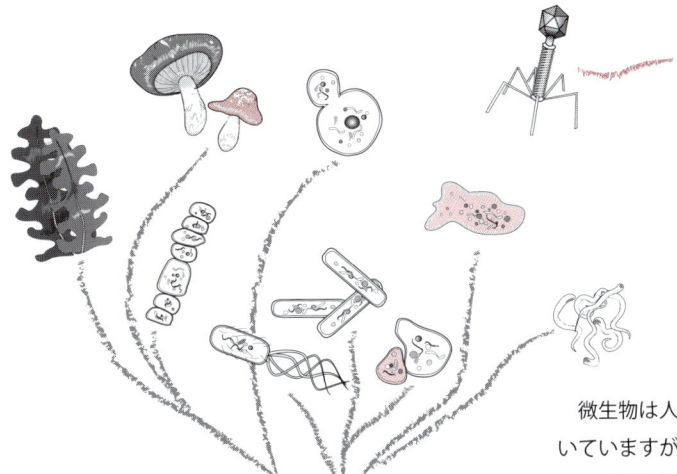

　微生物は人の目に触れない所で地味な裏方として働いていますが，実は個性的な役者ぞろいです．第 2 部では多様な集団を体系的に整理しながら，主役級のプレイヤーを眺めていきましょう．原核生物には細菌と古細菌があり，その細菌のうちではグラム陽性細菌とプロテオバクテリアが代表的です．真核微生物には真菌（カビとか酵母）や原生生物があります．そのほかウイルスや物質レベルの病原体も見ておきましょう．

4. グラム陽性細菌
― 強くなければ生きていけない ―

　グラム陽性菌は堅くて厚い細胞壁のため，他の微生物より乾燥に強いものが多いです．芽胞のおかげで何千万年も生き延びるらしい強靭な菌もいます．乳酸菌や抗生物質産生菌などの善玉菌とともに結核菌やボツリヌス菌のような悪玉菌も多数含まれています．ゲノム DNA の GC 含量の高低で 2 大別されましたが，これは単なる便宜的な区分ではなく進化的な系統分類の上で 2 つの門にあたります．

4・1　ファーミキューテス門（Firmicutes　低 GC グラム陽性菌）

4・1・1　バチルス科（Bacillaceae）

† 学名のカタカナ書き；*Bacillus* には「バチルス」と「バシラス」が併存するなど，一般には必ずしも統一されていない．戦前からの表記は他の生物学・医学用語と同じくドイツ語的な読みで，敗戦後に広まった表記は英語的な読みが多い．この本では『微生物学用語集』（巻末参考文献）の包括的なリストに従う（ただし一部を除く）が，ドイツ語的な属名と英語的な種小名の組み合わせなど，無理からぬ不具合は残る．

　この科の代表であるバチルス†属 *Bacillus* は多数の有用菌や病原菌を含む好気性桿菌の大きな群である（表 1・2）．"bacillus" と小文字立体で書くと「桿菌」という普通名詞になる．16S rRNA の配列解析が進んだ結果，多くの種が同科のゲオバチルス属 *Geobacillus* やオセアノバチルス属 *Oceanobacillus* および同目別科のパエニバチルス属 *Paenibacillus* やブレビバチルス属 *Brevibacillus* などに分割されたが，なお多数の種や株を含む．バチルス属の多くの菌は消化酵素を菌体外に分泌し，外界のタンパク質や多糖，脂質などを分解した上で細胞膜の輸送体で取り込んで炭素源やエネルギー源とする．

　バチルス属は後述のクロストリジウム属とともに芽胞形成菌（spore-forming bacteria）であり，熱や化学物質などの厳しい条件でも生き残れる（1・3 節）．バチルス属は好気性あるいは通性嫌気性で，偏性嫌気性のクロストリジウム属とは系統学的に離れているが，生態学的な共通性が高い．ともに本来は腐生的な土壌生物であり，病原性を示す種でさえ基本的には土壌にすみ偶発的にヒトや動物に感染する．したがって芽胞形成菌を選択的に単離するのは簡単で，土壌であれ食品であれ加熱殺菌し微生物の栄養細胞を死滅させたあと生き残るものを選べばよい．芽胞を形成する病原菌は消毒に手間がかかる（2・4・2 項）ため，

食品管理や医療で問題になり，また生物兵器に利用される危険もある．

バチルス属の代表種は枯草菌 B. subtilis で，1997 年グラム陽性菌で最初にゲノム解読された．日本の納豆菌は，枯草菌に含まれる一群の株だが，"B. subtilis subsp. natto[†]" という亜種としての表記は，正式には認められていない．納豆の主成分は D, L 両型のグルタミン酸が数万個 γ - 結合で重合したポリグルタミン酸と糖質のフラクタンが絡み合ったものである．納豆菌に近縁の株が産生した γ-ポリグルタミン酸は吸水性が高く，生分解性の吸湿材として砂漠の緑化などへの利用が期待されている．また水中の汚染物質を吸着して透明化する力も強く，貯留水の浄化にも利用されている．一方，納豆の匂い成分のうち短鎖脂肪酸の合成に働くロイシン脱水素酵素を遺伝子工学的に欠損させたところ，匂いの弱い納豆ができた．この研究をもとに食品メーカーではこの酵素の欠損株を従来型育種法で取り直し，低臭納豆の商品化に成功した．

バチルス属には炭疽（anthrax）の原因である炭疽菌 B. anthracis も含まれる（図 4・1，口絵③）．炭疽は古代から知られる人獣共通感染症であり（Box1），ウシやヒツジをはじめ幅広い脊椎動物に感染する．菌の侵入や増殖の部位により 3 つの型がある．95％以上は経皮感染による皮膚炭疽で，家畜の世話をする人に多い．症状は軽いが抗生物質で治療しないと 20％の致命率がある．食肉や水で感染する腸炭疽も抗生物質で治るが致命率は高い．芽胞の吸入で感染する肺炭疽は，初期の風邪様症状から急激に悪化し肺に水がたまって呼吸困難になる．致命率は 90％ときわめて高い．炭疽菌は 1876 年にコッホが同定した．芽胞の取り扱いが容易なため，各国の戦争やテロで生物兵器として使われてきた．

この属にはヒトではなく昆虫を害する菌もある．バチルス チューリンギエンシス B. thuringiensis は昆虫の幼虫を殺す毒素タンパク質を分泌する．学名の頭文字から Bt 毒素とよばれる．鱗翅目など昆虫のアルカリ性の腸内の消化酵素で前駆体が分解されて毒素となり，腸上皮を障害する．ヒトの酸性の胃では働かず，ヒトには害を及ぼさない．そこでこの菌の芽胞調製品は微生物殺虫剤として散布される．さらには Bt 毒素の遺伝子でトウモロコシを形質転換し，害虫に強い遺伝子組換え作物が製品化された．

[†] subsp. と var.； 亜種（subspecies）と変種（variety, 亜種の下位分類）の略号．種名（species name）は通常，属名（genus name, Bacillus など）と種小名（specific name, subtilis など）を組み合わせる二名法で表すが，亜種や変種はこのような三名法で表す．"subsp." の文字は省略することもある．

図 4・1 炭疽菌 Bacillus anthracis の芽胞形成
A：細胞分裂，B：芽胞（出典：CDC/ Dr. Sherif Zaki/ Elizabeth White. ID#, 1813）

†日和見感染
（opportunistic infection）；ふだんは無害な微生物やウイルスが，宿主の免疫力や体力の低下した時に病気を起こすこと．免疫担当細胞を破壊するエイズや白血病・悪性リンパ腫・糖尿病などの疾患のほか，臓器移植時の免疫抑制剤の使用やがん治療時の放射線療法など医療行為によっても誘発されうるため，院内感染することが多い．8・5 節で詳述．

バチルス科にはほかに日和見感染症†の原因となるセレウス菌 *B. cereus* や好熱菌のゲオバチルス ステアロサーモフィルス *G. stearothermophilus* や *G. thermodenitrificans* もある．別科のブレビバチルス ブレビス *Brevibacillus brevis* はとくに高分子物質を菌体外に分泌する機能が高いため外来遺伝子産物の生産技術に利用される．

4・1・2　ブドウ球菌科（Staphylococcaceae）

ブドウ球菌（staphylococcus）はバチルス目に分類されるが，芽胞を形成しない通性好気性菌で独自の別科を成す（表 1・2）．"staphylo" はギリシャ語で「ブドウの房」を意味する（図 4・2）．栄養要求性が高く，ヒトや動物の上皮によく見られる寄生体である．体内に侵入すると化膿や炎症などの原因ともなる．代表種の黄色ブドウ球菌 *Staphylococcus aureus* は固形培地上のコロニーが黄色を呈する特徴があり，7 種のエンテロトキシンを生成して毒素性食中毒を起こす．もとの株にはペニシリンがよく効くが，多剤耐性を獲得した MRSA（methicillin-cephem resistant *S. aureus*）が出現し，院内感染で大きな問題となっている．しかしこの株にもバンコマイシンは効く．同属の表皮ブドウ球菌 *S. epidermidis* は皮膚常在菌の優占種で，腐生ブドウ球菌 *S. saprophyticus* は膣内に常在する．

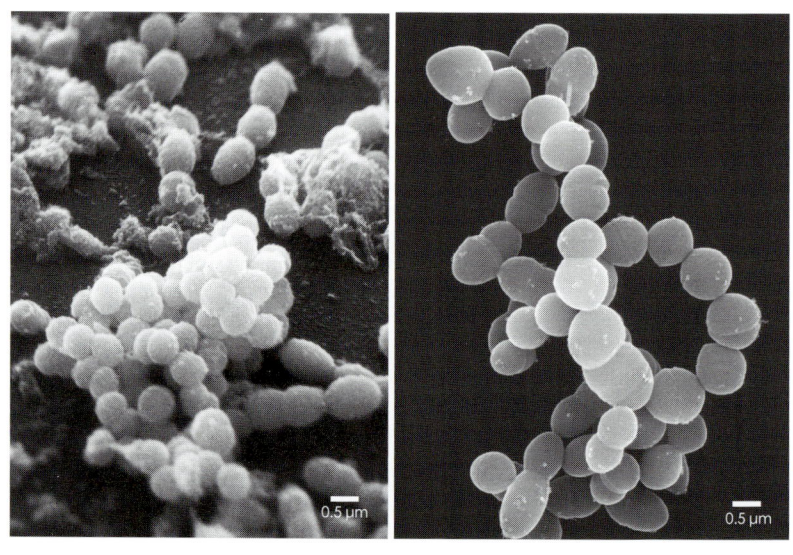

a.　黄色ブドウ球菌　　　　　　b.　乳酸連鎖球菌

図 4・2　グラム陽性球菌
　a：黄色ブドウ球菌 *Staphylococcus aureus* の走査型電子顕微鏡像（写真提供：大阪大学微生物病研究所　本田武司教授）．b：乳酸連鎖球菌 *Streptococcus thermophilus* の走査型電子顕微鏡像（写真提供：雪印乳業株式会社）．

4·1·3 クロストリジウム科（Clostridiaceae）

クロストリジウム属 *Clostridium* が代表的で，メタン生成古細菌とともに代表的な偏性嫌気性菌である．またバチルス属とともに代表的な芽胞形成桿菌でもある．次項の通性嫌気性の乳酸菌とは対照的に活性酸素除去系 SOD（2·2·2 項）をもたない．多くの種は糖をもとに EMP 経路を経て酪酸発酵する（図 3·1）．多くは土壌菌だが一部の種は哺乳類の腸管の無酸素環境に生育する．

この属のクロストリジウム アセトブチリカム *C. acetobutylicum* はアセトン-ブタノール発酵を行う．かつて燃料の工業生産に利用された（1·1 節）．*C.* パステリアヌム *C. pasteurianum* は生態学的に重要で土壌中の嫌気的窒素固定のほとんどを担う．

この属には恐ろしい病原体の破傷風菌 *C. tetani* やボツリヌス菌 *C. botulinum* もいる．破傷風（tetanus）は頭部や顔面から始まり全身に波及する痙攣を起こす特徴のため，古代から認識されていた．19 世紀末コッホ研究室で北里柴三郎[†]が嫌気的に純粋培養し，抗毒素を作り血清療法に成功した（表 1·1）．破傷風菌は世界に広く分布する土壌菌で外傷から感染する．主症状の原因である破傷風毒素は神経のシナプス末端のタンパク質を分解する亜鉛依存性プロテアーゼであり，抑制性シナプスを遮断して痙攣を起こす．

ボツリヌス菌の "botulus" は腸詰めの意のラテン語で，ソーセージやハムによる重い食中毒を起こすことから命名された．この菌が産生する毒素は少量で筋肉を麻痺させるという特徴があり，嘔吐や下痢から感覚異常や四肢の麻痺に至る．発熱はないが，重篤な場合は意識のあるまま呼吸筋の麻痺で死亡する．ボツリヌス毒素はヒトの致死量が注射で数十 ng，吸入では約 1 μg と地上で最も強力な生物毒素であり生物兵器にも利用されるが，微量の局所適用は顔面麻痺や痙攣，斜視などを改善するため医療や美容にも応用される．ウェルシュ菌 *C. perfringens* を含めこの属の 3 種は毒素産生病原菌である．

同じクロストリジウム目に入るが科は別のデスルフィトバクテリウム ハフニエンス *Desulfitobacterium hafniense* は，脱ハロゲン呼吸（3·4·4 項）を行うため，難分解性塩素化合物などの環境汚染物質を浄化する機能で注目される．

4·1·4 ラクトバチルス目（Lactobacillales）

乳酸を唯一のあるいは主な産物とする発酵で生きている菌を乳酸菌（lactic acid bacteria）といい，そのほとんどはこのラクトバチルス目に属す．いくつかの科にまたがり，桿菌と球菌がある．芽胞は作らない．シトクロムをもたず

[†] 北里柴三郎；1853〜1931．日本の細菌学の父．肥後国北里村（現熊本県阿蘇郡小国町）に生まれ，東京医学校（現東大医学部）に学び，ベルリン大学の R. コッホ（1·2 節）に師事する．破傷風菌の純粋培養に成功し，抗毒素（抗体）を利用した血清療法（8·1·3 項）を開発した．東大教授の学説を批判したため帰国後は不遇だったが，福沢諭吉の援助で私立伝染病研究所を起こし，香港ではペスト菌を発見した．北里研究所（北里大学の母体）や慶應義塾大学医学部も創設した．門下に志賀 潔（p72）らがある．

酸素呼吸ができないためエネルギーは発酵で獲得する．にもかかわらず O_2 存在下でも生きられるのは，活性酸素除去系として SOD をもつためである（2・2・2 項）．生育に大量の糖が必要なので果実など栄養の豊かなニッチ（p92）に生息し，複雑な栄養要求性を示す．

乳酸菌には有用菌が多く，ヨーグルトやチーズ，味噌，醤油，漬け物など世界中の伝統的発酵食品に使われる（表 10・3 参照）．乳酸菌には六炭糖（C_6）1 分子から乳酸（C_3）だけを 2 分子作るホモ乳酸発酵菌と，乳酸 1 分子と CO_2（C_1）およびエタノールあるいは酢酸（C_2）を作るヘテロ乳酸発酵菌とがある．乳酸桿菌属 Lactobacillus の一部とロイコノストク属 Leuconostoc はヘテロ発酵菌で，乳酸球菌属 Lactococcus やペディオコッカス属 Pediococcus などその他はホモ発酵菌である．ビフィドバクテリウム属 Bifidobacterium などビフィズス菌は次節のアクチノバクテリア門に属するが，ヘテロ乳酸発酵菌である．

連鎖球菌（streptococcus）は細胞が一対あるいは数珠状に連なり非運動性である（図 4・2b）．ヒアルロン酸は軟骨などの結合組織に含まれるムコ多糖†の一種で，関節の潤滑剤などとして外科手術にも用いられているが，ニワトリの鶏冠などから抽出するため高価だった．乳酸菌 Streptococcus equi subsp. zooepidemicus が発見されて発酵法による大量生産が可能になり，化粧品の保湿成分などとしても広く用いられるようになった．

一方で乳酸菌には代表的な病原菌も含まれる．このうちストレプトコッカス ニューモニア S. pneumonia はヒト上気道粘膜に常在するが大葉性肺炎や髄膜炎，腹膜炎の原因ともなる．S. ミュータンス S. mutans と S. ソブリナス S. sobrinus は齲蝕（虫歯）の最も重要な病原菌であり，歯の表面（エナメル質）に付着し増殖して，歯垢すなわち不溶性グルカンからなるバイオフィルム（1・4 節）を形成する．連鎖球菌はブドウ球菌とともに皮膚の傷を膿ませる代表的な化膿球菌でもある．A 群連鎖球菌 S. pyogenes は，手足の壊死を伴い致死性も高い重篤な劇症型溶血性感染症を起こすことから，人喰いバクテリア（flesh-eating bacteria）とよばれ話題になった．ほかに B 群連鎖球菌 S. agalactiae や肺炎双球菌 S. pneumoniae もあり，この属による疾患は多様である．

腸球菌（enterococcus）は腸管と胆道系の常在菌である．従来 D 群連鎖球菌とされていたが，最近の 16S rRNA 解析により連鎖球菌から分割された．このうち VRE (vancomycin-resistant enterococci) は，多くの抗菌剤に耐性となってしまい日和見感染症を起こすことで問題になっている．古典的な多剤耐性菌である MRSA（4・1・2 項）に対して重用されたバンコマイシンさえ VRE には効かない．

†ムコ多糖（mucopolysaccharide）；アミノ糖を含む一群の多糖の総称．動物の粘性分泌物（mucus）に含まれることから名づけられた．今では二糖の繰り返し構造をもつ酸性多糖，グリコサミノグリカン（glycosaminoglycan, GAG）の同義語として用いられる．ヒアルロン酸やコンドロイチンを含む．動物の結合組織の細胞外マトリクスとして弾力性や強靱さを与える．ムコ多糖症は，加水分解酵素の欠損などによりリソソーム内に GAG が蓄積して起こる先天性代謝異常症である．

4·1·5 マイコプラズマ科（Mycoplasmataceae）

マイコプラズマ（mycoplasma）のユニークな特徴は細胞壁すなわちペプチドグリカンをもたないことであり（1·4節），不定形で可塑的である．サイズも直径0.2～0.3 μm と小さいため，細菌濾過フィルターを通り抜ける特殊な濾過性細菌である（図4·3）．多数の種を含むマイコプラズマ属 *Mycoplasma* が代表的で，ヒトのマイコプラズマ肺炎の原因菌 *M.* ニューモニエ *M. pneumoniae* もある．グラム染色でも染まらないが，系統学的には低 GC グラム陽性菌に含まれる．

クラミジアやリケッチアとともに最も小さな細菌の1つである．ゲノムのサイズも小さく，0.58 Mb[†]の *M.* ゲニタリウム *M. genitalium* は最近まで生物界全体で最小とされてきた（6·3節参照）．遺伝子数も最少の470個であり，史上初のインフルエンザ菌と同じ1995年のうちに全ゲノム配列が解かれた上，2008年には全ゲノム DNA の人工合成が報告された．マイコプラズマは種々の動植物に寄生するが，クラミジアやリケッチアとは異なり自立増殖もできる．多くの細菌が H^+ 駆動力で回転するべん毛で水中を泳ぐのに対し，マイコプラズマは ATP を使う独特のメカニズムで固体表面を滑走する．最速の *M.* モービレ *M. mobile* は36℃で4 μm/s に達する（口絵④）．

マイコプラズマと同様に細胞壁を欠く病原菌が植物でも同定され，ファイトプラズマ (phytoplasma) と名づけられた．同じモリキューテス綱 Mollicutes（表1·2）には入るが別目に分類されている．

4·2 アクチノバクテリア門（Actinobacteria　高 GC グラム陽性菌）

土壌や植物に生育する桿状から繊維状の好気性菌である．結核菌など少数の病原菌も含むが，無害の共生生物が多い．抗生物質や発酵酪農飲食品の生成で経済的価値が高いものも多い．1綱6目に分類されるが，重要な種の多くは放線菌目に含められている（表1·2）．ただし乳酸菌（4·1·4項）のビフィズス菌（*Bifidobacterium* など，図4·4b）は別目である．

「放線菌」（actinomycetes）の名はもともと繊維状の菌糸が枝分かれし四方に広がる形態からつけられたものであり，アクチノマイセス属 *Actinomyces* やストレプトマイセス属 *Streptomyces* を代表とする．しかし形態だけでは合理的に系統分

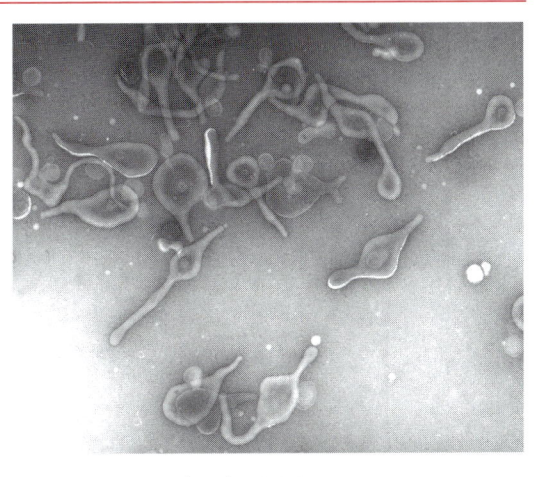

図4·3 マイコプラズマ肺炎菌
マイコプラズマ *Mycoplasma pneumoniae* の透過型電子顕微鏡像（負染色）．細胞壁がないため球菌や桿菌より不定形．菌体の片方の端に形成される膜突起で基体にはりつき突起方向に滑走する（口絵④参照）（写真提供：大阪市立大学　宮田真人教授・中根大介氏）．

[†] Mb（mega base）：DNAの長さは二重らせん構造の塩基対（base pair, bp）単位で表す．補助単位のキロ（k）やメガ（M）をつけると"p"を省略する．たとえば580,000 bp = 580 kb = 0.58 Mb である．一本鎖の核酸も同様に表すが，"bp"だけは使えず"bases"である．DNA の塩基は A, T, G, C の4種類なので，1 bp の情報量は2 bit（ビット）だと考えられる．また8 bit が1 byte（バイト，B）で 10^6 B = 1 MB とすると，0.58 Mb（メガベース）は0.145 MB（メガバイト）となる．

類することはできず，この目には単独の細胞で生育する桿菌も含まれる．

4・2・1 ストレプトマイセス科（Streptomycetaceae）

アクチノマイセス科とともに代表的な放線菌で，繊維状によく増殖しその菌糸体（mycelium）は枝分かれして網状構造をとる．ほとんどは胞子をつくる．放線菌の形態はカビ（真菌類の糸状菌）に類似するが細胞の大きさや基本構造，抗菌薬に対する感受性などは全然違う．放線菌の菌糸は幅 0.5〜1 µm 程度で，糸状菌では 10 µm 程度である．抗生物質の 50 % 以上をこれら放線菌が産生する．

ストレプトマイセス科の菌は基本的には土壌菌で，一部は水生である．ストレプトマイセス属 *Streptomyces* は 500 以上の種を含み，ストレプトマイシンやカナマイシンなどのアミノ配糖体†系，エリスロマイシンなどのマクロライド系，ニスタチンなどのポリエン系（抗真菌薬）のほかテトラサイクリン，クロラムフェニコールなど多数の抗生物質を産生する株がある．

4・2・2 コリネバクテリア科（Corynebacteriaceae）

非運動性の好気性桿菌である（図 4・4a）．端が膨らんだ棍棒状の特徴的な形態をとり「コリネ形」とよばれる．"koryne" はギリシャ語で棍棒を意味する．増殖中に「棍棒」2 本が結合した V 字形をよくとる．基本的に腐生菌でコリネ

† アミノ配糖体 (aminoglycoside); 配糖体 (glycoside) とは糖のヘミアセタール性あるいはアセタール性の水酸基（糖が環化する時アルデヒド基やケトン基から新たにできる水酸基）が他の基や原子に置換した誘導体の総称．アミノ配糖体とはアミノ糖を含む配糖体で，とくにストレプトマイシン，カナマイシン，ゲンタミシンなど一群の抗生物質を指す．結核菌を含む広範な細菌に有効だが，聴器障害や腎毒性などの有害作用がある．9・1・2 項でも詳述．

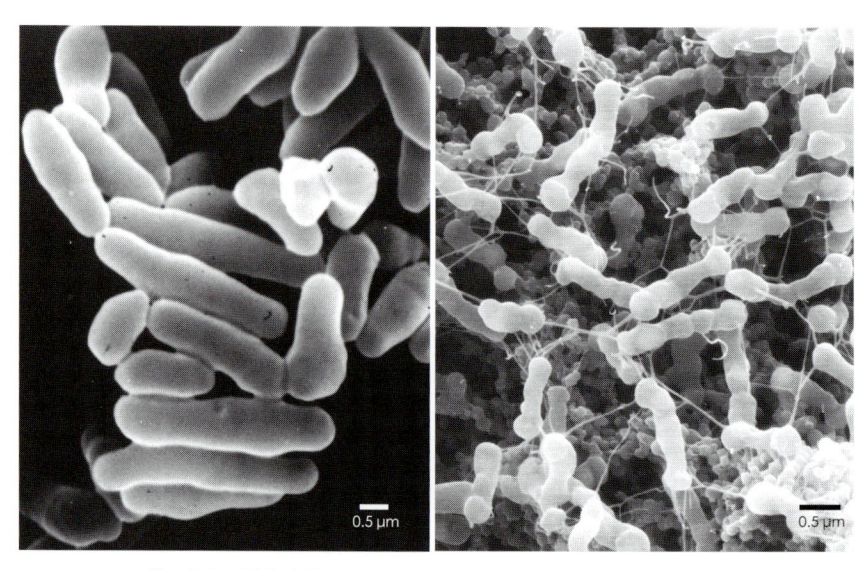

a. グルタミン酸生産菌　　　　　b. ビフィズス菌

図 4・4　アクチノバクテリア（高 GC グラム陽性菌）2 種の走査型電子顕微鏡像
　a：グルタミン酸生産菌 *Corynebacterium glutamicum*（写真提供：味の素株式会社 生産技術研究所）．b：乳酸菌 *Bifidobacterium bifidum*（写真提供：雪印乳業株式会社）．

バクテリウム *Corynebacterium* の1属のみしかないが，動植物の病原菌を含み非常に多様化した集団である．芽胞や休眠細胞を形成しないのに乾燥と飢餓に高い抵抗性を示す．

コリネバクテリウム グルタミカム *C. glutamicum* は栄養素や旨味[†]成分でもあるアミノ酸の生産菌として工業的に重要である（Box4）．かつてブレビバクテリウム フラバム *Brevibacterium flavum* や *B*. ラクトファーメンタム *B. lactofermentum* とよばれていた菌も *C.* グルタミカム *C. glutamicum* の所属とされた．

ジフテリア菌 *C. diphtheriae* は喉(のど)の潰瘍による呼吸困難を伴うジフテリア（diphteria）を引き起こす．ヒポクラテスも記述した古代からの病気で，主に子供がかかる．ジフテリア菌は咽頭や喉頭で増殖して飛沫感染し，宿主細胞内のタンパク質合成を止める毒素を発する．"diphthera" はギリシャ語で皮革を意味し，喉の粘膜に灰白色の偽膜（pseudomembrane）が形成される．重いと気道を閉塞して窒息死を招く．

19世紀末コッホ研究室でベーリングと北里柴三郎はそれぞれジフテリアと破傷風の抗毒素を発見し，血清療法を開発した（表1・1）．ジフテリア毒素の遺伝子はもともとこの菌のゲノムにあるのではなく，溶原ファージ[†]がもち込む．このファージはコリネバクテリオファージβとよばれ，大腸菌に溶原化するλファージに近い．ジフテリアはヒトが唯一の自然宿主であることから，根絶できる可能性がある．

4・2・3 マイコバクテリア科（Mycobacteriaceae）

芽胞やべん毛をもたない好気性桿菌で，繊維状に増殖したり分枝もするが真の菌糸体は形成しない（口絵⑤）．栄養要求性は単純で，N源は NH_4^+，C源はグリセロールか酢酸塩を添加した無機塩培地でよく育つ．脂質や脂肪酸の添加で増殖が促進され，グリセロール-全卵培地（レーウェンシュタイン-ジェンセン培地）を用いる．マイコバクテリウム *Mycobacterium* の1属のみで，コリネバクテリア亜目に含まれる（表1・2）．

分類上はグラム陽性菌ながら実際には染色されにくい．これはミコール酸（複合分枝鎖をもつオキシ脂肪酸）という特別な脂質が細胞壁のペプチドグリカンに大量に共有結合しているためである．ミコール酸は細胞表層を疎水性にし，アルコールや消毒薬，乾燥などに対する耐性を高めている．しかしフェノール存在下で加熱するという激しい条件下で塩基性色素フクシンを用いるチール-ニールセン染色（Ziehl-Neelsen stain）という特殊な染色法で赤く染まり，いっ

[†] 旨味（umami）；甘味，塩味，酸味，苦味の4味に加えて認知された第5の基本味．好悪にかかわる「おいしさ」と混同されがちだが，適切な食品に適量が含まれるときだけおいしいと感じる点は他の基本味と同じ．20種のアミノ酸のうち旨味を呈するのはグルタミン酸とアスパラギン酸のナトリウム塩であり，グルタミン酸やアスパラギン酸自体は酸味，ヒスチジンやメチオニンなどは苦味を呈する．カニやアマエビの甘味は糖よりもアミノ酸のアラニンやグリシンによる．

[†] 溶原ファージ（temperate phage）；細菌に感染するウイルスをバクテリオファージ，略してファージという．ファージのうち感染後ただちに宿主細菌を溶菌する毒性ファージ（virulent phage）に対比して，自らのゲノムを宿主の染色体DNAに挿入して静かに潜み細菌の増殖に伴ってゲノムを増殖させるファージをこうよぶ．放射線照射など何らかの刺激を受けると溶菌してファージ粒子（ビリオン）としての姿をあらわす．7・3節で後述．

たん染まると酸やアルコール，煮沸などでも脱色されにくいことから抗酸菌（acid-fast bacilli）とよばれる．

結核菌 *M. tuberculosis* は，咳が長期間続きゆっくり衰弱していく結核（tuberculosis）の起因菌である（口絵⑤）．肺に空気感染して特有の結節（tubercle）をつくることが病名と学名の由来である．固形培地ではひだのある固く緻密な塊として積み重なる特徴的な集落を形成する．

患者の痰や咳で生じる飛沫の中に菌が入っている．ミコール酸のため乾燥などに強く空気中でも長く感染力を保持する．宿主の免疫系に対しても抵抗性が高く，肺胞でマクロファージに取り込まれても分解されず増殖する．ところが感染力自体はかなり弱い．紫外線に弱いため屋外では感染しないし，部屋の換気という穏やかな対策も有効である．

結核の病態では肺結核が最も多いが，骨が侵される脊椎カリエス[†]や股関節結節もある．肺に結節ができただけでは症状は出ず，栄養不良や過労，糖尿病などで体の抵抗力が落ちたときに菌が増殖して肺炎が起こり，発熱や咳，痰，喀血などの症状が出始め，ゆっくりと体力が衰え死に至る．

歴史的には古く，9000年前のドイツ，ハイデルベルクの人骨や3000年前のエジプトのミイラにも病変が裏付けられている．天然痘やペストのような激烈な急性伝染病とは異なり，古代から中世，近世へと穏やかに蔓延を続け，文学や芸術の題材にもなった（Box1）．

結核が「白いペスト」とよばれるほど大きな社会問題になったのは18世紀末から19世紀の産業革命期である．栄養状態が悪くて免疫機能の低下している人が大部屋に多数居住するような生活環境で増殖しやすいため，ロンドンなど工業の盛んな大都市中心に蔓延した．紡績工をはじめ金属工，製陶工，ガラス吹き工，鉱山労働者など貧しい労働者階級に広がり，激しい階級闘争の背景ともなった．日本では『女工哀史』にもあるように，紡績業や製糸業の若い女工が多く犠牲になった．しかし栄養条件や労働・居住環境の改善，サナトリウムの設置など社会的な施策によって流行は緩和されていった．

19世紀の初めに結核の治療に取り組んだフランス人テオフィル・ルネ・マリー・イアサント・シエネックは，病理解剖を創始したり聴診器を発明するなど，医療全般にも貢献した．病原菌は1882年コッホが突き止めた．一方，フランスのカルメットとゲランが結核予防に開発したBCGワクチンは，強毒のウシ型結核菌を13年間継代培養して単離した弱毒株（Bacillus Calmette-Guerin）である．1944年には抗生物質ストレプトマイシンが発見され，さらにPAS（sodium *p*-aminosalicylate）やイソニアジドやリファンピシンも導入され，

[†] 脊椎カリエス（spinal caries）：結核菌が肺の病巣から血流に運ばれて脊椎に病巣を作ったもの．骨関節結核の中で最も多い脊椎の結核．カリエス（caries）とは一般に，慢性の炎症などが原因で骨や歯牙など硬組織が壊死，崩壊した状態．胸椎下部や腰椎に発症することが多く，腰や背中に痛みが生じる．主に椎体が侵され，骨破壊が進むと脊柱の変形を起こす．正岡子規も晩年に苦しみ『病床六尺』を書いたが，戦後は抗結核薬と手術の進歩で予後は良好になった．

三剤，四剤併用療法が開発されて患者数は激減した．しかし薬剤耐性菌の出現や免疫不全を起こすエイズとの併発で，1980年代から増加に転じた．

もう一つの**ライ菌** *M. leprae* は，感染力は弱いが発病すると主に皮膚と末梢神経を侵すハンセン病（Hansen's disease，ライ病 leprosy）の起因菌である．結核菌と同属の抗酸桿菌だがその病態はまったく異なる．ライ菌が寄生すると皮膚にあざのような紅斑が生じ，感覚神経が麻痺するため火傷やけがの痛みを感じず，患部がひどく傷ついたり化膿することもある．さらに病気が進行すると四肢や相貌が変形したり内臓や骨にも病変が及び失明することもある．

長時間の密な接触がないとうつらないため家族内感染が多い．また潜伏期間が数年から二十数年と長いため感染経路が同定しにくく，昔は遺伝病と誤認されていた．菌を体外に出すのも一部の患者に限られる．感染はヒトのみに限られると考えられてきたが，霊長類やアルマジロ[†]にも自然感染する人獣共通感染症であることが判明した．

古代から主にアジア熱帯地方の風土病として明確に認識されていた（Box1）が，ヨーロッパで広く流行したのは十字軍の遠征がきっかけだったらしい．中世には神の罰などとみなされ，患者は激しい迫害や差別を受け隔離された．13世紀に盛期を迎えたが，14世紀にヨーロッパを襲ったペストが病弱なハンセン病患者を一掃し，以後ヨーロッパではまれな病気になった．

1874年にノルウェーの臨床医アルマウェル・ハンセンが病原菌を発見した．第二次世界大戦後には優れた抗菌薬が開発され，やはり多剤併用療法（multidrug therapy, MDT）で完治が可能になった．ジアフェニルスルフォン（diaphenylsulfone, DDS），RNA合成阻害薬のリファンピシン（rifampicin, RFP），DNAに作用するクロファジミン（clofazimine, CLF）の三剤が代表的である．日本ではほとんどの患者が完治しているが，最近まで社会的な差別と偏見を受け重大な苦痛を被ってきた．世界的には，インドやアフリカを中心に今でも数十万人単位の登録患者と新規患者がある．しかしMDTを用いた世界保健機関（WHO）の制圧キャンペーンで激減しつつある．

4・2・4　ノカルジア科（Nocardiaceae）

好気性の土壌細菌で，マイコバクテリアとともにコリネバクテリア亜目に含まれる（表1・2）．ノカルジア *Nocardia* とロドコッカス *Rhodococcus* の2属がある．前者はほとんど菌糸体だが，後者は菌糸体が容易に桿菌や球菌の形態に分裂する．抗生物質産生菌もある一方，肺結核に似た病変などを示すノカルジア症を引き起こす病原菌もある．

[†] アルマジロ（armadillo）；南北米大陸に分布する貧歯目（アリクイ目）の哺乳動物．体毛が変化した鱗状の硬い板で全身とくに背面がおおわれているため，スペイン語で「武装したもの」を意味する"armado"から命名．ヒトの多数の重要な病気に対して感受性をもつため，19世紀から医学の実験材料として使われてきた．ライ菌は人工培養ができず，感受性のある（発病する）実験動物もなかなか見つからなかったが，病変部位が腕や脚，背中など温度の低い体表に集中することから発想して体温の低いアルマジロに接種したところ，体内で増殖し以後治療の研究に役立った．ただし今はヌードマウスの感受性変異体が開発されている．

Box 4　アミノ酸生産の代謝工学

　微生物の応用分野の1つとして代謝工学（metabolic engineering）がある．代謝を司る酵素やその制御系を操作することによって，微生物による有用物質の生産力や不要物質の分解力を高めるという分野である．この代謝工学の考え方の礎石となったのが，コリネ形グラム陽性菌によるアミノ酸生産能の発見である．

ⅰ．アミノ酸生産株の単離
　大正時代，池田菊苗によって昆布の旨味成分として同定されたグルタミン酸ナトリウム（monosodium glutamate, MSG）は，主要な調味料「味の素」として多用されている．以前は小麦や大豆のタンパク質を塩酸で加水分解し抽出製造される高価な製品だった．1950年代グルタミン酸（Glu）の需要が高まり，安価な糖原料から微生物の力で生産することが望まれた．しかしアミノ酸はもともと菌の生存や増殖に必須な構成成分であり，必要量を過不足なく作るよう厳密に調節されているので難しいと考えられた．しかし鵜高重三は自然界から高発現株をスクリーニングする方法をあみ出した．
　1) 自然界より分離した各種の供試菌を寒天平板培地に規則正しく植えて培養する．
　2) 紫外線を当ててそれ以上の増殖やアミノ酸生産を止める．
　3) Glu要求性乳酸菌を検定菌として軟寒天に混ぜて重層し，培養する．
　4) 供試菌の周りに検定菌が生育し集落を形成した場合に，Glu生産菌と認める．
平板培地法（Box2）と微生物定量法（2・3・1項）を組み合わせた巧みな方法である．こうして発見されたGlu生産菌がコリネバクテリウム　グルタミカム *C. glutamicum* であり（4・2・2項），この発酵法は1956年に協和発酵で試験的に工業化され，以後広まった．

ⅱ．生産の培養条件
　デンプンの加水分解物（ブドウ糖）あるいはショ糖をエネルギー源として，通気撹拌を行える巨大なタンク（100〜450 l）で好気的に行う．30℃，微アルカリで2〜3日培養し，菌体を除いたあと濃縮し，Gluの等電点pI 3.2付近のpHで沈殿させるかイオン交換樹脂で分離精製する．Gluの過剰生成には，①ビオチンの制限（通常の>20 µg/l から1〜3 µg/lに下げる）で生育の抑制がかかる条件が必要である．しかし廃糖蜜にはビオチンが含有するためこの条件を満たすのは難しい．廃糖蜜を使う場合には，②ペニシリンGの添加か，③飽和脂肪酸を含む非イオン性界面活性剤Tweenの添加が必要である．あるいはビオチン制限の不要な変異株も分離されている．このような事実から，Glu生産株では細胞膜の透過性が上がっているのではないかと示唆されたが，より特異的な輸送系が重要ではないかと見られるデータもある．

ⅲ．リシン発酵
　コリネバクテリウムのGlu生産が発見された翌年，同じ菌のホモセリン要求株がリシン（Lys）を生産することがわかった．Lysは家畜の穀物飼料の添加剤として需要が大きい．このような代謝工学の理解には，アミノ酸合成経路のフィードバック制御を考

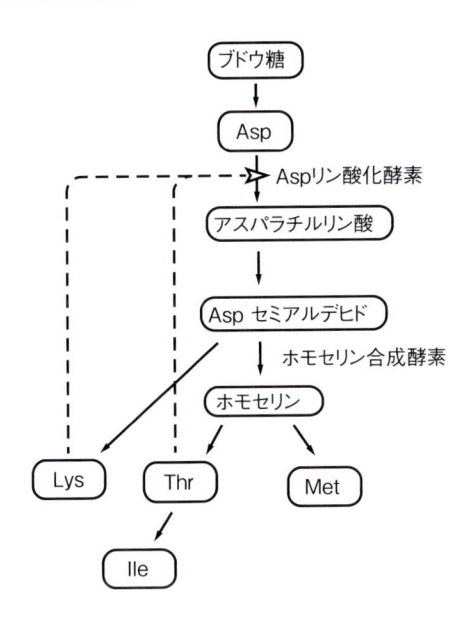

図4・5 アミノ酸の合成経路と制御
実線の矢印は代謝経路，破線の矢印は協奏的な
フィードバック阻害を示す．

えることが役に立つ（図4・5）．Lys だけではなくトレオニン（Thr）やメチオニン（Met）などのアミノ酸はいずれもアスパラギン酸（Asp）から生合成されるが，このうち Thr や Met は中間でホモセリンを経る．最終産物のアミノ酸は途中段階をフィードバック阻害する．おおもとの Asp リン酸化酵素は Lys と Thr の両方が大量にあるときのみ阻害される（協奏阻害）．

このように制御されている菌の野生株に変異を誘発し，次のような2つの突然変異株を選択すると，それらは Lys を大量に生産した．

①ホモセリン要求変異株；ホモセリン合成酵素を欠損した株に対して，生育に必要最小限の Thr や Met を与えて培養すると，Asp リン酸化酵素は Lys の阻害を受けないため，Lys が蓄積する．

②アナログ耐性変異株；Lys 自体ではなくその $\gamma\text{-}CH_2$ 基（p162 側注参照）が S に置換した類似体（アナログ）でも，Thr と共存すると野生株の Asp リン酸化酵素を強く阻害し，そのため生育も強く抑制される．このアナログに耐性の株は Lys 自体の阻害も受けなくなっている．この変異株は Asp リン酸化酵素の制御部位だけが変異し，酵素活性はあるのにフィードバック阻害は受けなくなっている．

①のような栄養要求変異株や②のような制御変異株が Glu や Lys 以外のアミノ酸についても単離された．主要アミノ酸すべてが微生物の力で生産されるようになり，代謝工学の有効性が基礎づけられた．1980年代から遺伝子を1残基単位で直接操作できるようになり，さらに論理的な代謝設計への道が開かれた．

ロドコッカス属 *Rhodococcus* では *R.* ロドクロウス *R. rhodochrous* が代表種で，さまざまな酵素を活発に産生する．ポリ塩化ビフェニル（PCB）の分解や石油の乳化，放射性セシウムの濃縮などによる環境浄化のほか，ベンゼンの酸化によるフェノールの生産や，アクリルアミドやトレハロースの酵素的生産など多岐にわたる有用性から注目されている．なお，大量の PCB で汚染されたフィンランドの製材所跡地や地下水の浄化に用いて輝かしい成果を上げたマイコバクテリウム クロロフェノリカム *Mycobacterium chlorophenolicum* は，当初この属に分類されていた．

4・2・5 プロピオニバクテリア科（Propionibacteriaceae）

嫌気性のプロピオン酸菌で，プロピオニバクテリウム属 *Propionibacterium* を代表とする．シャーマン菌 *P. freudenreichii* subsp. *shermanii* はエメンタールチーズ†に生息する細菌として発見された．EMP 経路でブドウ糖や乳酸などを発酵し，プロピオン酸と酢酸，CO_2 を生成する（図 3・1）．このプロピオン酸はチーズに独特な香りを与え，CO_2 は「チーズの目」とよばれる特徴的な穴を作る．乳酸菌の最終産物をさらに嫌気的に発酵してエネルギーを得ることができる点でも興味深い．

† エメンタールチーズ（Emmental cheese）；スイスのベルン州エメンタール地方特産の硬質チーズで，木の実に似た香ばしい独特の芳香があり，「チーズの王様」とよばれる．暖めた牛乳にプロピオン酸菌を加え発酵，熟成させて作る．なおプロピオン酸（propionic acid）は化学式が CH_3CH_2COOH で，油脂の加水分解で得られる脂肪酸のうち炭素鎖が最も短いことから，ギリシア語で「最初（pro）の脂肪（pion）酸」の意味で名づけられた．

5. プロテオバクテリア
― 近接する善玉菌と悪玉菌 ―

　グラム陽性菌を細菌界の西の横綱とすれば，東の横綱はプロテオバクテリア[†]です．グラム陰性菌には系統学的にさまざまな微生物が含まれており，そのうち最大の集団がプロテオバクテリア門です．遺伝子工学で重用される大腸菌などの有用菌とペストやコレラなどの病原菌もたくさん含まれています．この門は$α$，$β$，$γ$，$δ$，$ε$の5綱に分類されますが，$α$と$γ$に属する菌が多く，$δ$と$ε$は小さな綱です．硝化細菌やシュードモナス類など性格の共通な菌が複数の綱にまたがっている場合もあります．とくに光合成細菌は他の門にも多いので，次章でまとめて整理します．

5・1　α-プロテオバクテリア綱（α-Proteobacteria）

5・1・1　酢酸菌科（Acetobacteraceae）

　エタノールや糖を不完全に酸化して酢酸を生成する菌を酢酸菌（acetic acid bacteria）といい，酢酸菌科に属する運動性のある桿菌である．酵母によってアルコール発酵した穀物や果実のジュースから酢（vinegar）を製造するのに用いられる．

$$CH_3CH_2OH + O_2 \rightarrow CH_3COOH + H_2O$$

この過程は酢酸発酵とよばれるが，酸素O_2による好気的代謝である（3・2節）．酢酸菌でこのエタノールの酸化に働くアルコール脱水素酵素と，もう1つグルコース脱水素酵素には，ピロロキノリンキノン[†]という新種の補酵素が働いている．酸性に強く，多くはpH5以下でも生育する．

　酢酸菌には，酢酸をさらにCO_2まで分解できる周べん毛のアセトバクター属 *Acetobacter* と，TCA回路を欠くためさらなる酸化はできない極べん毛のグルコノバクター属 *Gluconobacter* などがある．これらのうちアセトバクター　アセチ *A. aceti* が代表種で，この属名と種小名に重なる"aceto-"は「酢」を意味する．

　酢酸菌は糖を中途半端に酸化する"underoxidation"とよばれる能力をもって

[†] プロテオバクテリア（proteobacteria）；細菌のうち大腸菌をはじめ多種多様な菌を含む巨大な門．グラム陰性細菌の中で最も大きな系統群．その形態の多様性から，姿を変幻自在に変えるギリシア神話の海の神プロテウスにちなんで名づけられた．当初この群は紅色細菌とよばれたが，紅色でない細菌を多数含む大きな系統であるため改名が提案され定着した．

[†] ピロロキノリンキノン（pyrroloquinoline quinone）；水素2原子の授受を行う新しい補欠分子族．化学名 2,7,9-tricarboxy-1*H*-pyrrolo[2,3-f]quinoline-4,5-dione，略号PQQ．酢酸菌のほかメタノール資化菌やシュードモナスの脱水素酵素でも働いている．PQQ欠乏食を与えたマウスが種々の異常を呈することから，哺乳類でも補酵素として働く新しい14番目のビタミンではないかと注目された．

PQQ

いる．この能力は酢酸発酵だけではなく，グルコースやガラクトースなどからグルクロン酸やガラクツロン酸などのウロン酸を製造するのにも使われるし，ビタミンＣの製造過程でも発揮される．酢酸菌はまた余分の糖を高分子化して貯える能力もある．グルコナセトバクター キシリヌス *Gluconacetobacter xylinus* は，ココナッツ果汁を発酵させてデザートのナタデココを作るが，その主成分は多糖のセルロースである．

一般にセルロースは植物の細胞壁の主成分で，植物体の約3分の1を占める主要なバイオマス[†]である．紙パルプのほか血液透析膜の原料などになる．セルロースの生産は樹木に頼っているが，生産に時間がかかるし過度な伐採は環境破壊を招く．この酢酸菌の作り出すセルロースは植物由来のものとは異なり，ヘミセルロースやペクチン，リグニンなど他のポリマーの混ざっておらず，純度が高く繊維も細い．また結晶のように規則正しく並んでいるため丈夫で，しかも振動させても迅速に振動がおさまる特性があり，ヘッドホンやスピーカーの振動板に利用される．また空気浄化フィルターやコンピュータの積層配線板への利用も検討されている．さらに，安全性や生体適合性も高いことから，火傷（やけど）の皮膚を保護する代替皮膚にも使われている．

このような特徴から，微生物に由来するセルロースはバイオセルロース（biocellulose）とよんで区別する．酢酸菌は好気性なので培養液の表面にとどまり，生産物から菌体を分離しやすいという利点もある．

> [†] バイオマス（biomass）；生物由来で再生可能な有機物資源．廃木材や家畜の糞尿，稲わら，焼酎かす，廃油，生ゴミなど．植物の光合成によって固定された CO_2 に由来するので燃焼や分解によって温暖化ガスが増加しないため，地球環境に悪影響の少ないクリーンなエネルギー源などとしての利用が期待されている．11・1・1項で詳述．

5・1・2 リケッチア目（Rickettsiales）

リケッチア（Rickettsia）は球状か桿状の偏性細胞内寄生体で，ノミやシラミ，ダニが媒介してヒトを含む動物に感染する．リケッチアは目レベルでまとめられ，リケッチア目の菌が引き起こす感染症をリケッチア症と総称する．人工培地では培養できず，哺乳類の培養細胞などで培養する．幅は0.3～0.7 μm，長さは1～2 μmでゲノムサイズも1 Mb程度と小さく，エネルギー代謝や生合成の遺伝子の多くを欠く．マイコプラズマ（4・1・5項）やクラミジアとともに極小細菌の1つである．

リケッチア科のリケッチア プロワゼキ *Rickettsia prowazekii* は発疹（はっしん）チフスの起因菌である．アメリカ人のH. リケッツが病原菌を発見し，チェコ人のS. フォン・プロヴァツェクがその性質を解明したことからこの学名になった．発疹チフスでは頭痛や体力減退などの前駆症状の後39～40℃の高熱となり特徴的な桃色の発疹が腋の下から全身に広がる．昔から風土病として知られ15世紀末に欧州に広まった．その発生様式から「戦争病」とか「囚人病」ともよばれた（1・1節）．

この病気がシラミに媒介されることは，1909年フランス人のC.ニコルが明らかにした．1938年から殺虫剤DDT（p,p'-dichlorodiphenyltrichloroethane, $(ClC_6H_4)_2CHCCl_3$）でシラミを駆除して奏功を得た．DDTは戦後混乱期の日本の衛生状態を保つのにも役立った．また米国南部や熱帯諸国でマラリアや黄熱を媒介する蚊の駆除にも役立ち，毎年数百万の人命を救った．その後，環境汚染による野鳥の絶滅やヒトへの慢性毒性が懸念され使用が禁止されたが，発展途上国の差しせまった危機には今でも有用性がある．

同科異属のオリエンチア ツツガムシ *Orientia tsutsugamushi* は，ツツガムシという小型ダニが媒介するリケッチアで，致命率の高い日本の熱性疾患ツツガムシ病の原因である．ダニの幼虫が人を刺すとうつる．卵を介してダニの子孫に伝わる．ダニにとってリケッチアは常在微生物であり，ダニは殺されない．また，同目異科のエールリキア属 *Ehrlichia* の菌は，西日本や米国で発生し発熱や頭痛を伴う腺熱エールリキア症を引き起こす．

5・1・3 リゾビウム目（Rhizobiales）

マメ科植物の根に共生して根粒をつくり窒素固定（nitrogen fixation）を行う一群の菌を根粒細菌（root nodule bacteria, leguminous bacteria）という（口絵⑥）．根粒菌はリゾビウム目のうちリゾビウム科（Rhizobiaceae）のリゾビウム属 *Rhizobium* とシノリゾビウム属 *Shinorhizobium* およびその他の科のアゾリゾビウム属 *Azorhizobium* やブラジリゾビウム属 *Bradyrhizobium* などの微好気性菌である（表1・2）．これら学名の "*rhizo-*" は根を意味するギリシア語 "*rhiza*" に由来する．ただしこの目には根粒菌ではない硝化菌や光合成菌も含まれている．

遊離状態の（自由生活する）根粒菌はべん毛で運動する桿菌だが，根に出会うと付着し根粒を形成する．菌と植物の対応の種特異性は高い．菌は根粒の内部で変形し，バクテロイド†という構造をとる．植物から光合成産物をエネルギー源として受け取り，固定窒素を植物に渡す．根粒には動物の血液中のヘモグロビンによく似たレグヘモグロビン（leghemoglobin）というタンパク質があり，O_2と結合してその濃度を調節している．

窒素固定は反応性の低いN_2を大気から生物圏に取り込む反応であり，生物界全体への寄与となる（図3・4）．N_2を直接利用できる生物は少ないが，リゾビウム以外にもハンノキやヤマモモなどの樹木に根粒を作るフランキア属 *Frankia* 放線菌や地衣類を構成するノストク属 *Nostoc* 藍色細菌などの共生菌もある．さらには共生しないで自由生活をする菌もある．γ-プロテオバクテ

† バクテロイド（bacteroid）；植物細胞内に共生して活発に窒素固定をしている状態の根粒細菌．根粒組織内にぎっしりつまり（口絵⑥b），植物由来のペリバクテロイド膜という特殊な生体膜に一個から数個ずつ包まれる．べん毛も細胞壁も失って運動も増殖も停止する．肥大化し，Y字形や棍棒状に大きく変形して，代謝も形態も遊離状態の桿菌とは大きく異なる．

リアに属するアゾトバクター属 *Azotobacter* や一般の藍色細菌もこれにあたる．ただし固定される窒素の総量は共生菌の方が圧倒的に大きい．これらはすべて原核微生物であり，窒素固定能をもつ真核生物は見つかっていない．窒素固定菌は共通にニトロゲナーゼ（nitrogenase）をもつ．この酵素は O_2 に弱いため，これらの細胞がもつ呼吸鎖酸化酵素（3・3節）は O_2 に対する親和性が高く，エネルギー獲得能とともに O_2 を解毒する役目もある．

リゾビウム科には根粒細菌以外にも農業にかかわる重要な菌が含まれている．アグロバクテリウム属 *Agrobacterium*（"Agro-" は農業の意味）の土壌細菌には植物の傷に付着して腫瘍を形成する病原菌がある．傷ついた植物の発するフェノール性の信号物質を感じ取ると，この菌のもつ Ti プラスミド†上の *vir* 遺伝子群が活性化され，プラスミドの一部 T-DNA が切り出されⅣ型分泌機構（TFSS）により植物細胞に注入されるという一連の反応が惹起される（1・4節）．T-DNA 上には *onc* 遺伝子があり，植物の腫瘍形成を引き起こす．この Ti プラスミドは遺伝子組換え作物（genetically modified organism, GMO）の作出に役立っている．

† Ti プラスミド
(Ti plasmid)；多くの双子葉植物に腫瘍を引き起こす根頭がん腫病菌 *A. tumefaciens* がもつ約 200 kb の巨大プラスミド．名称は "**t**umor **i**nduction" より．腫瘍化に必要な 2 つの遺伝子群 T-DNA (transferred DNA) と *Vir* 領域 (virulence region) をもつ．腫瘍化した植物組織はこの菌が優先的に増殖することから，この現象は遺伝子植民地化 (genetic colonization) とよばれるが，農作物の遺伝子組換えに重用される．

5・1・4 その他

走磁性細菌 *Magnetospirillum magnetotacticum*（図5・1）は紅色らせん菌目 Rhodospirillaceae に分類されるが光合成はせず，学名からも想像されるように体内に微小な磁石マグネトソームを作る．マグネトソームは生体膜に包まれ，大きさは約 50 nm，主成分は Fe_3O_4 で，細胞内に 20 個ほど連なっている．菌はらせん状に湾曲した微好気性桿菌で湖沼や海洋にすみ，北半球の菌は北極に南半球の菌は南極に向かって極べん毛によって運動する．水中を斜め下方に進

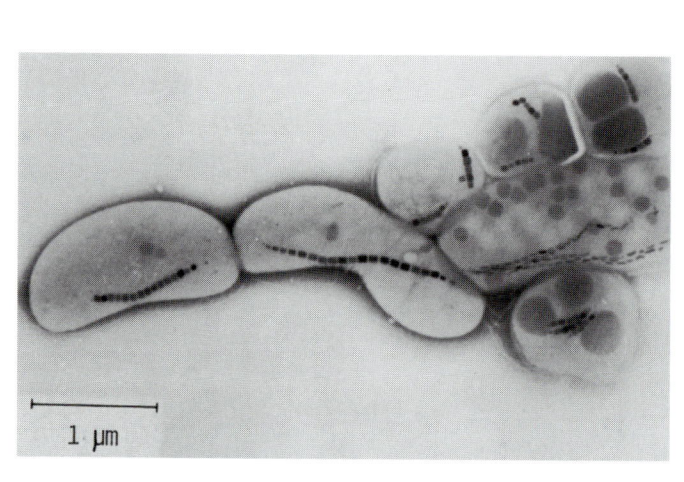

図5・1 走磁性細菌
Magnetospirillum magnetotacticum の透過型電子顕微鏡像
（写真提供：東京農工大学　松永　是教授）．

むことになるので，生育に適した酸素濃度の深さに移動するために発達させたしくみだと推定される．この菌はいろいろな応用が考えられ，たとえば工場排水の有害金属を取り込ませた上で強い磁石で丸ごと回収したり，取り出したマグネトソームに抗がん剤をまぶして体外から がん病巣に遠隔誘導する薬物送達系（drug delivery system, DDS）などが試みられている．

スフィンゴモナド目 Sphingomonadales スフィンゴモナド科 Sphingomonadaceae に分類されるザイモナス属 Zymomonas の偏性発酵性菌は ED 経路（3・2 節）によって植物樹液の糖からエタノールを作る．酒づくりのアルコール発酵には酵母を使うのが洋の東西を問わず一般的だが，中南米ではこのザイモナスで作った酒が飲まれている．アフリカやアジアの熱帯地方にもあるが，とくにリュウゼツランから作るメキシコの醸造酒プルケや蒸留酒テキーラが有名である．ザイモナスは遺伝子操作も容易に行えるプロテオバクテリアなので，最近はバイオエタノールの生産でも注目される．

5・2　β-プロテオバクテリア綱（β-Proteobacteria）

ナイセリア科 Neisseriaceae ナイセリア属 Neisseria の菌はすべて哺乳動物の粘膜に寄生し，一部は病原性を示すため医学的に重要である．多くは好気性で非運動性の双球菌である．淋菌 Neisseria gonorrhoeae がこの属の基準菌で淋病を引き起こす．淋病†は古くから知られており，古代メソポタミアでも楔形文字で記載されている．13 世紀から性感染症と認識されていたが，梅毒とはっきり区別されたのは 18 世紀である．1879 年にドイツの医師アルベルト・ナイセルが病原菌を発見し，属名の由来となった．

同属に髄膜炎菌 N. meningitidis もある．この菌が起こす脳脊髄膜炎はヒトの間のみで空気感染し，悪寒や前頭部の激しい頭痛，胃痛，発熱，発疹などを伴う悪性熱病である．16～19 世紀のヨーロッパで猛威をふるい，1887 年にウィーンの医師 A. ワイクセルバウムが病原菌を発見した．これら脳脊髄膜炎と淋病にはまずサルファ薬（p7）が使われ，ついでペニシリンが開発されて絶大な治療効果を示した．

別目の百日咳菌 Bordetella pertussis は急性の呼吸器伝染病の百日咳†（pertussis）を起こす．かつて子供にありふれた病気で終生免疫を得る．症状は風邪のような軽度の発熱や鼻汁で始まり，咳が次第に激しくなりながら長期に続くことからこの病名が付いた．無呼吸発作が強くチアノーゼを呈する重症になる．罹病率が高く，とくに新生児の死亡率が高いことから予防接種が開発されて広まった．アミノベンジルペニシリンやエリスロマイシンが効く．

† 淋病（gonorrhea）；急性の尿道炎で代表的な性行為感染症（STD）の 1 つである．炎症は尿道から内性器へ波及する．尿道内腔が狭まり痛みも激しいため放尿の勢いが衰え，白い膿が分泌される．名称の「淋」は排尿の様子を林の木々から雨粒がしたたり落ちるイメージで表したものである．また "gonorrhea" は，白い分泌物を陰茎の勃起なしで精液（gono）が流れる（rhei）ものとみなした命名である．

† 百日咳毒素（pertusis toxin）；百日咳菌が産生する A-B 型外毒素（8・1・1 項）．分子量 11 万の六量体タンパク質（S1, S2, S3, S4×2, S5）．A 成分（S1）は G_i や G_o など三量体 G タンパク質の α サブユニットを ADP リボシル化して宿主細胞の情報伝達を妨げる活性があり，B 成分（残りの五量体）は宿主細胞の膜受容体を認識して A 成分を特定の細胞内に導入する働きがある．G タンパク質の機能を調べる基礎研究の手段としても利用されてきた．

5・3 γ-プロテオバクテリア綱（γ-Proteobacteria）

5・3・1 シュードモナス科（Pseudomonadaceae）

代表のシュードモナス属 *Pseudomonas* は極べん毛をもつ好気性桿菌で，ED 経路（3・2節）をもつが発酵はしない．土壌や淡水，海水など幅広い環境に分布して動植物の腐敗や分解を進めている．誘導オペロンが多く，環境に応じてさまざまな有機化合物を分解することができ，生態系の炭素循環に寄与している．多数の種を含み一部は病原性をもつ．代謝が多様なので環境汚染物質や流出原油の処理などにも利用されている．

この属の緑膿菌 *P. aeruginosa* は尿路や呼吸器系の日和見感染症の起因菌である．一方，シュードモナス プチダ *P. putida* は難分解性環境汚染物質の分解や重金属の吸収などさまざまな面で環境浄化に役立つとして研究が進んでいる．アゾトバクター属 *Azotobacter* は同じ科ながら周べん毛で，自由生活型の好気性窒素固定菌の代表とされている（5・1・3項）．直径 2〜4 µm と大きい．

かつては幅広い極べん毛性好気性桿菌がシュードモナス類（Pseudomonads）というくくりで認識されていたが，系統解析が進んだ結果，そのうちザイモナス属 *Zymomonas*（5・1・4項）は α-プロテオバクテリア，ブルクホルデリア属 *Burkholderia* は β-プロテオバクテリア，キサントモナス属 *Xanthomonas* は γ-プロテオバクテリアの他目に属するなど，雑多な集団であることがわかった．これらの菌はグルコースの分解で CO_2 などガスを発生しない点やシトクロム c 酸化酵素とカタラーゼに陽性な点で共通であり，またこれらの点で次項の腸内細菌からは区別される．

5・3・2 腸内細菌科（Enterobacteriaceae）

腸内細菌[†]科の菌は周べん毛をもつか非運動性である（図5・2）．呼吸鎖酵素としてはシトクロム c 酸化酵素ではなくキノール酸化酵素のみをもち，通性嫌気性菌である．大腸菌のほか赤痢菌，チフス菌，ペスト菌など重篤な感染症を引き起こす病原菌が多く含まれる上，日和見感染症の原因となるエンテロバクター *Enterobacter*，クレブシエラ *Klebsiella*，プロテウス[†] *Proteus*，セラチア *Serratia* などの属も多い．

苦痛を伴い血便を何度も排出する病が古くから赤痢（せきり）と総称されてきたが，急性で発熱を伴う細菌性赤痢と，慢性で腸に潰瘍のできるアメーバ赤痢とがある．前者の原因となる赤痢菌 *Shigella dysenteriae* は，流行の拡大していた日本で 1897 年に志賀 潔が発見したため，その姓 "Shiga" から属名がついた．志賀

---

†腸内細菌；広義には腸管に常在する細菌で，英語は intestinal bacteria．狭義には腸内細菌科に属する菌で，英語は enteric bacteria あるいは enterobacteria．広義の腸内細菌の大部分はバクテロイデス（6・2・5項）など偏性嫌気性菌（ナノ好気性菌，Box 3）やビフィズス菌（p56）などグラム陽性菌であり，腸内細菌科の通性嫌気性菌は 1% 以下に過ぎない．一方，腸内細菌科の菌は腸に生息したり感染したりするものが多いながら，ペスト菌のように消化管ではなくリンパ節や肺に感染する菌も含まれる．この齟齬（そご）は，嫌気培養技術が未開発の頃に偏性嫌気性菌などが検出できず大腸菌などが腸の優占種と誤認されたことなどに由来する．

†プロテウス；遊走性が激しいため平板培地上でコロニーを作らず，平面いっぱいに膜状に広がりながら増殖することから，プロテオバクテリアの場合（p65）と同じくギリシア神話のポセイドンの子で変幻自在な海神の名より命名された．

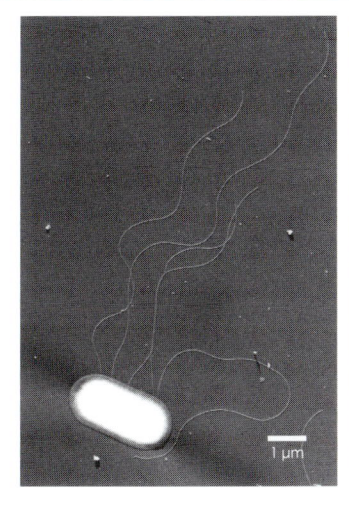

a. 大腸菌 O157 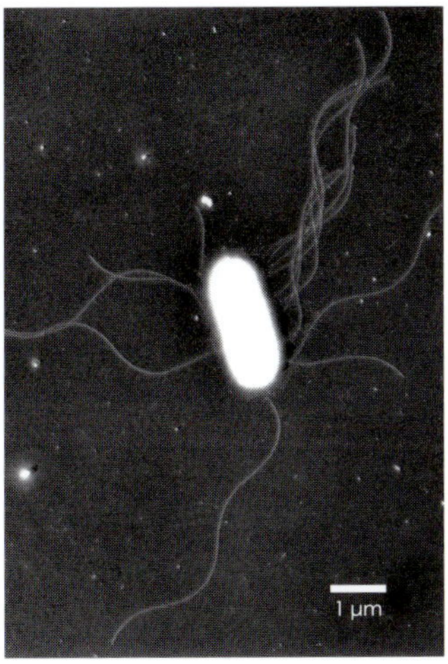　　　　b. サルモネラ菌

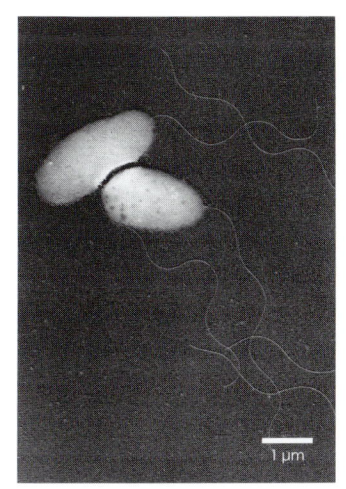

c. 腸炎ビブリオ 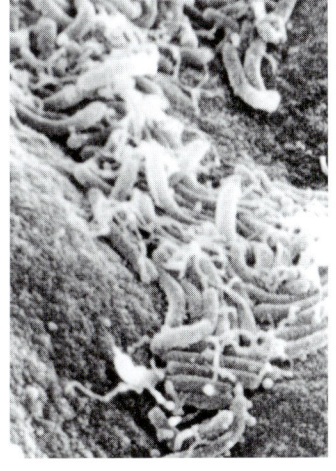　　　　d. コレラ菌

図5・2　グラム陰性通性嫌気性桿菌
a：腸管出血性大腸菌 *Esherichia coli* O157，b：サルモネラ菌 *Salmonella enterica* serovar Enteritidis，c：腸炎ビブリオ *Vibrio parahaemolyticus* の透過型電子顕微鏡像．大腸菌とサルモネラ菌は周べん毛，ビブリオ属菌は単極べん毛をもつ（写真提供：3葉とも国立感染症研究所）．d:コレラ菌 *V. cholerae* の走査型電子顕微鏡像（写真提供：大阪大学微生物病研究所　本田武司教授）．

† 志賀赤痢菌；赤痢菌属 *Shigella* には A～D の4亜群（subgroup）があり，A亜群は志賀赤痢菌 *S. dysenteria*，B亜群はフレキシネル赤痢菌 *S. flexneri* など独立の4種として命名されている．DNA塩基配列の類似度に基づく一般的な系統分類では，いずれも大腸菌 *E. coli* に含まれる株と位置づけるべきだが，重篤な赤痢の原因菌としての医学的重要性から，別属・別種として扱われている．

† チフス菌；サルモネラ属の菌は約2500種に分けられ，その学名表記も，抗原型が違うと別種とする古典的分類のなごりで混乱が多い．16S rRNA の塩基配列に基づく2005年の裁定で2種6亜種に整理された．亜種以下は血清型（serovar）で分類される．それによるとチフス菌の正式な学名は *Salmonella enterica* subsp. *enterica* serovar Typhi となるが，*S. enterica* serovar Typhi という略記も認められている．これでもなお煩雑だとして不規則な *S.* Typhi という表記が用いられることもある．

は北里柴三郎（4・1・3項）の弟子である．この属にはいくつかの種があるが，この志賀赤痢菌†が最も強毒で激しい下痢と腹痛，腸の痙攣を起こす．

　チフス菌†*Salmonella enterica* serovar Typhi に起因する腸チフスは頭痛や関節痛などの前駆症状のあと突然発熱して 40 ℃前後の高熱にいたる．チフスという名は麻痺を意味するギリシア語の "tuphos" から来ている．腸チフスは長

† O157（オー157）；
大腸菌の表面にあるO抗原のうち157番目に発見されたもの．O抗原とは細胞壁のリポ多糖（LPS，1・4節）の糖鎖部分で菌によってさまざまに異なる．"O"は，べん毛を欠くため広がり（曇り）のない点状集落を形成する株をO型とよぶ（ドイツ語で **ohne** Hauchbildung）ことから名づけられた．べん毛をもつH型株との対比であり，べん毛由来の抗原はH抗原とよばれる．さらに線毛のF抗原，莢膜のK抗原も加えて計4種類がある．これらの抗原の有無だけでなく多様性により，腸内細菌は多くの株に分類される．

† 志賀 潔；1871〜1957. 細菌学者．仙台市に生まれ，東京帝国大学医学部に学び，伝染病研究所で北里柴三郎（p55）に師事した．赤痢菌を発見し，その学名に名を残す．フランクフルトの実験治療研究所でP.エールリヒのもとに結核の化学療法薬を開発した．帰国後，伝染研や北里研究所で結核とハンセン病の研究をし，京城帝国大学の総長も務めた．日本の近代化の過程で世界的な業績を上げ数々の名誉を得ながらも，名の通り潔い清貧を貫いた．

く発疹チフス（5・1・2項）など他の消化器系熱病と混同されていたが，19世紀半ばに確定的に区別された．単に「チフス」と略すと日本では腸チフスを指すが，英語圏では発疹チフスを意味する．同種で血清型の異なるパラチフス菌 *S. enterica* serovar Paratyphi によるパラチフスは腸チフスより軽いが，ともに飲料水の媒介する消化器系の感染症である．これらは菌がマクロファージに感染して全身性の症状を示す重篤な感染症であるのに対し，腸炎菌 *S. enterica* serovar Enteritidis などによるサルモネラ症は食中毒として腸上皮細胞に感染し急性胃腸炎の病型をとる．

大腸菌 *Escherichia coli* には分子生物学の長い研究歴がある．遺伝子組換え実験の宿主として重用され一般には無毒だが，調理場の衛生状態や環境の汚染度の指標とみなされており，中にはO157など高病原性の株もある．呼吸鎖にシトクロム *c* 酸化酵素はなく，代わりにキノール酸化酵素が働く（Box3）．

大腸菌O157†株は激しい出血性大腸炎を起こす．1996年に堺市で集団食中毒を起こして社会問題になった．O157株と無毒なK-12株とのゲノムを比較すると病原性のしくみについて示唆が得られる．この2株はヒトとチンパンジーが分岐したのと同じ600万年前頃に分岐した．K-12のゲノムは4.6 Mbなのに対しO157では5.5 Mbと大きい．O157のゲノムでは，種類も順序もK-12と共通な3700個の遺伝子の連なりに，O157に特有の1600個の遺伝子がいくつかの固まりで挿入されている．後者には，志賀 潔†が赤痢菌から発見した志賀毒素（ベロ毒素）を産生し分泌するための遺伝子群や，宿主組織に定着し細胞内に侵入するための遺伝子群，宿主細胞内の殺菌作用に抵抗するための遺伝子群などが含まれている．これらは600万年の間に溶原ファージ（p59）によって何度かにわたって挿入されたらしい．これら遺伝子の水平伝播によって強力な病原菌に進化していったと考えられる．

ペスト菌 *Yersinia pestis* は人の病気の中で最も致命率が高い激症性の伝染病ペスト（pest, plague）の起因菌である．この名は流行や破滅という意味のサンスクリット語 "pyi" やラテン語 "pestis" に由来する．ペストは「大量死」の代名詞でもあり，日本の感染症法（8・1・4項）では1類に位置する．皮膚に黒い出血斑ができて死亡するため，中世ヨーロッパでは黒死病（black death）とよばれた．

ペストは野ネズミなどげっ歯類からノミが媒介する．腸内細菌科でありながら腸内感染ではない．ノミの吸血時に反流してペスト菌が侵入すると1〜6日くらいの潜伏期を経たのち発病する．40℃前後の高熱が続き，頭痛や悪寒が始まり，めまいや随意筋麻痺，脈拍減弱，極度の虚脱，精神錯乱がおこる．腋の下や鼠径部のリンパ節が腫脹し，皮下出血で黒紫色の斑点ができ死亡する．

これがペストの最も一般的な病態だが，次の肺ペストと区別する場合は腺ペスト（bubonic plague）とよばれる．

流行が長びくと血中の菌が肺に達し，血痰や喀血を伴う肺ペスト（pneumonic plague, lung pest）を引き起こす．肺ペストはノミではなく咳やくしゃみの飛沫感染によって伝染するため流行に拍車がかかる．死亡率は腺ペストで50～70％，肺ペストではほとんど100％である．ただし抗生物質による治癒率は80～100％といわれる．両者は同じ菌によるが，腺ペストは温暖な地に多く肺ペストは寒冷な地方に多い．

ペストは太古からヒマラヤなど中央アジアの高地にある風土病（エンデミック，8·1·2項）だった．542年と1348年の2回ヨーロッパを中心に世界的な大流行（パンデミック）を起こして歴史に深い爪あとを残した．中世が「暗黒時代」とよばれるのは，その初期と末期の大流行のためでもある（1·1節）．14世紀の流行はヨーロッパ中の都市の人口を半減させた（Box1）．その後もしばしば猛威をふるい，全世界の総計では2億人が死亡したとされる．

ペスト菌は1894年，コッホ研究室の北里柴三郎とパストゥール研究所のアレクサンドル・イェルサン† が香港で独立に発見した．この菌の本来の宿主は野生のネズミとノミであり，ヒトの間で長期に存続することはできない．ネズミでもヒトと同程度の致命率を示す．ノミの消化管でもよく増殖するが，ノミは死なない．ペストの制圧にはネズミとノミの駆除が奏功を示すが，アフリカや南アジアなどでは現在も風土病として存続している．

5·3·3 ビブリオ科（Vibrionaceae）

ビブリオは海水や魚介類から高頻度で検出される海洋桿菌である．培養可能な海洋細菌では最も数が多い．大部分はヒトに無害だが病原菌の方が名高い．コンマ状に屈曲した形をとる．前項の腸内細菌と同じく通性嫌気性であり，また消化器系疾患を起こす病原菌を含む点で共通なために同類視されやすいが，シトクロム c 酸化酵素をもつ点や本来の生息場所が水中である点でも相違し，目のレベルで異なる．シトクロム c 酸化酵素陽性で極べん毛をもつ点はシュードモナス（5·3·1項）に近いが，発酵でも生育できる点で異なる．

激しい下痢と脱水を主な症状とする重篤な感染症コレラ（cholera）はコレラ菌 *Vibrio cholerae* によって起こる（図5·2d）．感染力も強く，感染症法で2類に指定されている．飲み水や食べ物から経口感染し，TCP（toxin coregulated pilus）という線毛（1·3節）で小腸内腔に付着し爆発的に増殖してコレラ毒素† を上皮細胞に注入すると，塩の吸収が阻害され水の分泌が促進

† A. イェルサン（Alexandre E. Yersin）；スイスとフランスの医師で，パストゥール研の細菌学者．ペスト菌発見の報告は北里よりわずかに遅いが，北里の論文や主張には深刻な誤りやあいまいさが含まれていた．ペスト菌の学名は当初パストゥールにちなんで *Pasteurella pestis* とつけられたが，1967年にイェルサンにちなんだ *Yersinia pestis* に変更された．

† コレラ毒素（cholera toxin）；コレラ菌の産生するA-B型外毒素．分子量87 000の六量体タンパク質．五量体のBサブユニットが動物細胞の特異的な膜受容体に結合し，単量体のAサブユニットを細胞内に送り込む（図8·1）．細胞内でAサブユニットは2つに分割される．そのうち A_1 断片は G_s タンパク質の α サブユニットをADPリボシル化し，アデニル酸環化酵素を活性化し続ける結果，細胞内cAMP濃度が高まり，腸管内へ大量の水分が漏出して下痢症状を呈すると考えられる．

されるため激しい下痢となる（図8・1b）．米のとぎ汁のような薄い便が1日10リットルも排泄されるので，その水分を経口や静脈注射で補うことが最も重要な治療である．末期には体がぐったり動かなくなる一方で意識ははっきり冴えきっていて，痛みも運命も感じながら死んでいく悲劇的な疾病である．

コレラはガンジス河のデルタ地帯の風土病として古くから存在していた．しかしペスト（前項）や結核（4・2・3項）とは異なり，世界的な大流行を起こしたのは1817年が初めてである．その後，最近まで7回も惨禍を繰り返し，都市における浄水の重要性を認識せしめた．1883年コッホのチームが患者の腸内粘液からコンマ形（図1・2）のコレラ菌を同定した．

同じビブリオ属の腸炎ビブリオ *V. parahaemolyticus* による食中毒は，魚介類で感染するため海に面した国で多く発生する．ヒトからヒトに伝播するコレラが内陸部にも多いのと相違する．同属のビブリオ バルニフィカス *V. vulnificus* は，肝障害の患者に感染すると手足を腐らせ数日で死ぬことがあるため，A群連鎖球菌（4・1・4項）とともに人喰いバクテリアと俗称された．なお，ビブリオ属の菌はNa^+駆動性のべん毛をもつ（p47）．

ビブリオ科には他に光を発するフォトバクテリウム属 *Photobacterium* の桿菌もある．海産魚に付着する．菌がある密度以上になると信号物質の N-β-ketocaproyl homoserine lactone が働き，ルシフェラーゼ（luciferase）が誘導されてリン光を発するよう制御される．密度依存的に自己誘導を起こす quorum sensing（2・3・3項）の1つである．

5・3・4 その他

レジオネラ目 Legionellales には在郷軍人病（Legionnaires' disease）を起こすレジオネラ ニューモフィラ *Legionella pneumophila* とQ熱（Q fever）を引き起こすコクシエラ ブルネッチ *Coxiella burnetti* が含まれる．前者は1976年に米国の在郷軍人大会で参加者の多くが重い肺炎に感染したことから名づけられた．この菌は自然界の淡水のほか空調の冷却水や公衆浴場の給湯設備に生息し，エアロゾル†に乗って呼吸器系の感染を起こす（口絵⑦）．Q熱は原因不明の熱症（query fever）とよばれたことから名づけられた．世界中に分布する人獣共通感染症で，肺炎様の症状を示す．コクシエラ属は最近までリケッチア（5・1・2項）に分類されていたが，宿主細胞外でも長時間生存できるし，節足動物に媒介されるわけでもない．

パスツレラ目 Pasteurellales に分類されるインフルエンザ菌 *Haemophilus influenzae* は，かつてインフルエンザ（流行性感冒）の起因菌と誤認されたが

† エアロゾル（aerosol）；固体や液体の微粒子が気体中に浮遊している状態．粒子径が約100 μm以下と小さいため沈降速度が遅い．霧や煙，もや，スモッグ，花粉，重金属粒子なども含まれ，環境汚染や健康被害の原因となるものもある．咳やくしゃみで排出されるエアロゾルに病原体が含まれると呼吸器感染症の伝播の要因となる．径約10 μm以上の飛沫だと1 m以内に落下し，会話している相手などに直接伝播する．一方，乾燥に強い結核菌などは水分がとんで径5 μm以下になった飛沫核として1 m以上の距離で空気感染する（表8・1参照）．

実際は上気道粘膜の常在菌である．ただしウイルスが原因のインフルエンザなど呼吸器系疾患で二次感染し増悪因子となる．インフルエンザ菌のうちb型（Hib，ヒブ）とよばれる株は病原性がとくに強く，乳幼児に急性化膿性髄膜炎を起こして重篤化し致命率[†]も高いので，新たに予防接種が勧められている．

5・4　δ-プロテオバクテリア綱（δ-Proteobacteria）

この綱には有名な菌は多くないが，硫酸呼吸（3・4・2項）を行う極べん毛のデスルホビブリオ属 *Desulfovibrio* 硫酸還元菌は，生態系の硫黄循環を進めることで重要である．この菌はまた，地中の鉄管を腐食させることで厄介な菌でもある．緻密な粘土質の地中であれ淀んだ湖沼の水中であれ，O_2 のない場所に埋まっている鋼鉄のパイプは腐食しないのが普通である．それは，FeとH_2Oが反応して少量の$Fe(OH)_3$ができると同時に生成されるH_2が金属表面に薄い膜を作ってそれ以上のさびの形成を妨げるからである．しかし硫酸呼吸菌はH_2を消費するのでこの天然の防護膜が除かれて腐食が進んでしまう．

5・5　ε-プロテオバクテリア綱（ε-Proteobacteria）

この綱では運動性のある2つの微好気性らせん菌が重要である．ピロリ菌と略称されるヘリコバクター ピロリ *Helicobacter pylori* は，急性や慢性の胃炎，消化性胃潰瘍の原因となる（図5・3）．抗生物質による駆除が著効を示す．胃がんとの関連も強く疑われている．この菌の培養に成功した業績に対して2005年のノーベル生理学・医学賞[†]が贈られた．カンピロバクター属 *Campylobacter* の菌は食中毒の原因の1つで血性下痢を伴う急性腸炎を起こす．

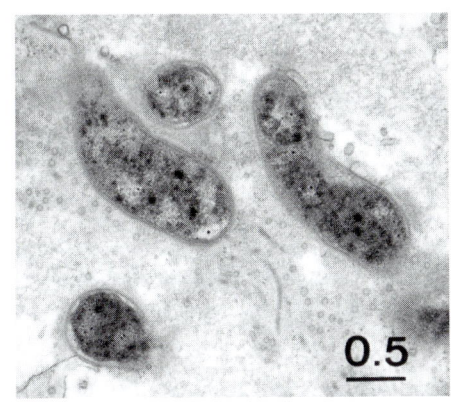

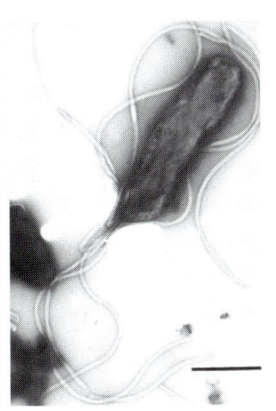

a. 内部構造の見える超薄切片像　　b. べん毛が明瞭な負染色像

図5・3　ピロリ菌
胃潰瘍の原因となる *Helicobacter pyroli* の透過型電子顕微鏡像
（写真提供：藤田保健衛生大学　堤　寛 教授）．

[†] 致命率（lethality）と死亡率（mortality）；致命率とは，ある疾病について特定の期間における死亡者数を全患者数で割った比（ratio）．致死率，"case fatality proportion" などともいう．死亡率とは，ある集団の死亡者数をその全構成員の観察期間の和で割った率（rate）．人口1000人，1年間あたりで表記することが多く，"death rate" などともいう．前者は，特定の病気の重篤さを示し，後者は国など特定の社会集団の衛生状態を表す．

[†] ノーベル生理学・医学賞；A. ノーベル（p4）が創設したノーベル賞6部門の1つで，「生理学および医学の分野で最も重要な発見を行った人」に与えられる．選考はスウェーデンのカロリンスカ研究所の委員会が行う．第1回目は1901年，ジフテリアに対する血清療法の研究（p59）に対してE.A. ベーリングに贈られたが，抗毒素研究を主導した北里柴三郎（p55）には人種差別のため贈られなかった．ピロリ菌の発見のように，微生物学分野の授賞も多い．

Box 5　新興感染症と病原体の由来

ⅰ．エボラ出血熱

1976年6月27日アフリカ中央部スーダン南部の町ヌザラの綿工場で働く男性が突然発病した．初期には発熱や頭痛などインフルエンザと似た症状を示したが，やがて鼻口腔や消化管から出血し始めた．経験したことのない病気に医師たちはなす術もなく，患者はただもがき苦しみながら7月6日死亡した．ついで同月7人が発病，3人が死亡，8月には21人が発病して14人が死亡した．人口2万あまりのヌザラの町は恐怖に陥られた．

当初この病気の正体はわからなかったが，その後ザイール（現コンゴ）のエボラ川流域出身の患者から新種のウイルスが発見され，エボラウイルスと命名された（図7・7c）．

このエボラ出血熱は1989年，米国に上陸した．ワシントン近郊のニュータウンで研究用に輸入したサルが感染していた．アメリカ陸軍伝染病研究所はただちにそのサルがいたモンキーセンターを封鎖し，極秘のうちにウイルス壊滅作戦を展開した．この事件は小説『ホットゾーン』に取り上げられ全米でベストセラーになった．さらにダスティン・ホフマン主演の映画『アウトブレーク』のもとになった．

ⅱ．エマージング病原体の時代

1970年代以降，エボラ出血熱のように新たに人に感染して高い致命率を示す病気が次々に発生した．古くから人類社会に存在する感染症に対して，このように新たに出現した病気を新興感染症（emerging infectious disease）という（図5・4）．1967年ドイツに出現したマールブルク病を皮切りにラッサ熱，ベネズエラ出血熱，ブラジル出血熱，腎症候性出血熱（ハンタウイルス），リフトバレー熱，クリミヤ-コンゴ熱，ボリビア出血熱，アルゼンチン出血熱，C型肝炎，海綿状脳症，SARS，高病原性鳥インフルエンザなど多数がある．また，古くからあるがかなり制圧されていたのに，最近になって再び猛威を振るうようになったものを再興感染症（re-emerging i. d.）とよぶ．こちらにはペスト，コレラ，結核，マラリア，黄熱，デング熱などがある．

20世紀前半に抗生物質が発見され「感染症の時代は終わった」とまで言われていた．実際，1980年には天然痘根絶宣言が出され，ポリオや麻疹も地域的な制圧が宣言されていた．しかし1981年にはエイズが発見され，楽観的な見通しは打ち砕かれた．

ⅲ．新興・再興感染症の原因

これら新興・再興感染症の病原体は細菌，ウイルス，寄生虫，原虫，プリオンなどさまざまである．しかし新興感染症でとくに多いのは，もともと熱帯のげっ歯類など野生動物を自然宿主として常在していた各種ウイルスによる熱性疾患である．これらは発熱のほか頭痛，咽頭痛，関節痛，筋肉痛などインフルエンザに似た症状で始まるため診断が難しいが，消化管出血（吐血や下血）が起こってショック状態になり，時には死に至る．媒介昆虫のほか接触や創傷，空気などを介してヒトに感染し，その後はヒトからヒトへの伝播がたやすくなる．西ナイル熱は1937年ウガンダでウイルスが発見されて以来ナイル川沿いやイスラエルに発生していたが，1990年代後半に世界に広がって注目を浴びるようになった．再興感染症の黄熱もウイルス性出血熱の1つである．ウイルス

図5·4 主な新興・再興感染症

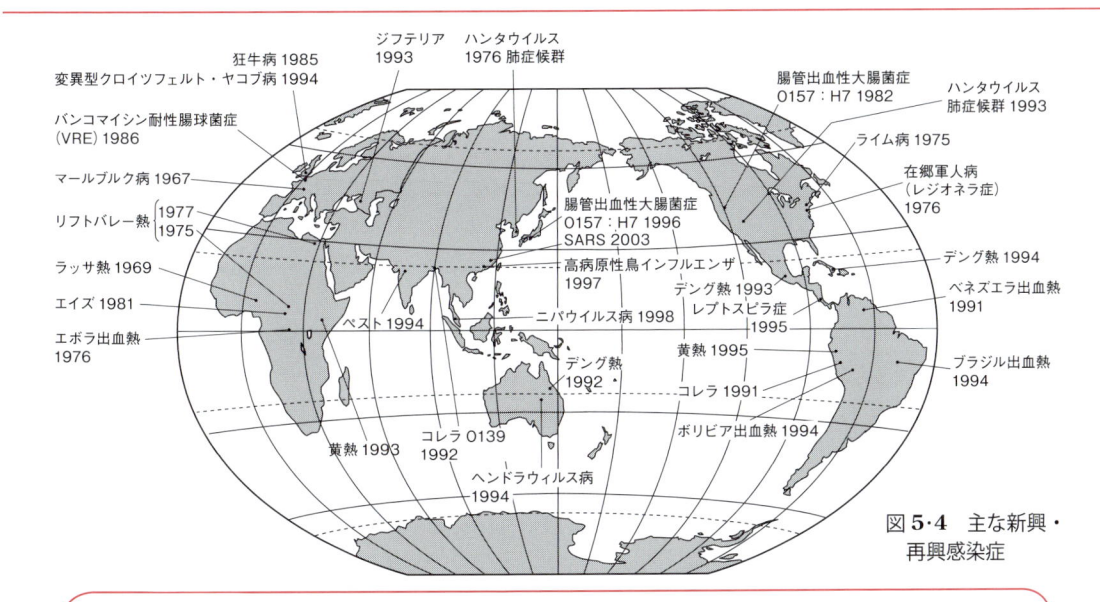

症のうちではマイナス鎖RNAウイルス（表7·1），とくにパラミクソウイルスによるものが目立つ．

　これらの疾患が最近多発する全般的な要因としては，熱帯雨林を中心とする生態系に開発の波が及んで自然環境が破壊され，それまで人類からほとんど隔絶されていた寄生体やその宿主動物がヒトと密に接するようになり，微生物やウイルスの感染経路が成立して新たなニッチ（生態学的地位，p92）に進出したものと考えられる．

iv．病原体の由来

　新興感染症に限らず，そもそも多くの病原体はもともと動物のものだったが，人類が密集し都市が栄え交易が拡大するのに伴って次第にヒトに感染するように進化し，ある時期から新たに人類社会をおびやかすようになったものであろう（1·1節）．

　感染症の性質は病原体の適応様式として説明できる．ヒトへの感染経路を獲得したばかりの新興感染症は，動物からヒトへの感染は突発的だがいったんうつると激しい症状で猛威をふるう．人獣共通感染症は，動物間の感染率は高いが症状は軽く，時おり動物からヒトにうつり，ヒトからヒトへの感染率は低いが症状は重いことが多い．これは本来の宿主である動物の間で安定に増殖するためには，動物に元気に生きながらえてもらう必要があるせいであろう．やがてヒト間での感染率が高まりヒトを本来の宿主とするよう移行していくと，致命率は低くなる．15世紀末ヨーロッパに現れた梅毒は急性で激烈だったが，その後の半世紀で進行の遅い性質に変化した．エイズやインフルエンザのウイルスのようなRNAウイルスは，進化速度が速いのでヒトへの感染能を急激に高め，初期の劇症梅毒のような段階にあるのかもしれない．ヒトへの安定な適応を果たすと症状は軽減するとともに動物とのつながりが薄らぎ，ヒト専門の疾患に変わる．ハンセン病のようにヒトのみがキャリア（8·1·1項）だとみなされてきた病気でも，後に人獣共通感染症だと判明したものもある．

　ヒトの病原体のうちヘルペスウイルスなどごく一部は霊長類に近縁のウイルスがあり，ヒト以前の祖先から連綿と受け継がれてきたと考えられる．またジフテリア，破傷風，ボツリヌス症などの少数の病原菌は，独立に生存していた土壌菌に由来する．

6. その他の細菌と古細菌
― 極限環境を生きるパイオニア ―

　細菌界には代表的な2大群であるグラム陽性菌とプロテオバクテリア以外にもさまざまな変わり種がいます．また古細菌という一群の微生物は，細菌とも真核生物とも異なる第3の生物とされており，その多くは塩湖や火口，熱泉など極限的な環境に生きています．それらが細胞にかかえるタンパク質も安定性が高いため，工業的利用などに高い価値もあります．なお光合成細菌は，グラム陽性菌やプロテオバクテリアのものもまとめてここで述べます．

6・1　光合成細菌 (photosynthetic bacteria)

　光合成細菌（3・6節）は系統学上5つの門にわたる．ヘリオバクテリアと紅色細菌の2つは，それぞれ既出のファーミキューテス門（低GCグラム陽性菌，4・1節）とプロテオバクテリア門（5章）に属し，緑色硫黄細菌（クロロビウム†門），糸状性緑色細菌（クロロフレクス門），藍色細菌（シアノバクテリア門）の3つは独立の門をなす．藍色細菌は植物と同様に酸素発生型光合成を行い，他の4つは酸素非発生型光合成を行う．

　光反応中心（図3・6a）には構造や電子伝達成分の違う2つのタイプがある．中心のタンパク質がホモダイマーで鉄硫黄クラスター（FeS中心）が電子伝達に働くPSI型と，中心タンパク質がヘテロダイマーでフェオフィチンとキノンが電子伝達に働くPSII型である．ここで略号PSは光化学系（photosystem, 光反応中心＋集光複合体）を示す．緑色硫黄細菌とヘリオバクテリアがPSI型の光反応中心をもち，紅色細菌と糸状性緑色細菌がPSII型をもつ．藍色細菌はPSI型とPSII型の両方をもつ．生物進化の上では，酸素非発生型光合成の2タイプの光反応中心が寄り集まって藍色細菌の複雑な酸素発生型光合成ができ，この菌が細胞内共生（p2）して葉緑体が誕生したと考えられる．

　炭酸固定反応（暗反応）の代表はカルビン-ベンソン回路だが（3・6節），緑

† クロロ-（chloro-）とクロモ-（chromo-）； "chloro-" は「緑」を表す接頭辞．光合成細菌の大分類群の名になったクロロビウムやクロロフレクスのほか真核生物の緑藻（Chlorophyta）やクロララクニオン藻（7・2・4項）にも含まれる．また物質レベルで葉緑素（chlorophyll）や，黄緑色の気体である塩素（chlorine）およびそれらから派生した幾多の語句にも含まれる．一方 "chromo-" は「色」「色素」の意味があり，クロマチウム目（p80）やクロムアルベオラータ（7・2・1項）などやはり多数に出てくる．

色硫黄細菌ではクエン酸回路を逆流させてCO_2を固定する逆行的クエン酸回路が働く．また糸状性緑色細菌のヒドロキシプロピオン酸回路では2分子のCO_2が還元的に結合し，グリオキシル酸(glyoxylate, CHOCOOH)が生成される．これらは化学独立栄養の古細菌などでも働いている．

光合成膜にも多様な種類がある．真核生物の葉緑体や藍色細菌ではチラコイド膜だが，紅色細菌は細胞膜が細胞質に貫入してできた層状や小胞状などの内膜系が発達している（3・5・1項）．ヘリオバクテリアでは細胞膜，緑色細菌ではクロロソームとよばれる細胞内閉膜構造が光合成の場となる．

なおこれらの菌のほかに好気性条件下でのみ光合成色素を生成して生育するいわゆる好気性光合成細菌もある．好酸性のα-プロテオバクテリア綱アシディフィリウム属 *Acidiphilium* のバクテリオクロロフィルは特殊で，その中心金属は通常のMgではなくZnである．同綱のロゼオバクター属 *Roseobacter* 細菌は構造的にはNO還元酵素に入る特殊な呼吸鎖酸化酵素をもつ好気性光合成細菌である．アカリオクロリス属 *Acaryochloris* の藍色細菌はクロロフィルdをもち，低エネルギーの近赤外光を酸素発生型光合成に利用できる．

また，好塩古細菌は光エネルギーを吸収してH^+を輸送するバクテリオロドプシンやCl^-を輸送するハロロドプシンなどレチナール色素タンパク質をもつ(p87)．これらによって形成されたイオン駆動力でATPを合成し（3・3節）生育に利用する．これはクロロフィルなどを含まず，通常の光合成とはまったく別のタイプの光エネルギー獲得系である．

6・1・1 紅色細菌（purple bacteria）

紅色[†]細菌は細胞内膜系に光合成色素としてバクテリオクロロフィルや各種カロテノイドを含むため，紫，赤，橙，褐色など色彩豊かである．カロテノイド欠損株は青色さえ呈する．紅色細菌のうち，硫化物を好んで利用する独立栄養の紅色硫黄細菌はγ-プロテオバクテリア綱に属し，電子供与体としてリンゴ酸やグルタミン酸，脂肪酸などの有機物を利用する従属栄養の紅色非硫黄細菌はα綱とβ綱に属す．

紅色非硫黄細菌（purple non-sulfur bacteria）は硫化物を利用できないと思われていたし，事実 紅色硫黄細菌が好むほど濃い硫化物には耐えられないため「非硫黄」とよばれてきたが，実は低濃度の硫化物なら利用できる．α綱にはロドスピリラム属 *Rhodospirillum* やロドバクター属 *Rhodobacter* のほか，リゾビウム目（表1・2）に含まれるロドシュードモナス属 *Rhodopseudomonas* があり，β綱にはロドシクラス属 *Rhodocyclus* などがある．これらの学名に共通す

[†] 紅色；"purple"は，一般には「紫色」と訳すことも多いが，日本語の「紫」はむしろ"violet"（スミレ色）に近く，"purple"はかなり赤みが強いため，微生物学では「紅色」を当てる．実際の紅色細菌は本文にあるように幅広い色彩を示す．後出のcyanobacteriaには藍色細菌の訳語が定められている．

る "*Rhodo-*" はバラ色，紅色の意味である．これらのうちロドバクター属のロドバクター カプスラータス *R. capsulatus* と *R.* スフェロイデス *R. sphaeroides* は遺伝子操作が可能なので光合成のモデル生物†として集中的に分子レベルの研究がなされている．

　紅色非硫黄菌は代謝系が複雑で環境に応じて多様な栄養様式をとれるため，生態系で競争に強い．光合成に働くタンパク質や色素合成酵素などの遺伝子はクラスターを形成しており，環境の信号物質で協調的に転写調節を受けている．ほとんどの菌は暗所の好気条件で有機物を用いて酸素呼吸でも生きていけるし，H_2 などを用いて無機呼吸をする種もある．暗所の嫌気条件でも発酵や嫌気呼吸で生きる菌もある．嫌気的な明所で有機酸や脂肪酸を炭素源にすると紅色非硫黄細菌を集積培養できる（2・3・2 項）．ほとんどの種は窒素固定もできるので，N_2 ガスを窒素源にするとさらに集積度が増す．

　クロマチウム目 Chromatiales の紅色硫黄細菌（purple sulfur bacteria）は，光合成の電子供与体として硫化水素 H_2S を利用し単体硫黄 S^0 に変えることで CO_2 を固定する赤ワイン色の独立栄養細菌である．ただし微好気条件では酸素呼吸でも生育する．光は届くが酸素供給が限られるような深さの湖沼などに生息する．好塩性の菌が海中にもいる．属名が "*Thio-*"（「硫黄」の意）で始まるものや，"*-chromatium*" で終わるものが多い．なお次項の緑色硫黄細菌も同じく光独立栄養細菌だが，そちらは偏性嫌気性である．

6・1・2　緑色硫黄細菌（green sulfur bacteria）

　クロロビウム門 Chlorobia としてクロロビウム属 *Chlorobium* などがある．光合成の電子供与体として無機イオウ化合物や S^0，H_2 を利用する偏性嫌気性で非運動性の酸素非発生型光合成細菌である．形態的には多様で，短桿菌から長桿菌まであり，直線状や湾曲したもの，枝分かれのあるものなどがある．このうちクロロビウム テピダム *C. tepidum* は 2 Mb の全塩基配列が解読された．

6・1・3　糸状性緑色細菌（filamentous green bacteria）

　クロロフレクス属 *Chloroflexus* などわずかな属だけが知られている．緑色非硫黄細菌（green non-sulfur bacteria）ともよばれるが，緑色硫黄細菌より低濃度ながら硫化水素も利用できる．光反応中心のタイプや分子生理は紅色非硫黄細菌に似ており，$H_2S + CO_2$ あるいは $H_2 + CO_2$ で光合成を行うが，有機化合物がある方がよりよく増殖する光従属栄養生物である．滑走により運動することから緑色滑走細菌（green gliding bacteria）ともいう．環境浄化に働く脱塩

---

† モデル生物（model organism）；生命研究を効率的に推進するため集中的に調べるよう選ばれた代表的な生物種．医学ではマウス，動物の遺伝学ではショウジョウバエ，植物の発生生物学にはシロイヌナズナ，生物一般の分子遺伝学には大腸菌などが選ばれた．目的に応じて世代交代の時間が短いことや特定の器官が大きいこと，遺伝子操作が容易なこと，ゲノムサイズが小さいことなどが選択の因子になる．

素菌デハロコッコイデス属 *Dehalococcoides*（3・4・4項）とともにクロロフレクス門 Chloroflexi として位置づけられている．

6・1・4　ヘリオバクテリア（heliobacteria）

芽胞を形成する偏性嫌気性菌ヘリオバクテリアはファーミキューテス（4・1節）のクロストリジウム目に属し，グラム陽性菌では珍しい光合成細菌である．

6・1・5　藍色細菌（cyanobacteria）

細菌の中では細胞が大きく，藻類に似た光独立栄養生物なためかつては藍藻（blue-green algae）とよばれたが，真核生物とは明らかに異なる原核生物であり，真正細菌界に独立の門をなす（表 1・2）．系統的にはグラム陽性菌に近い．O_2 を発生するようになった最初の光合成生物であり，地球に動植物が現れるずっと前から大気に O_2 を放出した．単細胞性や繊維状など形態も性質も多様な種を含み，世界のさまざまな環境に生息する最も一般的な原核生物である．

繊維状のアナバエナ属 *Anabaena* とノストク属 *Nostoc* は一部に異形細胞（heterocyst）をもち，そこで窒素固定を行う（5・1・3項）．そのニトロゲナーゼ[†]はやはり O_2 に弱く，O_2 発生型光合成を行う栄養細胞（p29）と分化して役割を分けている．ほかに，1996 年にゲノム配列が解かれ，アオコともよばれるシネコシスティス属 *Synechocystis*，栄養食品に使われるスピルリナ属 *Spirullina*，熊本名物スイゼンジノリのアファノテセ属 *Aphanothece* などがある．ユレモ属 *Oscillatoria* は細菌の中では細胞の直径が 60 μm ととくに大きい．

光合成の電子の流れは非環状で，一連の電子伝達の過程で電子は PS I と PS II の光反応中心で 2 度励起される．最初の電子供与体の H_2O は酸化されて O_2 を発生し，最後の電子受容体の $NADP^+$ は還元されて NADPH になる．この間，電子がシトクロム b_6f などを流れる間に H^+ イオンが輸送され，化学浸透共役により ATP が合成される（3・3節）．2 段階の光励起により，還元力の弱い H_2O を電子供与体として使えるようになったため，生物進化の上で光合成生物の生息域が格段に広がった．

明反応で作られた ATP と NADPH が暗反応に供給され CO_2 の固定に利用される．一部の藍色細菌や藻類では，炭酸固定に他の還元力を利用できるときには PS I だけによる環状電子伝達を行う．その場合は ATP だけを供給し，O_2 も発生しない．またいくつかの藍色細菌は H_2O のかわりに H_2S を電子供与体として利用できる．この場合 S^0 の小粒が細胞外に蓄積し O_2 は発生しない．

[†] ニトロゲナーゼ（nitrogenase）；窒素固定菌が産生し窒素固定反応を触媒する酵素．2 つのタンパク質からなる複合体である．補欠分子族として鉄モリブデン補助因子と鉄硫黄中心をもつ鉄モリブデンタンパク質（I）は N_2 を直接活性化する．鉄硫黄中心だけをもつ鉄タンパク質（II）は I に電子を供給し ATP と反応する．ATP を大量に必要とし，代表的な化学反応式は次のようになる：

$N_2 + 8H^+ + 8e^- + 16ATP + 16H_2O \rightarrow 2NH_3 + H_2 + 16ADP + 16P_i$

酸素 O_2 で急速に失活するので，O_2 除去系（2・2・2項）を必要とする．

6・2 病原細菌や好熱性細菌など

6・2・1 クラミジア門（Chlamydiae）

クラミジア（chlamydia）はリケッチア（5・1・2 項）と同じく偏性細胞内寄生体だが，さらに代謝能力が限定されている．ゲノムは 0.55 ～ 1.0 Mb で，マイコプラズマとともに 3 つの極小生物の 1 つである．乾燥に強く感染性はあるが代謝能のない約 0.3 μm の基本小体としてまき散らされ，宿主細胞内で増殖し代謝能はあるが感染性のない約 1.0 μm の網様体の 2 型をとる．

クラミジア属 *Chlamydia* には，ヒトのいろいろな疾患の原因となるクラミジア トラコマティス *C. trachomatis* がある．ある株は眼に結膜炎を生じ失明の原因にもなるトラコーマを起こし，別の株は主要な性行為感染症（STD，p130）の鼠径リンパ肉芽腫症†を起こす．*C.* ニューモニエ *C. pneumoniae* は呼吸器疾患の原因となる．

一般に偏性細胞内寄生細菌は，多くの遺伝子を失いゲノムサイズが小さい．解糖などエネルギー獲得のための一次代謝系や DNA の複製・転写・翻訳系など，生存の中核をなす遺伝子群は温存しているが，基本的なアミノ酸やヌクレオチドを生合成する酵素の遺伝子の多くを欠いている．細胞情報伝達系や転写調節因子もわずかで，宿主の安定な体内環境でのみ生存できる．

このような事情はこれらヒトの病原菌だけではなく昆虫の共生菌などでも同様である．アリマキ（アブラムシ）に細胞内共生するブフネラ属 *Buchnera* の菌は腸内細菌科（5・3・2 項）に属するが，ゲノムサイズはマイコプラズマ *M. genitalium*（4・1・5 項）についで小さく 0.65 Mb である．ただしブフネラは，宿主昆虫が生合成できるアミノ酸は作れないが宿主の作れない必須アミノ酸の合成酵素をもち，まさに相互依存の共生関係にある．

6・2・2 スピロヘータ門（Spirochetes）

スピロヘータは密に巻かれたらせん状のグラム陰性真正細菌で，運動はするがべん毛は菌体とともに被膜構造に包まれている（図 6・1）．水中環境と動物に広く分布する．

スピロヘータ科 Spirohetaceae の**梅毒トレポネマ** *Treponema pallidum* は代表的な性行為感染症（STD）である梅毒（syphilis）の起因菌である．直径は 0.2 μm と著しく細い．嫌気性と思われていたが，呼吸酵素（Box3）をもち微好気性であることがわかった．梅毒は性器だけでなく皮膚や脳や脊髄，骨など全身に病変を起こす慢性疾患である．

† 鼠径リンパ肉芽腫症（lymphogranuloma inguinale）；クラミジアによる性行為感染症（8・3・2 項）．外性器に小さい水泡ができ，その後太ももの付け根のリンパ腺が腫れて化膿する．梅毒，淋病，軟性下疳につぐ「第 4 の性病」ともいわれる．

1495年，ナポリに布陣する軍隊から爆発的に流行し始め，以後ヨーロッパ全土を襲い，ルネッサンス期に最も大きな影響を与えた感染症となった．1498年にはヴァスコ・ダ・ガマの一行によってインドに達し，1505年には中国の広東へも広がった．1512年に京都，その翌年に関東に達したのは鉄砲伝来（1543年）よりも早く，以後土着して長く人々を苦しめた．

　主に性行為で感染するが，唾液など体液にもよるので歯科治療やキスでも伝播する．胎盤を通じた先天性の母児感染もある．感染後約3週間の潜伏期を経て，まず痛みのないまま性器に硬い皮膚潰瘍（硬性下疳（げかん））ができ，鼠径（そけい）部のリンパ節が腫脹（無痛性横痃（おうげん））する（第1期）．

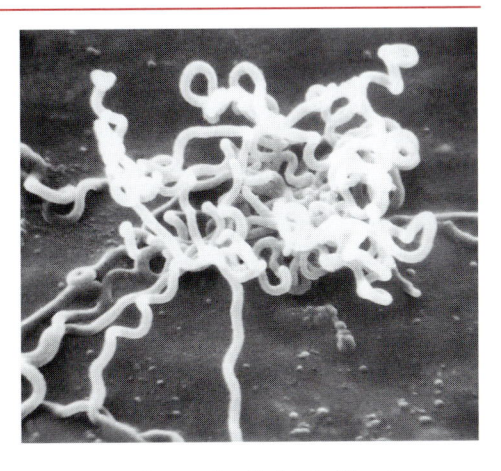

図6・1　スピロヘータ（梅毒トレポネマ）
Treponema pallidum の走査型電子顕微鏡像
（出典：CDC/ Dr. David Cox. ID#, 1971）．

3か月〜3年の時期には，バラの花びらのような「バラ疹」やイボ状の発疹が全身に出る（第2期）．3〜10年では全身の諸臓器に炎症性の硬いシコリ（ゴム腫）が形成される（第3期）．骨を侵しはじめると激痛を伴い，鼻骨もゆがむ．10年以降には中枢神経も侵され，運動障害，神経錯乱，言語障害，痴呆などにいたる（第4期）．進行は緩慢だとはいえ治療が遅れれば重篤になる慢性病である．世界初の抗生物質ペニシリンがよく効く．

　梅毒の起源については，古代から旧大陸にあったとする説とコロンブスの大航海によって新大陸からもたらされたとする説とがあったが，最近のゲノム研究によって前者に軍配が上がった．いちご腫（フランベジア）とピンタ（熱帯白斑性皮膚病），ベジェルの3疾患は梅毒トレポネマ *T. pallidum* の同種異株や近縁異種が原因となっている．それらのDNA解読により菌の進化が解き明かされた．もともと野生動物の病原菌だったトレポネマが人獣共通感染症となり，約1万年前おそらくアフリカで突然変異を起こして経皮感染するいちご腫が発生した．その後北上するにつれ，人類の着衣に適応して食品や食器，キスなどで感染するベジェルや非性病性梅毒となった．さらに性行為で感染する真性梅毒に進化して15世紀末に猛威をふるった．当初は致命率の高い激烈な急性感染症だったが，半世紀のうちにさらに変化して現在のように進行の遅い慢性疾患となった．

　病原菌の発見は他の性感染症より遅れ，1905年ドイツのフリッツ・シャウディンによる．1907年，コッホ研究所のパウル・エールリヒと秦 佐八郎[†]はヒ素化合物サルバルサンが梅毒に効果のあることを発見し，化学療法に道を開いた．その後，抗生物質ペニシリンによる決定的な治療法が開発され，第二次

[†] 秦（はた） 佐八郎（さはちろう）；1873〜1938．細菌学者．島根県都茂村（現在の益田市）に生まれ，岡山第三高等中学校（現岡山大学）医学部で学び，伝染病研究所で北里柴三郎（p55）に師事した．フランクフルト実験治療研究所のP.エールリヒのもとでアニリン系色素からヒ素Asを含むサルバルサンを合成し，当時としては難病の梅毒に有効な特効薬であることを示した（1・2節）．世界最初の化学療法薬であり，抗生物質の登場まで使われた．

† 野口英世；1876～1928. 病理学的業績の高い細菌学者. 福島県翁島村（現在の猪苗代町）に生まれ, 済生学舎（現在の東京歯科大学）で学び, 北里柴三郎の伝染病研究所に勤める. 1900年渡米, S. フレクスナーに師事してヘビ毒による障害の病理学的機構を解明し, ロックフェラー医学研究所で梅毒トレポネマの病因論を決定的にした. 研究への徹底的献身も評価され1000円札の肖像になっている. なおこの菌の純粋培養やポリオ・狂犬病・黄熱の病原体発見など数々の業績で世界的名声を博したが, 後にこれらの報告は誤りだと判明した.

世界大戦後に患者数は激減した. 幸いなことにペニシリンに対する耐性菌は出現しておらず, この古典的な薬はなお有効である. 1913年 野口英世†は, 梅毒の進行性麻痺が脳内の梅毒トレポネマによることを明らかにした.

6・2・3　好熱性細菌（thermophilic bacteria）

アクイフェックス門 Aquificae とサーモトガ門 Thermotogae の菌は超好熱性である. 真正細菌のうち進化史の上で早期に分岐した菌（deeply branched bacteria）と古細菌はともに超好熱菌が多いことから, 細菌と古細菌が分岐した祖先の菌, つまり始原生物は超好熱菌だったのかも知れない.

サーモトガ属 *Thermotoga* は 80 ℃が至適の超好熱性グラム陰性桿菌である. 芽胞は作らず嫌気性で発酵を行う化学従属栄養生物である. アクイフェックス属 *Aquifex* は真正細菌では最も好熱性で, 85 ℃を至適とする. H_2, S^0, $S_2O_3^{2-}$ を電子供与体とし, O_2 と NO_3^- を電子受容体とする微好気性の偏性化学独立栄養生物である. アクイフェックス エオリカス *A. aeolicus* はゲノムが 1.55 Mb と小さく, 早期に全配列が解読された.

サーモデスルホバクテリア門 Thermodesulfobacterium の菌は好熱性の硫酸還元細菌である.

6・2・4　デイノコッカス - サーマス門（Deinococcus-Thermus）

デイノコッカスはグラム染色が陽性でサーマスは陰性でありながら, 両者は近縁であり同一の門を構成する. サーマス属 *Thermus* は至適生育温度が約 85 ℃で超好熱性である. PCR（p161 参照）で用いられる耐熱性酵素 **Taq** polymerase はこの属のサーマス アクアティカス *T. aquaticus* に由来する. T. サーモフィラス *T. thermophilus* では, 細胞を構成する全タンパク質の立体構造を解明するプロジェクトが進められている. デイノコッカス ラジオデュランス *Deinococcus radiodurans* は放射線抵抗性（radioresistant, 放射線耐性）がきわめて高い（2・2・6 項）. これは強力な DNA 修復機構のためである. グラム陽性菌の芽胞よりも強く, 紫外線あるいはγ線照射で容易に単離できる.

6・2・5　バクテロイデス門（Bacteroides）など

バクテロイデス（bacteroides）はヒトの腸管に常在するグラム陰性桿菌であり, 病原性は強くないが日和見感染する. 偏性嫌気性とされてきたが, ゲノムに呼吸鎖（3・3節）のシトクロム *bd* 型酸化酵素が見つかり, nM レベルの濃度の O_2 を使って酸素呼吸をしていることがわかった（Box3）. 腸内細菌として

は最も数が多く，大腸菌などをはるかに凌駕する（p70）．膿や血液などの臨床検査材料からの分離度も，いわゆる「嫌気性菌」のうちでは最も高い．

バクテロイデス門にはバクテロイデス属 *Bacteroides* とともにフラボバクテリウム属 *Flavobacterium* が置かれ，ともに淡水や海水にすむ．この門にはほかに，難分解性多糖の分解が得意なサイトファーガ属 *Cytophaga* や好熱菌のロドサーマス属 *Rhodothermus* などが含まれる．球状や長球状の細胞に柄がついてロゼッタ形（タンポポの葉の形）に集合した独特の形態をとるプランクトマイセス属 *Planctomyces* は，門のレベルで独立とされる．

6・3　古細菌（archaea）

古細菌は，これまで3章にわたって述べてきた細菌と同じ微小な原核生物だが，メタン生成菌や高度好塩菌，超好熱菌など極端に個性的なものが多い．1977年以来米国のウーズ（Woese, C.R.）は 16S rRNA の一次構造の類似度を調べた結果，この一群の微生物が真核生物（eucarya）以上に一般の真正細菌[†]からかけ離れた集団であることを見いだし，第3の生物群であるとした．

古細菌の最大の特徴の1つは脂質にある．細菌や真核生物の細胞膜の脂質はグリセロールと脂肪酸がエステル結合したエステル型なのに対し，古細菌の脂質はグリセロールにイソプレノイドアルコールがエーテル結合したエーテル型である．また，古細菌が細菌より真核生物に近い性質もいくつかあり，ポリペプチドの開始メチオニンにホルミル基がないこと，染色体にヒストン様タンパク質がありクロマチン様構造をとること，イントロンを含む遺伝子があること，細胞壁にペプチドグリカンがないこと，多くの抗生物質に耐性であることなどがある．逆に細菌と共通で真核生物とは異なる性質として，リボソームのサイズが 70S であること，遺伝子はオペロン構造をとること，細胞もゲノムもサイズの小さな原核生物であることなどがある．

多くの種で全ゲノム配列が解読されてきたが，核酸やタンパク質の生合成に働く遺伝子は真核生物に類似したものが多く，エネルギー代謝や細胞分裂に働く遺伝子は細菌に類似したものが多い．太古の微生物間で大規模な遺伝子の水平伝播が起こった可能性がある．古細菌の代謝系はおおむね真正細菌の代謝の多様性の範囲内だが，メタン生成菌は大きな例外である．

古細菌は従来，普通の生物が生育できない極限環境にすむ風変わりな菌という印象が強かった．しかし DNA 分析法が進歩した結果，常温の海洋や土壌などからも多数が検出され，生態学的な役割がより幅広い可能性が出てきた．古細菌は初期からクレンアーキア（crenarchaea）とユーリアーキア（euryarchaea）

[†] 真正細菌（eubacteria）；細菌（bacteria）を古細菌（archaea）からとくに明確に区別する場合の呼び名．かつては古細菌も広義の細菌に含めて"archaebacteria"と称したこともあるので，これを明らかに除外したいときにこちらの語を使う．

の2群が認識されていたが，最近このいずれにも属さない古細菌の存在が示され，コルアーキア（korarchaea）とナノアーキア（nanoarchaea）が提唱された．この2つでも一部の菌ながら培養に成功したことから広く認知されてきたが，詳細の判明した種の数は少ない．なお，ナノアーキアに属する超好熱菌のナノアーケウム エクイタンス *Nanoarchaeum equitans* は 0.4 μm の小球菌で，そのゲノムは全生物の中で最小の 0.49 Mb である（4・1・5 節参照）．なお古細菌に病原菌は見つかっていない．

6・3・1 クレンアーキア門（Crenarchaeota）

ほとんどが超好熱菌あるいは高度好熱菌である（2・2・1 項）．超好熱菌に限ると細菌より古細菌にずっと多くの種がある．陸上の硫気孔や海底の熱水孔など火山性の高温の生息地から多くが分離されてきた．エアロパイラム属 *Aeropyrum* など一部は好気性だが，嫌気性菌が多い．しかしいずれも発酵はせず，酸素呼吸か嫌気呼吸で H^+ 駆動力を形成しエネルギーを獲得する（3・3 節）．

無機；$H_2 + S^0 \rightarrow H_2S$ ／ $2H_2 + O_2 \rightarrow 2H_2O$ ／ $H_2 + NO_3^- \rightarrow NO_2^- + H_2O$

有機；有機物 $+ S^0 \rightarrow H_2S + CO_2$ ／ 有機物 $+ O_2 \rightarrow H_2O + CO_2$

ピロロバス属 *Pyrolobus* は通性嫌気性で偏性化学合成独立栄養の好塩好酸菌で，最高生育温度 113 ℃ が記録されている．スルフォロバス属 *Sulfolobus* は 55 ～ 85 ℃，pH1 ～ 6 の温泉にすみ，硫黄化合物を利用する通性化学独立栄養の通性嫌気性菌である．エアロパイラム ペルニクス *Aeropyrum pernix* は鹿児島の子宝島付近の海底の熱水孔で発見された超好熱好気性菌である．クレンアーキアには，わずかながら逆に南極の海水中などにすむ好冷菌もある．

6・3・2 ユーリアーキア門（Euryarchaeota）

メタノミクロビア綱 Methanomicrobia などのメタン生成菌（methanogens，メタン菌，3・4・3 項）は水田土壌や湖沼底泥のほかウシなど反芻動物のルーメン（rumen，第1胃，瘤胃）やシロアリの後腸にも常在し，メタン[†]の発生源になっている（図6・2）．メタン菌は数ある嫌気性生物のうちでも最も厳格な偏性嫌気性であり，培養には厳密な無酸素技術がいる．中温菌が多いが好熱菌もある．メタン菌はメタノバクテリウム *Methanobacterium* やメタノコッカス *Methanococcus*，メタノサルシナ *Methanosarcina* など属名が "Methano-" で始まるものが多く，4 綱に分類されている．メタノカルドコッカス ジャナスキイ *Methanocaldococcus jannaschii* のゲノムが古細菌で最初に全解読された．

メタン生成は無酸素環境の多くで炭素循環の中心になっている．メタン菌は

[†] メタン（methane）；無色，無臭，無毒の可燃性気体．化学式は CH_4．天然ガスの主成分でもあり，燃焼時の CO_2 排出量は石油より少ない反面，メタン自体の地球温暖化作用は非常に大きい．畜産国では家畜からのメタンが温室効果ガス排出量全体の大きな割合を占め，オーストラリアでも 14 %，ニュージーランドでは 5 割にのぼる．ところが有袋類カンガルーの消化管にはメタン菌がほとんどいないため，その腸内細菌叢をウシやヒツジに移植したり，カンガルーを食用にする可能性が検討されている．

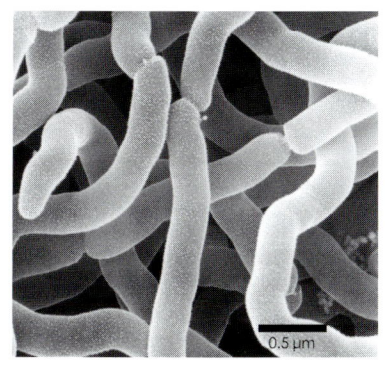

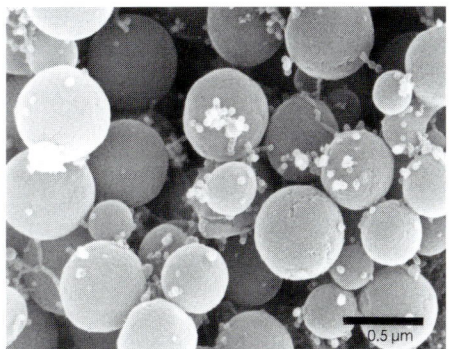

a. 天然の桿菌　　　　b. プロトプラスト†

図 6·2　メタン生成菌
Methanothermobacter thermoautotrophicus の走査型電子顕微鏡像
（写真提供：いずれも産業医科大学　古賀洋介教授）．

バイオ燃料やバイオマス発電，嫌気廃水処理系にも利用されている．一方で温室効果ガスとしての害も憂慮され，土壌や家畜からの発生を抑える方策が検討されている．

　ハロバクテリア綱 Halobacteria の高度好塩菌は 2～4 M NaCl の高塩濃度を好み，米国ユタ州グレートソルトレークなど天然の塩湖や塩漬け食品の表面にすむ（2·2·4 項）．細胞内 KCl を高濃度に保持することによって浸透圧差で脱水されるのを防ぐ．多くは好気性の従属栄養生物である．染色体に近いサイズの巨大プラスミドをもつ種もある．多くの種があるが，ハロバクテリウム *Halobacterium*，ハロフェラックス *Haloferax*，ナトロノバクテリウム *Natronobacterium*，ナトロノコッカス *Natronococcus* など "*Halo-*" や "*Natrono-*" で始まる属名のものが多い．ハロバクテリウム　サリナラム *Halobacterium salinarum*（旧名 *H. halobium*）は光駆動性のイオンポンプ† で H^+ 駆動力を作り，化学浸透共役で ATP を合成するが（6·1 節），独立栄養ではない．

　サーモプラズマ綱 Thermoplasmata などの好熱菌の多くは同時に好酸性でもある．サーモプラズマ属 *Thermoplasma* はボタ山や硫気孔に生息する好熱好酸菌で，マイコプラズマと同様に細胞壁がなく（4·1·5 項）かわりにリポ多糖様物質で細胞を保護している．通性嫌気性で，硫黄呼吸を行ったり有機物を O_2 または SO_4^{2-} で酸化する．ピクロフィラス属 *Picrophilus* は pH0 近くでも増殖し，既知の種で最も極端な超好酸菌である．他にもサーモプロテウス *Thermoproteus*，サーモコッカス *Thermococcus*，ピロコッカス *Pyrococcus*，アーケオグロバス *Archaeoglobus* などの属が知られ，数綱に分類されている．

† プロトプラスト（protoplast）；細菌・古細菌や植物の細胞から細胞壁を除くことによって作られる細胞質（cytoplasm，旧名 原形質 protoplasm）の固まり．細胞膜や核は含まれる．細胞壁分解酵素などで処理し，破裂しやすくなる．浸透圧に従って球形になる．細胞融合や外来遺伝子の受容が起こりやすいため，細胞工学などに利用される．

† 光駆動性のイオンポンプ；バクテリオロドプシン（bacteriorhodopsin）を代表とする 7 回膜貫通型の膜タンパク質（p79）．補欠分子族のレチナールが光を吸収し，そのエネルギーで H^+ を細胞内から外へ排出する．哺乳類の網膜のロドプシンのほか，神経伝達物質や薬物など各種の化学信号を結合する G タンパク質共役型受容体（G protein-coupled receptor, GPCR）も同じ 7 回膜貫通型タンパク質スーパーファミリーに属す．先祖遺伝子が多岐にわたる機能を獲得して進化したと考えられ，特殊な微生物の研究がヒトの理解にもつながる例である．

Box 6　バイオエネルギー ─ 大きな地球を救う小さな微生物 ─

地球温暖化とエネルギー資源の枯渇を防ぐため，石油など化石燃料の消費を減らし代替エネルギーに切り替えようと唱えられている．クリーンエネルギーとして注目を浴びているバイオ燃料にはバイオメタン，バイオエタノール，バイオディーゼル燃料（BDF）などがある．このうちBDFはナタネ油やパーム油，廃油などで作り，軽油と混合してディーゼルエンジンの燃料とされるが，バイオエタノールやバイオメタンは微生物の力で作られる．

ⅰ．バイオメタン

日本では1955年頃から一部の農家でメタン発酵槽を設置して生活用にメタンCH_4を利用した．しかしプロパンガスの普及におされて伸びなかった．その後石油ショックでメタン利用の機運は一時的に高まったが，その後も設置数は減少した．最近は地方自治体のレベルで導入するところが出てきており，またビール工場などの廃水処理にも利用されている．

メタン発酵は2つの目的を兼ねている．家畜の糞尿や可燃ゴミ，廃木材，発酵飲食品生産や排水の有機物残渣などを廃棄処理するとともに，それらをバイオマス（p167）資源として有効利用しCO_2負荷の小さいバイオ燃料を生産することである．

メタン発酵にはいくつかの特長がある．まず水分の多い有機物からエネルギーを得ることができる．また生産物がガスのため分離や回収が容易である．さらに嫌気性のため微生物の増殖量が少なく余剰の微生物菌体の処理量も少ない．一方問題点として，大きな発酵装置を要することと処理に時間がかかることがある．通常の55℃付近で2週間，汚泥だと35℃付近で1か月に及ぶことも多い．

ⅱ．メタン生成の栄養共生

メタンの生成は液化とガス化の2段階の嫌気性微生物反応で行われる．

1段階目の液化は雑多なグラム陽性菌やプロテオバクテリアが行う．これは繊維や高分子を含む固形バイオマスを多段階の反応で分解して低級脂肪酸などの有機酸やCO_2を生成する酸発酵の過程である．H_2もエタノールの酸化などによって供給される．

$$2CH_3CH_2OH + 2H_2O \rightarrow 4H_2 + 2CH_3COO^- + 2H^+ \qquad \Delta G^{0\prime} = +19.4\ kJ$$

$\Delta G^{0\prime}$の数値は1反応当たり．以下同じ．

しかしこのH_2生成反応は標準条件では吸エルゴン反応なため単独では起こりにくい．

実際にメタンが作られるのは2段階目のガス化過程で，もっぱらメタン生成古細菌が行う（6・3・2項）．メタン生成の炭素源は10種以上あり，3群に分けられる．無機物のCO_2を使うのは炭酸呼吸という（3・4・3項）．そのほかメチル系（メタノール，ジメチルアミンなど）と酢酸系（ピルビン酸など）の基質が使われる．

$$CO_2 + 4H_2 \rightarrow CH_4 + 2H_2O \qquad \Delta G^{0\prime} = -131\ kJ$$
$$CH_3OH + H_2 \rightarrow CH_4 + H_2O \qquad \Delta G^{0\prime} = -113\ kJ$$
$$CH_3COO^- + H_2O \rightarrow CH_4 + HCO_3^- \qquad \Delta G^{0\prime} = -31\ kJ$$

これらはいずれも発エルゴン反応で化学浸透共役によりATP合成をもたらすので，

「メタン発酵」という言い方は広義の用語法（3・2節）による．第3式の酢酸分子を分割する反応は"acetotrophic"なメタン生成とよぶ．このタイプの反応を行う種は少ないが，自然の生態系や廃水処理では大半を占める重要な反応である．

これらのメタン生成反応，とくに第1式の炭酸呼吸反応は $\Delta G^{0\prime}$ の絶対値の大きな発エルゴン反応であるため，H_2 生成菌に接近して持続的に H_2 を消費すれば全体として $\Delta G^{0\prime}$ が負（$-112\,\mathrm{kJ}$）となり，反応は進行する．このように，単独では進行できない反応を複数の生物がいっしょに推し進め，持続的にエネルギーを獲得する現象を栄養共生（syntrophy）という．栄養共生はメタン生成以外の例も見つかっているが，そのうちの多くはこの例のように種間の H_2 伝達を含む．

iii．バイオエタノール

エタノール CH_3CH_2OH の生産にはナフサ由来のエチレンを水や水素と反応させる合成法があり，とくに日本では半分近くを石油から合成していたが，出芽酵母（7・1・1節）やザイモモナス属細菌（5・1・4節）を用いた発酵法で生産されるバイオエタノールが，とくにガソリンの代替燃料として注目されている．

発酵法の原料には，米国中西部のトウモロコシや中国のサツマイモ，ドイツやポーランドのジャガイモ，熱帯のキャッサバ（タピオカ）などに由来するデンプンをアミラーゼ製剤で糖化したものが使われている．ブラジルでは，サトウキビやロシアのテンサイに由来する糖分から砂糖を結晶分離した廃糖蜜（ブドウ糖や果糖を含む）も用いる．工業的なデンプンの分解には硫酸や塩酸で煮る加水分解も用いられる．

バイオエタノールは，ガソリンの代わりに用いたりガソリンに混入して石油の消費量を減らすことによって，地球温暖化をもたらす CO_2 の排出削減にも寄与すると期待されている．燃焼で CO_2 を発生しても，その原料である植物の成育の過程でそれと同量の CO_2 を吸収することに着目した計算に基づく．自動車の燃料としての利用はブラジルで先行しており，米国をはじめ先進国でも急速にその利用促進策が講じられている．しかしデンプンや糖蜜を原料にすると食料と競合して価格を釣り上げてしまう．また作物の栽培時に投入する化学肥料などの生産段階で CO_2 を発生するので，大きな温暖化防止効果は期待できない．そこで稲わらや廃木材などバイオマス資源からセルロースを分解してグルコースを生産する技術が注目される．木材には取り扱いにくいリグニンを含むといった問題があるが，これも白色不朽菌など微生物の利用で解決が図られている（7・1・2項）．

iv．バイオマスタウン

わが国では，バイオマスの利用を通して地球温暖化を防止し循環型社会を形成するとともに，関連産業を戦略的に育成し農山漁村を活性化するための計画を立て，2002年に「バイオマス・日本総合戦略」として閣議決定した．またバイオマスの発生から利用までを効率的で安定的に結ぶ総合的システムを構築するため，市町村単位の「バイオマスタウン構想」が募集されている．各地域の実情を尊重し，海外の先進技術も考慮したグローカルな（glocal，世界と結びながら地域で活動する）分散型計画をどの程度支援できるかが重要な課題だろう．

7. 真核微生物とウイルス
― 一寸の菌にも五分の魂 ―

　第2部の3つの章では原核微生物を扱ってきました．最後に真核微生物も見てみましょう．日常生活では動植物のように大きな真核生物が目立ちますが，微生物も多彩です．とくにカビや酵母にはお酒や漬け物，チーズなどの飲食品に使われる有用菌が豊富です．一方，病原体には，細菌やカビのような微生物のほかにウイルスや核酸（ウイロイド），タンパク質（プリオン）などもあります．独立の生物とはいえない物質レベルの病原体も，その重要性から微生物学の対象とされています．この章では前半で真核微生物を，後半でウイルスなどを扱います．

7・1　真　菌（fungi）

　真菌（菌類）とは，光合成を行わず吸収によって栄養を獲得する糸状あるいは単細胞性の従属栄養真核生物である．真菌は系統的によくまとまった分類群であり，菌界（Fungi）をなす．伝統的なよび名でいうとカビ（mold，糸状菌 mold fungi ともいう），キノコ（mushroom），酵母（yeast）の3つが含まれる．しかしキノコも本体はカビと同じ菌糸（hypha）であり，特別に大きな有性生殖器官として肉眼的な子実体†ができたものである．またパン酵母や清酒酵母を含め単細胞の菌類を酵母と総称するが，単細胞性は菌類のいくつか独立の系統で見られる．したがってこの3区分は系統学的分類ではない．菌糸が分枝しところどころで融合してできたネットワークを菌糸体（mycelium）という．菌糸の長さはさまざまだが，太さは 10 μm 前後で比較的一定である．

　植物の細胞壁がセルロースなのに対し，真菌ではキチン（N-アセチルグルコサミンの重合体）が一般的である．低い pH や高温（62 ℃まで）のような極端な環境でも生育できることから，食品や湿気のある生活環境の一般的な汚染源ともなる．真菌の胞子は乾燥や化学薬品などにも強いが，細菌の芽胞（1・3節）よりは弱い．10万種ある真菌のうちでヒトに重大な病原性を示すのは数種のみである．

† 子実体（fruit body, fructification）；真菌類において各種の胞子を生じる菌糸組織の集合体の総称．大型のものは「キノコ」とよばれる．偽菌類の作る類似の構造体も指す．素朴には地上のキノコを植物の本体，土中の菌糸を根のようにたとえる見方もあるが，実際には子実体は花や実に過ぎず，菌糸体がすべての栄養を支える本体である．和語はいかめしいが英語の単純さがこの認識の助けになる．

7. 真核微生物とウイルス ——一寸の菌にも五分の魂——

真菌の系統分類はあいまいな点が多く残されていたが，2002年から06年まで米国を中心に行われた2つのプロジェクトで約1500種の菌の8遺伝子の配列解析を中心に徹底的な系統分析がなされた．それら菌界系統樹学術協調ネットワーク（Deep Hypha）と菌類生命樹構築（AFTOL）プロジェクトの結論によれば，真菌界は7門と4亜門およびいくつかの所属不明の群からなる．

7・1・1　子嚢菌門（Ascomycota）

微小な子嚢を形成しその細胞の中に胞子を内生する．真菌の約7割を含む最大の門であり，多くのカビや酵母のほかトリュフなど一部のキノコも含む．

コウジカビ属 *Aspergillus* はいろいろな発酵食品や物質の生産に用いられる．多くは無害な有用菌だが有害な種もある．コウジカビ属は主にアミラーゼとプロテアーゼ[†]の2群の酵素を作る働きがある．アミラーゼ力価の高い種や品種すなわちデンプン分解能の高いものは清酒用や糖化用に適し，プロテアーゼ力価の高いものはタンパク質を分解してアミノ酸の旨味を引き出すので味噌や醤油の製造に適している．

この属の代表種ニホンコウジカビあるいはキコウジカビ *A. oryzae* は，清酒をはじめ味噌や醤油など日本の伝統的な飲食品に必須な麹の微生物である．種小名はコメの学名 *Oryza sativa* から採られた．アワモリコウジカビ[†] *A.*

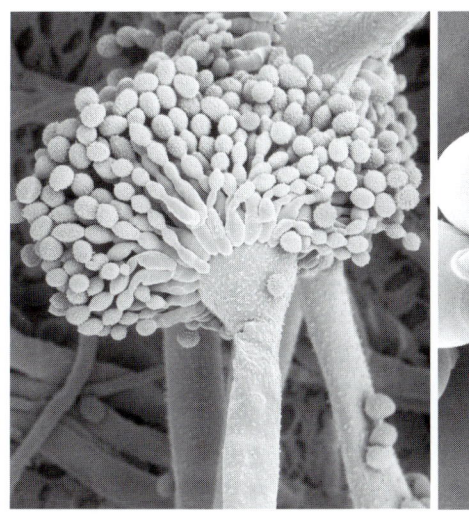

[†] アミラーゼ（amylase）とプロテアーゼ（protease）；グルコースが重合した多糖のアミロース（amylose）を分解するのがアミラーゼ，アミノ酸の重合したタンパク質（protein）を分解するのがプロテアーゼ（蛋白質分解酵素）である．一般に物質名の語尾を"-ase"に換えるとその分解酵素の名前になることが多い．ほかにも脂質（lipid）のリパーゼ（lipase）や核酸（nucleic acid）のヌクレアーゼ（nuclease），配糖体（glycoside, p58）のグリコシダーゼなどがある．

[†] アワモリコウジカビ；*A. awamori* と *A. niger* はいずれも黒く，18S rRNAの配列類似性（p11）に基づき合わせて *A. niger* の単一種にまとめる立場もあるが，後者は毒素産生株を含むのに対し前者は有益無毒であるなど，明確に区別できる．前者は泡盛の醸造に必要な黒麹を作り「黒麹菌」ともよばれるのに，"*niger*"がラテン語で「黒い」を意味するため和名の「クロコウジカビ」が後者に当てられており紛らわしいが，混乱は避けるべきである．

a．コウジカビ　　　　　　　　b．酵母

図7・1　真菌
　a：*Aspergillus flavus* の走査型電子顕微鏡像．分生子は直径3～4μm（写真提供：千葉大学　矢口貴志博士）．b：*Saccharomyces cerevisiae* の走査型電子顕微鏡像（写真提供：キリンビール株式会社）．

awamori は沖縄の蒸留酒である泡盛に使われる．クロコウジカビ *A. niger* は焼酎の製造のほか，酸味料のクエン酸，製薬の原料となるグルコン酸，接着剤やペンキ・繊維・表面加工などに用いるイタコン酸など有機酸やビタミン B_{12}，デンプン分解酵素など多様な有用物質の製造に用いられる．パンや果物にもよく発生する．同属ながらアスペルギルス フラバス *A. flavus* はアフラトキシンという発がん物質を作るやっかいな菌である（図7・1a）．なおベニコウジカビ *Monascus purpureus* は同目異科だが，鮮やかな紅色の色素を含み，沖縄の紅豆腐を作るのに用いられるほか天然色素として好まれる．

アオカビ属 *Penicillium* はコウジカビ属と近縁で同科である．ペニシリウム クリソゲナム *P. chrysogenum* は抗生物質ペニシリンを産生する（1・2節）．チーズの製造に使われる青カビ *P. roqueforti* や白カビ *P. camemberti* のほか，果実などの青カビ病菌 *P. expansum* や *P. digitatum* もこの属に含まれる．

別綱のアカパンカビ *Neurospora crassa* は20世紀はじめ遺伝学に重用され，一遺伝子一酵素説† を導いた．これと同綱異目でイネばか苗病を起こすカビのジベレラ フジクロイ *Gibberella fujikuroi* が生産するジベレリンは植物ホルモンであり，微小管の配列を変化させることによって苗をひょろ長く伸ばしてしまうが，種なしブドウの生産や作物の生育促進に役立っている．

パン酵母（baker's yeast, *Saccharomyces cerevisiae*）はさらに別の綱に分類される単細胞性の子嚢菌である（図7・1b）．出芽によって増殖する5〜10 μmの楕円体の酵母で，アルコール発酵を行う通性嫌気性菌である．清酒酵母やワイン酵母なども主にこの同一種の株であり，世界中の各種の酒類の醸造に使われる．パンの製造にも用い，CO_2 を発生するためふっくら膨らむ．

カンジダ属 *Candida* もパン酵母と同目とされる出芽酵母の1種である．石油を資化†するため環境浄化に寄与する有用菌もある一方，ヒトの体表や消化管，女性の腟粘膜に常在し体調が悪いときだけカンジダ症を起こす日和見感染の起因菌カンジダ アルビカンス *C. albicans* などを含む．分裂酵母のシゾサッカロミセス属 *Schizosaccharomyces* は独自の綱をなす．動物と同様分裂によって増える単細胞真核生物として，この属のポンベ *S. pombe* は細胞周期の研究に重用された．

なお地衣類（lichens）は，藻類あるいはシアノバクテリアと真菌との共生体である．多くの場合1種対1種の組み合わせであり，ウメノキゴケやサルオガセ，イワタケなどがある．藻類は光合成産物の糖類を真菌に与え，真菌は水やミネラルを藻類に与えながら乾燥に強くなっている．地衣類は岩や建造物，木の幹，裸地の表面などに固着でき，一般の生物が定着できないニッチ†に進出しうる．生態学的には光合成を行う生産者なので主役は藻類だが，本体の大

---

†**一遺伝子一酵素説**（one gene-one enzyme theory）；遺伝子1つがそれぞれ1つの酵素に対応してその発現を決定しているという理論．1940年代に米国のビードル（Beadle, G.）とテータム（Tatum, E.）が唱えた．後に遺伝子は酵素以外のタンパク質やポリペプチドもコードしていることがわかり，この概念は拡張された．

†**資化**（utilization）；微生物が生育のために糖質やタンパク質，脂質などの物質を利用したり分解すること．微生物が何を栄養素として増殖できるか，どの有機物を用いて付加価値の高い資源を産生できるか，どんな有害物質を除去，分解できるかなどが注目される．

†**ニッチ**（niche）；生態系における生物種や個体群の地位．生態学的ニッチ（ecological niche）ともいう．生息場所や食物連鎖，食物網などの中で生物が占める位置や役割のこと．

部分は菌糸で構成され，その体内の限られた場所に共生藻類あるいは藍色細菌がゴニジアとよばれる層を形成する．命名や分類も菌類に基づいてなされている．地衣類を構成する菌類は多系統[†]だが，担子菌やその他の真菌はわずかで，約 98 % は子嚢菌である．また子嚢菌の種の半数近くは地衣化している．

7・1・2 担子菌門（Basidiomycota）

担子器とよばれる構造体の先に胞子を外生する．真菌の約 3 割が含まれる．子嚢菌とは単系統[†]で，合わせてディカリア亜界 Dikarya を構成する．担子菌の多くは，胞子形成のために複数の菌糸が寄り集まって子実体を作る．子実体が肉眼的な大きさの特定の形態をとったものがキノコである．飲食品に使われる微生物は発酵作用により原材料を加工する役目のものが多いなか，キノコは藻類とともに生物体自体を食用とする．東洋ではシイタケ，マツタケ，エノキタケ，ナメコ，シメジ，ヒラタケなど，西洋ではマッシュルームなどが代表的である．中でもシイタケ *Lentinus edulus* の生産高は大きく，広葉樹の丸太の上で約 1 年かけて原木栽培されているが，最近は米ぬかを混ぜたおがくず栽培の比率も高まっている．

木材を分解する担子菌に白色腐朽菌と褐色腐朽菌がある．木材の主成分はグルコースの繊維状重合体であるセルロースや，その他の糖が重合したヘミセルロース，多量の芳香環を含む複雑な三次元重合体のリグニンである．白色腐朽菌はリグニンを分解するので，木材は残留するセルロースなどの白色に変化し，褐色腐朽菌はセルロースなどを分解するので，木材は残ったリグニンの褐色に変わる．前者には上述の食用キノコが多く，後者にはオオウズラタケやサルノコシカケなどがある．バイオマスとしての利用から，これら木材腐朽菌やそれらの産生する分解酵素が注目されている．

7・1・3 その他の真菌類

真菌の大部分は上の 2 門に属するが，ほかにも多様な下等菌類がある．グロムス菌門 Glomeromycota の菌は大多数の陸上植物の根に共生して VA 菌根（11・2・2 項）を形成し，農作物や樹木の栄養吸収を助けている．ツボカビ門 Chytridiomycota には簡単な構造の菌が多い．大部分は淡水で腐生あるいは寄生生活をし，一部は土壌や海水にすむ．その一種カエルツボカビは両生類の外皮に寄生し皮膚呼吸の低下や痙攣から死をもたらす．このツボカビ症は世界各地でカエルの激減や絶滅を起こし，生態系の撹乱が危ぶまれている．土壌菌には植物の病原菌もある．微胞子虫門 Microsporidia は哺乳類や魚類，昆虫など

[†] 単系統（monophyly）と多系統（polyphyly）と側系統（paraphyly）；生物の分類群がその共通祖先から生じた子孫種をすべて含む場合，その群は単系統であるという．複数の異なる祖先から生じた種の集まりは多系統である．単一の共通祖先から生じた子孫全体から，その一部の単系統群を除外した余りの集団は側系統である．分類学では多系統は認められないが，単系統のみを認める分岐分類の立場と側系統も認める進化分類の立場とがある．

の細胞内に寄生する単細胞菌類からなる．宿主細胞に注射器のように突き刺して感染する極管という特異な構造をもつ．ミトコンドリアを欠くため原始的な真核生物ではないかと見られていたが，残存する相同小器官としてマイトソームが発見され，真菌に属することもはっきりした．

　従来の「接合菌門 Zygomycota」は多系統だったため解体されたが，そこから独立したケカビ亜門 Mucoromycotina には各種酵素の生産能が高く重要な菌がある．ケカビ属 *Mucor* の菌は凝乳酵素（レンネット）を生産しチーズの製造に用いられ（10・2・3 項），クモノスカビ属 *Rhizopus* の菌は中国酒の醸造に用いられ多糖を糖化する（表 10・2）．なお従来は有性生殖器官が不明の菌をまとめて「不完全菌門 Deuteromycota」とよび，前述のカンジダ属なども含めていたが，ゲノム解析から分類の手がかりが増え，この門は廃止された．

7・2　原生生物（protista）

　生物全体を 5 群に分類する五界説[†]が広く受け入れられており，その 5 界の 1 つが原生生物である．しかし原生生物あるいは単細胞真核微生物には雑多な生物群が含まれており，単系統ではない．主なものとして植物のように光合成をする藻類（algae），動物のように運動する原生動物（protozoa，原虫），真菌に近い偽菌類の 3 つが認識されてきたが，これらは系統学的なまとまりではない．細胞内共生（1・1 節）やゲノム比較などの研究の進展により，真の系統関係が最近明らかになってきた（図 7・2）．これによると真核生物はクロムアルベオラータ，植物，エクスカヴァータ，リザリア，ユニコンタの 5 つの大きな系統群にまとめられる．そこには微生物だけではなく高等動植物や真菌も含まれ，藻類や「虫」や「菌」もそれぞれ複数の枝に分散する．ただし，クロムアルベオラータとユニコンタをそれぞれ 2〜3 界に分けて計 8〜9 界としたり，ユニコンタ以外の 4 群を「バイコンタ上界」にまとめたりする考え方もある．

　ここで原核生物も含めた生物全体の進化をおおまかにたどっておく．地球に生物が誕生したあと細菌と古細菌が分岐した．その古細菌からさらに分岐した生物の細胞内に α-プロテオバクテリアの祖先が細胞内共生してミトコンドリア（mitochondria）やヒドロゲノソーム[†]になった．この細胞が現在の真核生物の祖先となり，5 系統に分かれた．このうちの 1 系統に藍色細菌が細胞内共生して色素体（plastid．葉緑体 chloroplast など）となり，植物が誕生した．植物のうち緑藻はエクスカヴァータやリザリアのなかまに二次的な細胞内共生を果たし，核や大部分の細胞質を失い，それぞれミドリムシやクロララクニオン藻類ができた．また紅藻はストラメノパイルやアルベオラータの一部に二次共

[†] 五界説；生物を動物界，植物界，真菌界，原生生物界，モネラ（細菌）界の 5 つに分ける考え方．はじめの 3 つの生物は栄養摂取法がそれぞれ捕食，光合成，吸収であり，また生態系における位置づけもそれぞれ消費者，生産者，分解者に対応する．厳密には本文に述べたような問題があるが感覚的には捉えやすく，哺乳類と被子植物だけに関心が集中する素朴な生命観に対して啓蒙する意義は高い．

[†] ヒドロゲノソーム（hydrogenosome）；トリコモナスなど嫌気性の原生生物がもち，H_2 を発生する細胞小器官．二重膜をもち，ピルビン酸を嫌気的に酸化して ATP をつくる．ミトコンドリアと進化的起源を共通にし，一部はゲノム DNA ももつ．細胞小器官の起源について，好気性細菌が細胞内共生してミトコンドリアが最初にできたとする従来の説に対して，メタン生成古細菌の細胞内に H_2 を生成する通性嫌気性菌が栄養共生（Box 6）してヒドロゲノソームになったのが先で，ミトコンドリアはそれから派生したとする新しい説が支持を広げている．

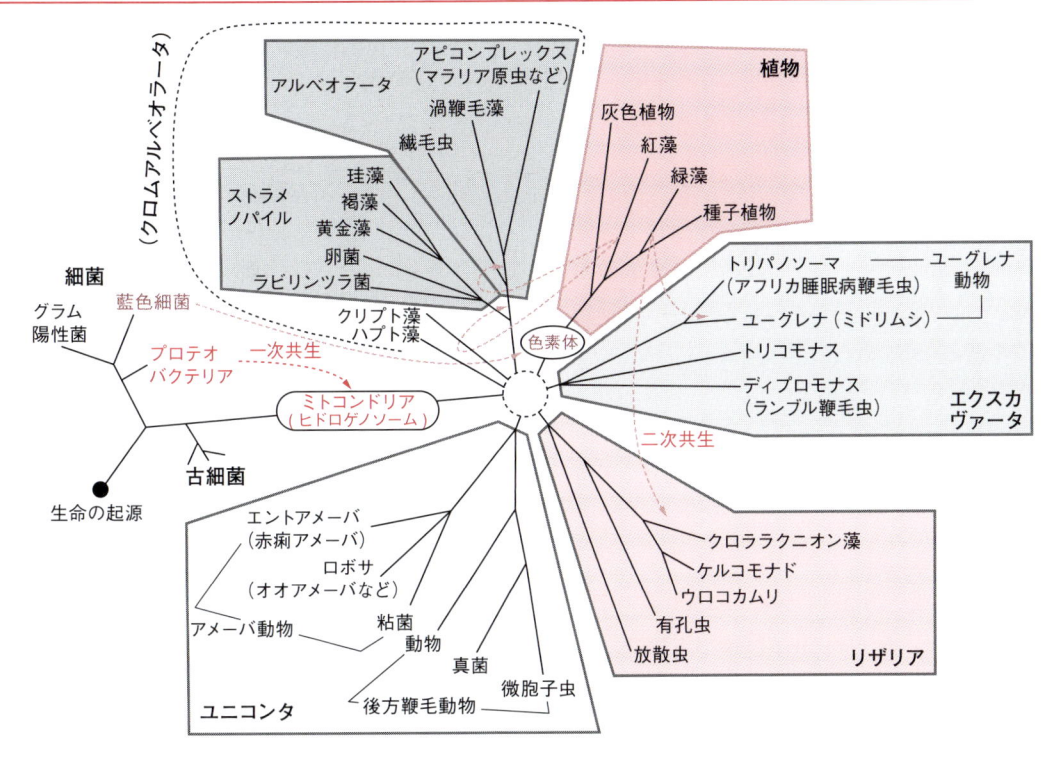

図 7・2　原生生物を含む生物全体の包括的系統樹
国際原生生物学会（ISOP）などによる．5つの多角形は，真核生物全体を5つに分類した場合のまとまりを表す（7・2・1 項から 7・2・4 項に対応）．中心の丸は，系統関係が不明であることを示す．クロムアルベオラータの系統的まとまりには強い疑問が出されている．

生し，場合によってはさらに三次共生して褐藻や渦鞭毛藻が生まれた．

　二次共生で生じた色素体は基本的に4重の生体膜に包まれているが，後に一部失ったものもある．光合成真核生物は多系統で発生したが，その色素体は藍色細菌を祖先とする単系統である．生物進化の過程ではこのように細胞内共生が何度も起こっており，生命そのものの誕生や高度な理性の発生が一度限りだったのとは異なる．

7・2・1　クロムアルベオラータ（Chromalveolata）

アルベオラータとストラメノパイル（黄色植物）の2大集団とともにハプト藻やクリプト藻が含まれる．これらはクロミスタ（Chromista）ともよばれる．

　アルベオラータ Alveolata は系統的まとまりが堅固で，繊毛虫，渦鞭毛藻，アピコンプレックスの3群からなる．繊毛虫 Ciliates はゾウリムシ属 *Paramecium*，テトラヒメナ属 *Tetrahymena*，ツリガネムシ属 *Vorticella* など，繊毛で運動するいわゆる原生動物である．大核と小核2つの核をもつ点も共通の特徴であり，細胞質や大核に内部共生細菌をもつものも多い．活性汚泥[†]で

† 活性汚泥（activated sludge）；下水や工場廃液など有機物を含む廃水の処理過程で微生物の作用によってできる沈殿物．汚水に含まれていた原生動物や後生動物，好気性細菌などが長時間の空気の吹き込み（曝気）によって増殖し，相互に吸着し合ってつくった凝集体．これらの微生物は互いに共生や捕食‐被食の関係にあり，共同して有機物や無機物を分解し汚水の浄化に働く．11・1・4 項で詳述．

廃水浄化に働く主要な微生物である．渦鞭毛藻 Dinophyta は 2 本の鞭毛をもち回転しながら泳ぐ単細胞藻類で，海洋や湖沼にすむプランクトンである．毒を産生して魚介類を死滅させる赤潮の原因となる種のほか，夜光虫なども含まれる．

アピコンプレックス Apicomplex はすべて偏性寄生生物でヒトや家畜の病原体が多い．一般名は胞子虫 Sporozoans（種子虫）というが，真菌や藻類のように休眠型の胞子をつくるわけではない．複雑な生活環の一部で鞭毛をもつものもあるが成虫は運動しない．

このうちマラリア原虫†はハマダラカが媒介する急性の熱性疾患マラリア（malaria）を引き起こす（口絵⑧）．"mal" は「悪い」，"aria" は空気の意味で，昔この病気が空気感染すると考えられていた頃の名残である．南米原産のキナノキの樹皮から採れるアルカロイドのキニーネは，最初でかつ最強の抗マラリア薬である．熱帯熱マラリア原虫 *Plasmodium falciparum*，三日熱マラリア原虫 *P. vivax*，四日熱マラリア原虫 *P. malariae*，卵型マラリア原虫 *P. ovale* の 4 種がヒトに感染し，熱帯や亜熱帯で猛威をふるっている．

マラリア原虫やトキソプラズマが細胞内にもつアピコプラスト（apicoplast）という構造体は，二次共生した葉緑体がクロロフィルや光合成能を失いながらも存続し必須の役割を果たしている細胞小器官であることが最近判明した．そこで葉緑体に作用する除草剤がマラリアにも効くと期待される．系統学のような基礎研究が思いがけず新薬の開発を導く例である．

小形クリプトスポリジウム *Cryptosporidium pavum* はとくに病原性が高く，1976 年にヒトで症例が報告された新興感染症の起因菌である．塩素消毒が効かず水道水から集団感染するが，免疫機能が正常な健常者は 3 日ほどの下痢で回復する．

一方のストラメノパイル Stramenopiles には紅藻の二次共生で誕生したさまざまな藻類が含まれ，黄色植物ともよばれる．陸上で繁栄している光合成生物が緑色植物なのに対し，海中で最も繁栄しているのはこの黄色植物である．褐色植物 Phaeophyta（褐藻 brown algae）にはコンブ（コンブ科 *Laminariaceae* の総称）など数十メートルにまで成長する大型藻類（kelp）があり，多くの魚や海棲哺乳類をも擁する海中林の生態系を築いている．また珪藻 Diatoms やハプト藻など植物プランクトンも含めるとストラメノパイルは海洋光合成生物の 9 割を占め，CO_2 固定量も陸上植物に匹敵する．そのほか卵菌類 Oomycota やサカゲツボカビ類 Hyphochytridiomycota，ラビリンツラ菌類 Labyrinthulomycota など偽菌類もストラメノパイルに入る．

これら偽菌類には寄生性や腐生性のものが多い．このうち卵菌類のエキビョ

---

†マラリア原虫の生活環；ハマダラカからヒトに感染したマラリア原虫は次のようなステージを経て増殖する（口絵⑧）．メロゾイト；肝細胞から放出され赤血球進入能を保持する形態であり単核細胞．リング；メロゾイトが非感染赤血球に進入後，最初に観察される形態で単核細胞．トロフォゾイト；各種の基本代謝が活発に起こっている段階の単核細胞．シゾント；核分裂が始まり複数の核が観察され始める段階の多核細胞．セグメンター；核分裂と細胞分裂が完了感染赤血球内に次世代のメロゾイトが複数形成された段階．感染赤血球が破裂し各メロゾイトが血流に放出される直前の形態．

†トリパノソーマ（Trypanosoma．ここでは TP と略す）（次頁）；*Trypanosoma* 属原虫の総称．ワインの栓抜きのような形態（図 7・3）．ギリシア語で「穴をあけるもの」の意の「トリパノン」から命名．アフリカ TP *T. brucei* と中南米に多いシャーガス病を起こすクルーズ TP *T. cruz* とがある．前者には 3 亜種があり，急性睡眠病を起こすガンビア TP *T. brucei gambiense* と慢性睡眠病を起こすローデシア TP *T. brucei rhodesiense*，ヒトには病原性がなく家畜にナガナ病を起こすブルース TP *T. brucei brucei* だが，形態では区別できない．梅毒にまず著効を示した化学療法薬（1・2 節）も，最初は TP 症の治療薬として開発された．

ウキン（疫病菌）属 *Phytophthora* には農作物や植生を害する深刻な病原性をもつものがある．とくにジャガイモ疫病菌 *P. infestans* は，19世紀中葉アイルランドで主要な食物だったジャガイモを枯死させて大飢饉を招いた．100万人以上が餓死し200万人以上が新大陸に移住したといわれ，世界史に大きな影響を残した．後の米国大統領 J. F. ケネディも，このアイルランド移民の子孫である．

7·2·2 エクスカヴァータ（Excavata）

類縁の遠い多様な微生物からなるが，その多くは嫌気性か寄生性であり，熱帯病を起こすトリパノソーマや性感染症（STD）の原因となるトリコモナス，食中毒を起こすランブル鞭毛虫など重要な病原性原虫を含む．

鞭毛で運動し光合成を行うミドリムシ類 Euglenida とトリパノソーマ類 Trypanosomatida はともにうちわ形のミトコンドリア クリステをもつなどの形態的特徴と 18S rRNA（p11）など分子系統学的分析からも類縁が近いことがわかり，ユーグレナ動物 Euglenozoa としてまとめられた．ミドリムシ属 *Euglena* を代表とするミドリムシ類の多くは自由生活しているが，トリパノソーマ[†]はヒトを含む動物に寄生して病原性を示す．とくにアフリカの睡眠病の原因となるトリパノソーマ ブルセイ *Trypanosoma brucei* は最も重要な病原性鞭毛虫である．長さ 20 μm ほどで薄い三日月型をしており，ハエ叩きで落とせないアブのようなツェツェバエによって伝播する（図7·3）．

このトリパノソーマは1種類の糖タンパク質でおおわれているが，その遺伝子はゲノム上に約1000個も存在している．そのうち1個だけが高発現部位にあり，頻繁に置き換わることによって免疫系の攻撃を逃れている．ほかにも，エイズ患者にニューモシスチス肺炎（旧名「カリニ肺炎」で有名）を起こす真菌 *Pneumocystis* やマラリア原虫などしぶとい真核病原微生物には，このような驚くべきゲノム再編戦略をとるものがある．

膣トリコモナス症原虫 *Trichomonas vaginalis* などトリコモナス類 Trichomonads や飲料水で感染して下痢を起こすランブル鞭毛虫[†]を含むディプロモナス類 Diplomonads もユーグレナ動物とともにエクスカヴァータにまとめられるが，全体を束ねる単一の指標はなく系統学的な距離は遠い．

† ランブル鞭毛虫
（*Giardia intestinalis*）；ヒトを含む脊椎動物の腸管に寄生してジアルジア症を引き起こす洋梨形の鞭毛虫．ジアルジア症は熱帯や亜熱帯ではありふれた胃腸炎．飲料水や生食で感染しひどい下痢を伴う．19世紀にヒトで発見したランブル（Lambl, W.）にちなんで学名 *G. lamblia* が用いられることもある．ミトコンドリアを欠くが，それと相同ながら独自のゲノム DNA を含まないマイトソーム（mitosome）という細胞小器官をもつ．

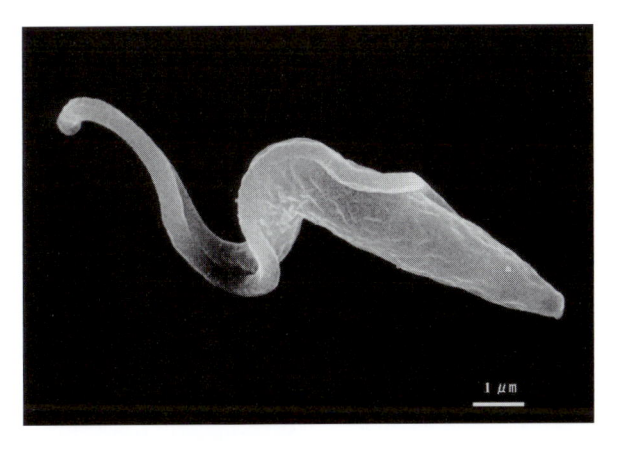

図7·3 アフリカ睡眠病原虫
家畜ナガナ病の病原体ブルーストリパノソーマ *Trypanosoma brucei brucei* の血流型（トリポマスティゴート）の走査型電子顕微鏡像（写真提供：東京大学　北　潔教授・名古屋市立大学　籔　義貞博士）．

7・2・3 ユニコンタ（Unikonta）

後方鞭毛生物とアメーバ動物を含む．それぞれのまとまりは明確だが，この両者をいっしょにまとめてよいかどうかには論争がある．

繊毛や鞭毛†をもたず細胞内の原形質流動によって仮足を伸ばして移動する原生動物を一般にアメーバ（amoeba）というが，系統上 主に2群の生物が含まれていることがわかった．有殻アメーバなどはリザリアに属し（次項），その他は粘菌とともにこのアメーバ動物 Amoebozoa に入る．葉状仮足†をもつ典型的なオオアメーバ属 *Amoeba* やカオス属 *Chaos*，アカントアメーバ属 *Acanthamoeba* などはロボサ Lobosea としてまとめられるが，ほかに腸に潰瘍を生じ下痢を起こす赤痢アメーバ *Entamoeba histolytica* もある．これらのアメーバには，ヒトを含む脊椎動物の口腔内か腸内にすむ寄生虫が少なくない．

粘菌（slime mold）は大きさも形も不定形な原形質の塊，変形体（plasmodium）として存在する．巨大なアメーバのように林床をはい回る特異な姿のため発見は古く，リンネ以前からキノコの特殊な仲間とみなされて研究されていた．真菌と同様に生活環があり胞子を形成するが，動物と同様に運動性もあり，両者の中間的な魅力的な生物として南方熊楠なども熱心に研究した．

粘菌は真正粘菌と細胞性粘菌に分けられる．古くから知られる真正粘菌はその変形体が多核の単細胞性であり，変形菌 Myxomycota ともよばれる．真正粘菌の変形体は迷路問題を解くことが発見され，話題になった．人工的な迷路の2か所に餌を置くと，両者を最短距離で結ぶ経路だけに原形質がひも状に残るという実験から，脳も神経系もないアメーバ生物にも高度な情報処理能力が備わっており，難問題を解決する新しい探索法の設計原理につながるのではないかと期待された．

19世紀後半に発見された細胞性粘菌は単核のアメーバ状細胞が2分裂で増える．栄養が枯渇すると集まりはじめ，放射状の流れを作る．集合体の一部は柄を作りながら上昇し，柄の先端に胞子塊をつけ子実体に変身を遂げる．細胞が集合しても融合はしない偽変形体である点が真正粘菌と大きく異なり，タマホコリカビ類 Dictyosteliomycota とアクラシス類 Acrasiomycota がある．

ユニコンタのもう一方の後方鞭毛生物 Opisthokonta は，五界説における2界，動物（animal）と真菌を含む巨大な分類群である．

原生生物のうち真菌の微胞子虫やエントアメーバ，ランブル鞭毛虫などはミトコンドリアをもっていない．そこでこれらはかつて，プロテオバクテリアが細胞内共生する前の原始的な真核生物ではないかと考えられたが，遺伝子解析

† 繊毛（cillium）と鞭毛（flagellum）；ともに真核細胞から突出した繊維状の運動性器官で，基本的な微細構造や運動のしくみは共通である（1・3節参照）．いずれも微小管からなる9＋2構造をとり，ATPの加水分解に伴うダイニンとチューブリンの間の滑りにより屈曲運動を行う．しかし数や長さ，運動様式は異なる．繊毛は一般に10〜20μmと短く，細胞あたりの数が多くて1000本を越えるものもあるのに対し，鞭毛は数十μm以上と長く，細胞あたり1本から数本である．繊毛はほぼ伸びきった状態で打つ有効打と曲率の大きな波を根元から先端に伝播しながら戻る回復打との2相性で運動するが，鞭毛は正弦曲線様の平面波からせん波が根元から先端に一様に伝播し続ける．

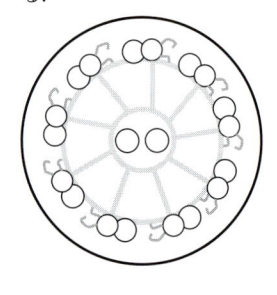

† 葉状仮足（lobopodia）と糸状仮足（filopodia）；仮足は鞭毛や繊毛とともに原生生物の3大移動様式の1つであり，これらはそのうちの代表的な2形態．葉状仮足は短くて指のように先端が丸まっており，アメーバ動物（図7・2）でよく見られる．糸状仮足は先端の尖った細い糸状で，リザリアのうちとくにアメーバ鞭毛虫で見られる．

などによりこれらも多系統であり後で二次的にミトコンドリアを失ったものであることがわかった．

7・2・4　植物（Plantae）とリザリア（Rhizaria）

植物は一次細胞内共生で生まれた色素体をもち，5群のうちで系統的なまとまりが最も明確である．緑藻（green algae, Chlorophyta）には食用にされるアオノリ（アオノリ属 *Enteromorpha* の総称）などの海藻のほか，栄養補助剤に利用される単細胞のクロレラ属 *Chlorella* なども含まれる．藻類は陸上植物（land plant）とともに緑色植物 Viridiplantae にまとめられ，ほかに紅色植物 Rhodophyta（紅藻 red algae）と灰色植物 Glaucophyta を合わせたものが植物である．

最後のリザリアは形態的に多様だが，"Rhiza-" が根を表すこと（5・1・3項）からも連想されるように，その大部分は仮足をもつアメーバ様生物である．有孔虫 Foraminifera や放散虫 Radiolaria は殻をもち，有殻アメーバとよばれる．有孔虫の殻は主に $CaCO_3$ でできているため化石になりやすく，ドーバー海峡の両岸の白亜の崖にも大量に含まれている．沖縄名産「星の砂」も有孔虫の殻である．アメーバ鞭毛虫 Cercozoa には，珪質の鱗片をもつアメーバ様生物で排水浄化施設の活性汚泥で働くウロコカムリ *Euglypha* や土壌の鞭毛虫ケルコモナス *Cercomonas*，網状の奇妙な群体をつくるアメーバ様光合成生物クロララクニオン藻 Chlorarachniophyta などが含まれ，共通に糸状仮足[†]をもつ．

7・3　ウイルス（virus）

ウイルス[†]とは，細胞をもたず，核酸として DNA か RNA のいずれか一方のみをもち，増殖のためには他の生物の細胞に侵入する必要のある偏性細胞内寄生性の遺伝因子である（図7・4）．自己複製のための遺伝情報はあるが，細胞よりずっと単純な微小な構造体であり，必要な物質を合成しエネルギーを獲得する代謝系ももたないため，生物としての条件を満たしていない．ウイルスはその大部分が 20〜200 nm の大きさで，最小の細菌より小さく，19世紀の終わりごろ病原細菌を阻止する濾過器をも通り抜ける病原体として発見された（表1・1）．細菌に効く抗生物質もウイルスには効かない．

ウイルスの中核にはゲノムとしての核酸があり，それをカプシド（capsid）とよばれるタンパク質の殻が取り囲んで保護している．カプシドは正二十面体（icosahedral）からせん状（helical）の，幾何学的対称性のある形に集合しているものが多い（口絵⑨，図7・5）．動物ウイルスなどの多くではこれらヌク

[†] ウイルス；英単語としての "virus" の読みは「ヴァイラス」に近いが，害悪，毒を意味するラテン語の virus（ウィルス）の音から由来する．カタカナ表記で拗音風に小書きした文字（ィ）が大書き化（イ）して発音も1音節増えるのは外来語に一般的で，ほかにウィスキー（whisky）からウイスキーへの変化などがある．

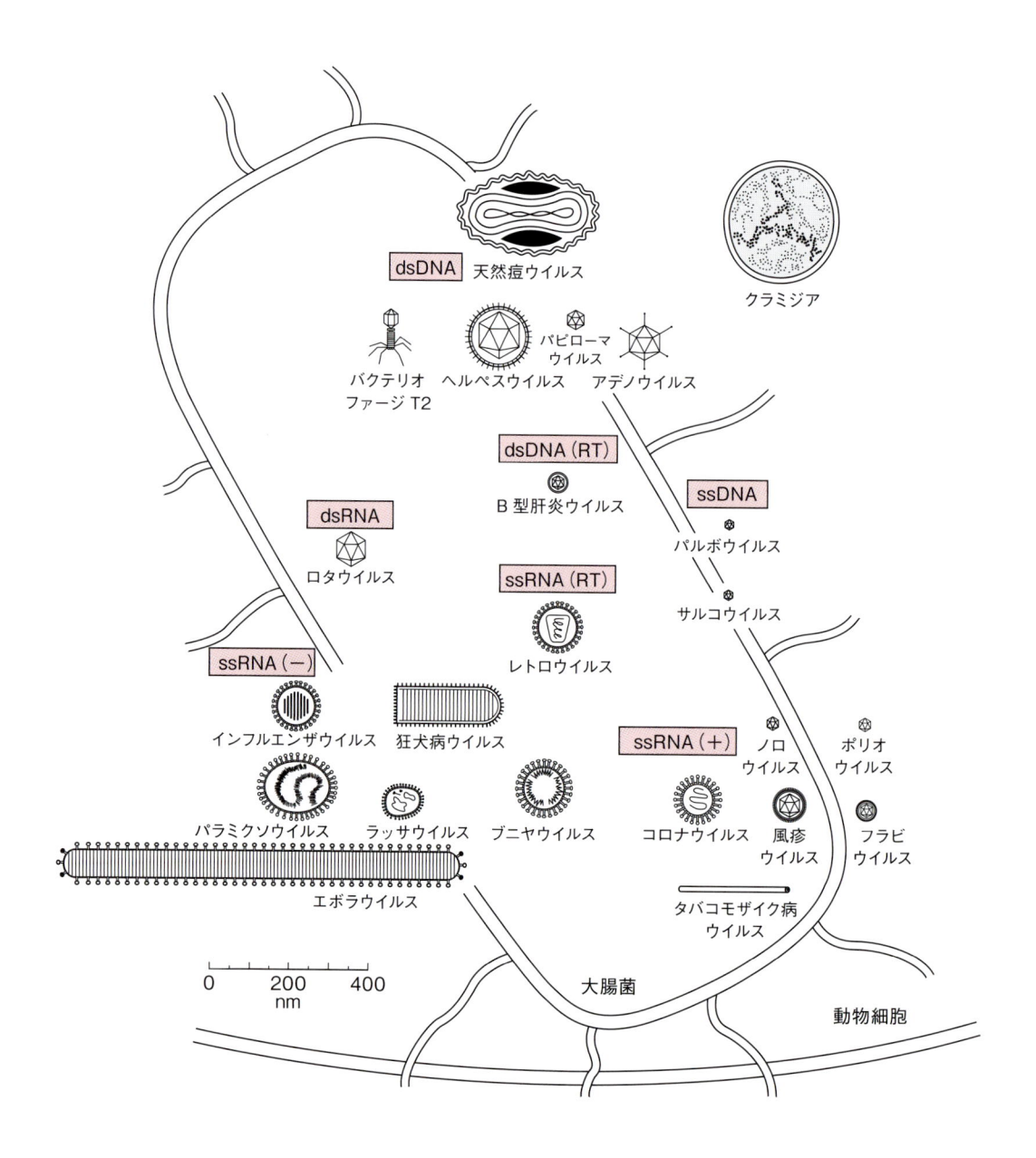

図7・4 ウイルスの種類と大きさ
　ウイルスの分類は7・3・1項と表7・1参照. ss：一本鎖 (single strand), ds：二本鎖 (double strand), RT：逆転写 (reverse transcript), (＋)：プラス鎖, (－)：マイナス鎖

レオカプシド（nucleocapsid）を脂質二重膜と膜タンパク質からなる被膜（envelope）が取り囲んでいる．被膜をもつウイルスはほぼ球形で，らせん状のヌクレオカプシドも折り畳まれているが，一部にはひも状や枝分かれのある多形的（polymorphic）なウイルスもある．被膜の有無に関わらず細胞外で完成された形のウイルス粒子をビリオン（virion）とよぶ．

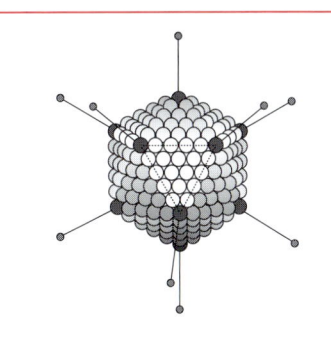

ビリオンは宿主の細胞膜にあるタンパク質，とくに免疫関連分子を特異的な受容体として利用する．ビリオンのうち外被のないものは，宿主細胞のエンドサイトーシス（飲食作用）のしくみを利用して侵入し，成熟後に細胞が死んで崩壊するのに伴って受動的に広がる．一方 被膜のあるビリオンは，その被膜を宿主細胞膜と融合してヌクレオカプシドを送り込み，増殖後に出芽（細胞膜の突出とくびれ）によって放出される．

図7・5 アデノウイルスの模式図
各頂点からアンテナ状のファイバーが突き出ている．

ビリオンは宿主細胞内では解体され，一気に数を増やして放出するという一段階増殖をする（図2・4b）．すなわちウイルスは粒子状の実体をもたない段階（暗黒期）を経る．細菌を宿主とするウイルスをバクテリオファージ（bacteriophage）という．バクテリオファージには，すぐに溶菌して放出される毒性ファージ（vilurent phage，溶菌ファージ）と，細菌のゲノムDNAに入

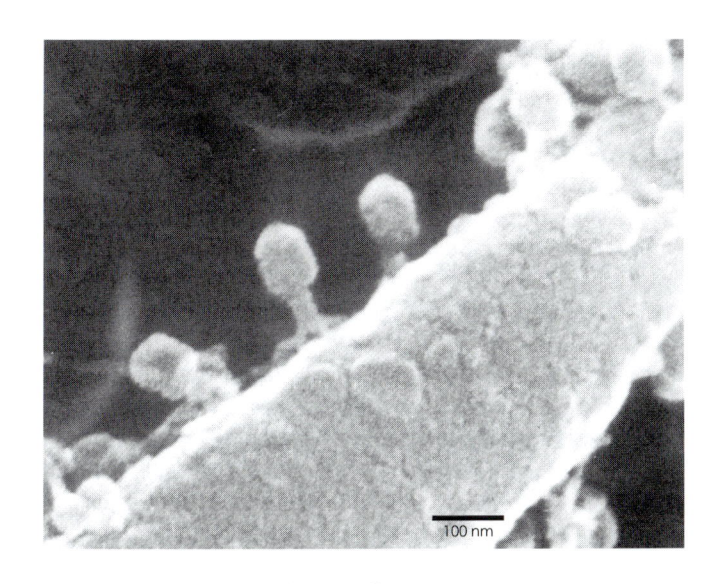

a. 大腸菌の表層に吸着するT4ファージ 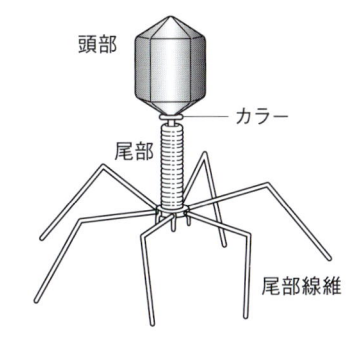　　　　　b. 月着陸船を想わせるT4ファージ

図7・6 バクテリオファージ
a：走査型電子顕微鏡像（写真提供：東京慈恵会医科大学　近藤　勇 名誉教授）．b：模式図．

り込んで静かに増殖するものとがある．前者にはT1からT7までのT系ファージがある（図7・6），後者のような過程を溶原化（lysogenization）といい，溶原化するファージを溶原ファージ（temperate phage）とよぶ．ゲノムに入り込んだ溶原化状態のファージをプロファージ（prophage）という．

また逆転写酵素（reverse transcriptase）の遺伝子を含むRNAゲノムをもつレトロウイルス（retrovirus）は，宿主内でこのRNAを鋳型に二本鎖DNAを合成して宿主のDNAに入り込む．このプロウイルス（provirus）は恒常的に遺伝子を発現しており，完成したビリオンは発芽して出ていく．レトロウイルスが複製の前半で逆転写酵素を使うのに対し，B型肝炎ウイルスなど二本鎖DNA逆転写ウイルスは複製の後半でこの酵素を使う．

2002年，米国でウイルスの人工合成が初めて成功した．ポリオウイルスのRNAゲノムデータをもとに，その全長に相補的なDNA（完全長cDNA）がDNA自動合成機[†]で化学合成された．これを鋳型にポリメラーゼ（重合酵素）で合成されたRNAを実験用培養細胞の抽出液とまぜたところ，カプシドも合成され正二十面体の完全なビリオンができ上がった．天然のポリオウイルスと同じ病原性ももっていた．

これ以前にも配列の一部を人工合成して天然のゲノムに置き換える技術は実現しており，個々の遺伝子や部分配列の機能の研究が進んでいた．これらの技術によってビリオン形成や病原性のメカニズムを解明したり，弱毒性ウイルスを自由に設計してワクチンを開発したりできる一方，絶滅したはずの病原体を再構築したり強毒性の新型ウイルスを設計して生物兵器に悪用されるといった危険性も憂慮される．

7・3・1　分　類

国際ウイルス分類委員会（International Committee on Taxonomy of Viruses, ICTV）によって生物と同様な階層に分類されいる（表7・1）．2018年版には1界1門4綱14目，150科，1019属，5560種が記載されている．しかし種名は二名法に基づくラテン語ではなく，英語の俗名を使う．ウイルス全体の系統関係を立てることはできず，大半の科は目にも統合できないため，高レベルの整理は進化系統学的な体系ではなく，核酸の形状や宿主細胞の種類など便宜的な区分によって行われている．

DNAウイルスの多くは二本鎖である．RNAウイルスは逆に一本鎖のものが多く，そのままmRNAになりうるプラス鎖（センス鎖）のものと，相補的なマイナス鎖（アンチセンス鎖）のものがある．

[†] DNA自動合成機（DNA automatic synthesizer）：DNAやオリゴヌクレオチドを自動的に化学合成する装置．固相ホスホラミダイト法による．PCR（p161）のプライマーをはじめ用途は広く，設計した塩基配列を電子メールで注文すると1塩基当たり100円以下で数日中に合成し配送する商売が広まっている．反応の収率は改善されてきたが，1段階あたり99%でも鎖長150残基では20%と限界があり，長いゲノムの人工合成には断片からさらに組み立てる．

表 7・1 主なウイルスと亜ウイルス粒子

目	科	亜科	属	種	備考
RNA ウイルス = Riboviria「界」					
マイナス鎖一本鎖 RNA ウイルス (ssRNA(−) virus) = Negarnaviricota 門 (← negative RNA)					
Mononegavirales	Filoviridae		Marburgvirus	マールブルグ病ウイルス	ウイルス性出血熱4疾患の1つ
			Ebolavirus	ザイール エボラウイルス	エボラ出血熱，「4疾患」の1つ
	Rhabdoviridae		Lyssavirus	狂犬病ウイルス	広い哺乳類の人獣共通感染症
	Paramyxoviridae	Orthoparamyxovirinae	Respirovirus	仙台ウイルス (HVJ)	細胞融合作用を細胞工学に利用
			Morbillivirus	麻疹 (measles) ウイルス	はしか．感染力が強く発疹性
		Rubulavirinae	Orthorubulavirus	おたふく風邪 (mumps) ウイルス	流行性耳下腺炎．時に難聴・不妊
Articulavirales	Orthomyxoviridae		Alphainfluenzavirus	インフルエンザ A ウイルス	スペイン風邪などパンデミックも
			Betainfluenzavirus	インフルエンザ B ウイルス	A型についで広く流行
			Gammainfluenzavirus	インフルエンザ C ウイルス	A, B型ほど流行は広くない
Bunyavirales	Hantaviridae	Manmantavirinae	Orthohantavirus	ハンタン (Hantaan) ウイルス (HTNV)	腎症候性出血熱 (HFRS)
	Nairoviridae		Orthonairovirus	クリミヤ・コンゴ出血熱ウイルス	「4疾患」の1つで人獣共通感染症
	Tospoviridae		Orthotospovirus	トマト黄化えそウイルス (TSWV)	トマトの病気
	Arenaviridae		Arenavirus	ラッサ熱ウイルス	ウイルス性出血熱4疾患の1つ
プラス鎖一本鎖 RNA ウイルス (ssRNA (+) virus)					
Picornavirales	Picornaviridae		Enterovirus	ポリオウイルス (Poliovirus)	急性灰白髄炎 (ポリオ)
			Hepatovirus	A 型肝炎ウイルス (HAV)	劣悪な衛生環境で糞口感染
			Aphthovirus	口蹄疫ウイルス	偶蹄類の家畜などの病気
Nidovirales	Coronaviridae	Orthocoronavirinae	Betacoronavirus	SARS 関連コロナウイルス	重症急性呼吸器症候群 (SARS)
- 目未分類 -	Caliciviridae		Norovirus	ノーウォークウイルス	冬季集団食中毒の代表的原因
	Hepeviridae		Orthohepevirus	E 型肝炎ウイルス (HEV)	糞口感染する人獣共通感染症
	Flaviviridae		Flavivirus	黄熱病ウイルス	アフリカ・南米の熱帯で蚊が媒介
				日本脳炎ウイルス	アジアの熱帯で蚊が媒介
				デング熱ウイルス	新旧大陸の熱帯で蚊が媒介
				西ナイルウイルス	アフリカ・欧州・中東で蚊が媒介
			Hepacivirus	C 型肝炎ウイルス (HCV)	肝硬変・肝がんへの移行も
	Matonaviridae (18年までTogaviridae)		Rubivirus	風疹 (rubella) ウイルス	胎児に先天性風疹症候群
	Virgaviridae		Tobamovirus	タバコモザイクウイルス (TMV)	タバコの病気
	Bromoviridae		Cucumovirus	キュウリモザイクウイルス (CMV)	キュウリの病気
二本鎖 RNA ウイルス (dsRNA virus)					
- 目未分類 -	Reoviridae	Sedoreovirinae	Rotavirus	ロタウイルス A	乳幼児のかかりやすい胃腸炎
DNA および RNA 逆転写ウイルス					
一本鎖 RNA 逆転写ウイルス (ssRNA RT-virus)					
Ortervirales	Retroviridae	Orthoretrovirinae	Alpharetrovirus	ラウス肉腫ウイルス	腫瘍ウイルスとして最初に記述
			Deltaretrovirus	ヒト T 細胞白血病ウイルス (HTLV)	成人 T 細胞白血病 (ATL) など
			Lentivirus	ヒト免疫不全ウイルス (HIV)	エイズウイルス
二本鎖 DNA 逆転写ウイルス (dsDNA RT-virus)					
- 目未分類 -	Hepadnaviridae		Orthohepadnavirus	B 型肝炎ウイルス (HBV)	肝硬変・肝がんへの移行も
DNA ウイルス					
二本鎖 DNA ウイルス (ds DNA virus)					
Caudovirales	Myoviridae	Tevenvirinae	Tequatrovirus	腸内細菌ファージ T4	分子遺伝学初期の代表的対象
			Muvirus	腸内細菌ファージ Mu	
	Herelleviridae	Spounavirinae	Okubovirus	バシラスファージ SP01	
	Siphoviridae		Lambdavirus	腸内細菌ファージ λ	溶原性ファージの代表
			Fromanvirus	マイコバクテリアファージ L5	
	Podoviridae	Autographivirinae	Teseptimavirus	腸内細菌ファージ T7	
Herpesvirales	Herpesviridae	Alphaherpesvirinae	Simplexvirus	ヒト α ヘルペスウイルス 1, 2	単純ヘルペス
		Betaherpesvirinae	Cytomegalovirus	ヒト β ヘルペスウイルス 5	サイトメガロウイルス
		Gammaherpesvirinae	Lymphocryptovirus	ヒト γ ヘルペスウイルス 4	EB ウイルス，ヒトがんウイルス
- 目未分類 -	Poxviridae	Chordopoxvirinae	Orthopoxvirus	天然痘 (variola, smallpox) ウイルス	ポックスウイルス．史上初根絶
	Adenoviridae		Mastadenovirus	ヒトアデノウイルス (HAdV)	科では 74 種記載．A-G の 7 分類
	Polyomaviridae		Polyomavirus	アカゲザルポリオウイルス	サルウイルス 40 (SV40)
	Papillomaviridae	Firstpapillomavirinae	Alphapapillomavirus	ヒトパピローマウイルス 16	子宮頸がん．科では 134 種記載
一本鎖 DNA ウイルス (ss DNA virus)					
- 目未分類 -	Circoviridae		Circovirus	ブタサーコウイルス -2	離乳後多臓器性発育不良症候群 (PMWS) など
	Parvoviridae	Parvovirinae	Erythrovirus	ヒトパルボウイルス B19 (PVB19)	リンゴ病
亜ウイルス粒子					
ウイロイド	Pospiviroidae		Cocadviroid	ココナッツ カダンカダン ウイロイド	ヤシ科植物の致死性の病気
	Avsunviroidae		Avsunviroid	アボカド サンブロッチ ウイロイド	アボカドに重篤な病気
サテライト	サテライトウイルス				
	サテライト核酸				
プリオン			哺乳類プリオン	BSE プリオン，CJD プリオン，スクレイピープリオン	
			真菌プリオン	酵母プリオン	

ICVT のウイルス一覧表 2018 年版（巻末の参考文献 2-16）より改変．ウイルス 7 大分類は，David Baltimore に基づく．

7・3・2 エイズウイルス(HIV)

エイズすなわち後天性免疫不全症候群 (acquired immunodeficiency syndrome, AIDS) の原因はレトロウイルスの一種のヒト免疫不全ウイルス (human immunodeficiency virus, 略して HIV) であり,レンチウイルス属に分類される(図7・7a)."lenti-"はラテン語で「遅い」の意味である(表7・1).

主な感染経路は性交,血液,母児感染の3つあるが感染力は弱い.血液製剤に混入していたウイルスによる感染は,薬害として社会的に問題になった.ヘルパーT細胞を破壊するため免疫力が低下し,他の各種病原体による日和見感染症やがんの発生を誘発する.

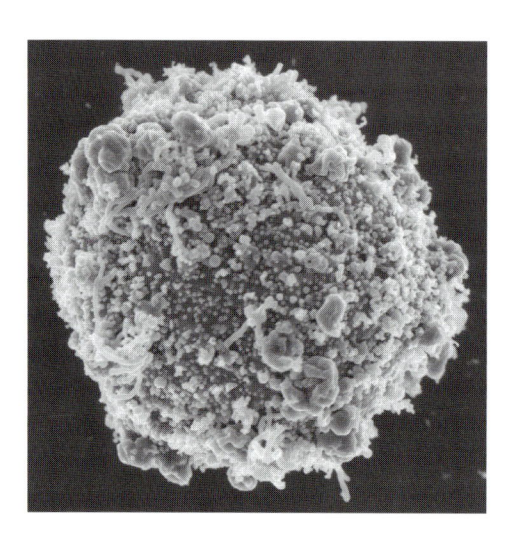

a. 白血球に感染したエイズウイルス(HIV)

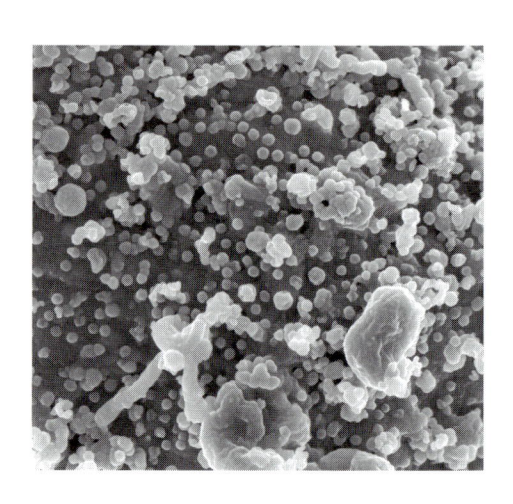

b. 左の拡大図

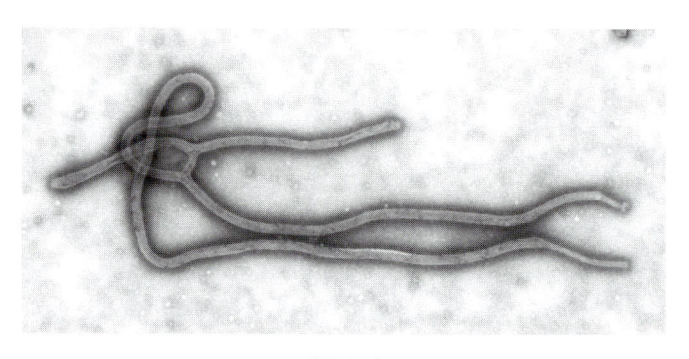

c. エボラウイルス

図 7・7 新興感染症のウイルス
 a,bとも走査型電子顕微鏡像(写真提供:国立感染症研究所).c:透過型電子顕微鏡像(出典:CDC/ Cynthia Goldsmith. ID# 1832).

無症候性キャリアの時期が長く平均10年続いた後，リンパ節腫脹を主な徴候とする時期を数年経る．その後現れるさまざまな症状のうちHIVそのものによるのは末期のエイズ脳症くらいで，あとの発熱，全身倦怠感，体重減少，ニューモシスティス肺炎（カリニ肺炎），カポジ肉腫，結核，帯状疱疹，口腔カンジダ症など多岐にわたる症状は日和見感染症によると考えられる．

エイズはもともとアフリカの猿類のものだったウイルスが1950年代新たにヒトに感染するようになったようで，1981年にはじめて明確に症例報告された．エイズ発見後の累積感染者はおよそ6500万人，累積死亡者はおよそ2500万人である．感染者が最も多い地域は，約7割を占めるサハラ砂漠以南のアフリカ地域で，ついで東南アジア，南アジア，中南米，北米と続く．旧ソ連圏や中国は新興流行地で，麻薬の静注により1990年代中頃から流行が加速している．

HIVは変異がきわめて速く，ワクチンが作れない．治療薬としては逆転写酵素阻害剤とプロテアーゼ阻害剤がある．前者には化学構造がヌクレオチドに似た核酸系阻害剤と非核酸系阻害剤とがあり，後者はHIVのタンパク質が成熟するときに働く特殊なPhe-Pro間切断プロテアーゼを阻害する（図9・2c）．無症状感染期からの多剤併用療法（カクテル療法）によりウイルスの増殖が抑えられれば発症と進行は食い止められるようになったが，完治させる段階には至っていない．そこで感染者は年間100万円もかかる薬を生涯飲み続けなくてはならない．また発症が抑えられているだけなのに誤った安心感も生じうる．日本や欧米の先進諸国では新規感染者数が増加を続けている．

7・3・3 がんウイルス

ウイルスにはヒトや実験動物にがん†を引き起こすものもあり，がんウイルス（oncogenic virus）あるいは腫瘍ウイルス（tumor virus）とよばれる．ヒトでは6種類が知られ，すべてのがんの約15％がウイルスによると見積もられているが，今後も新たに判明してくると推測される．がんウイルスは分類学上のまとまりはない（表7・1）．ヒトT細胞白血病ウイルス1型（HTLV-1）はレトロウイルスであり，成人T細胞白血病（ATL）などの疾患を引き起こす．肝がんを起こすC型肝炎ウイルス（HCV）とともにRNAをゲノムにもつ．一方，カポジ肉腫を起こすヘルペスウイルス（KSHV）のほか，ヒトパピローマウイルス（HPV，子宮頸がん），EBウイルス（EBV，バーキットリンパ腫，上咽頭がん，胃がんなど），B型肝炎ウイルス（HBV，肝がん）はDNAウイルスである．

最初に見つかったがんウイルスはニワトリに肉腫を生じさせるラウス肉腫ウ

† がん（cancer）と癌（carcinoma）；がんとは悪性腫瘍（malignant tumor）と同義であり，他の組織に侵入したり（浸潤），そこで増殖して新たながん巣を形成したり（転移）する腫瘍（tumor）を指す．癌は癌腫ともよばれ，がんのうち上皮細胞由来で塊を形成するものである．すなわち筋肉細胞由来の肉腫および血液のがんである白血病や悪性リンパ腫などと癌とを合わせたものががんである．がんを広く対象とする「がんセンター」などは平仮名で書く．本書では支障のない限り統一的に「がん」と表記する．

イルス（RSV）である．1911年にペイトン・ラウス（Rous, P.）が発見したこのレトロウイルスは急性のがんの原因となる遺伝子をもち，肉腫（sarcoma）から src と名づけられた．その後，このがん遺伝子（oncogene）にきわめて近い構造の遺伝子が宿主のゲノムにも見つかり，科学者に衝撃を与えた．このような宿主の遺伝子をがん原遺伝子（protooncogene）とよぶ．その後長い時間がかかったが，がんの全般的な分子メカニズムが解明されてきた．

がんとはそもそもヒトや動物の細胞自体が変化したものである．がん原遺伝子とは細胞分裂や分化，血管新生，侵入，細胞死†など宿主の正常な機能に関わる遺伝子であり，増殖因子やその受容体，Gタンパク質，タンパク質リン酸化酵素，転写調節因子など細胞情報伝達系で働く多くのタンパク質をコードしている．これが機能獲得型突然変異（gain-of-function mutation）を起こして優性に働くようになったものががん遺伝子である．一方，機能喪失型突然変異（loss-of-function mutation）によって劣性にがん化が促されるがん抑制遺伝子（tumor suppressor gene）も見つかった．これはもともと細胞分裂を抑制的に制御する遺伝子である．化学物質や放射線のような発がん因子（carcinogen）などによってこれらの突然変異が蓄積された結果，細胞の形質が転換（transform）されて無限定に増殖するようになってがんが発生する．

がんウイルスも宿主細胞の増殖に関わるこのような細胞情報伝達系を撹乱する．ラウス肉腫ウイルス（RSV）のような急性腫瘍レトロウイルスは宿主由来のがん遺伝子をもっており，それによって細胞を速やかに形質転換するが，ヒトのがんではこのような例は知られていない．同じレトロウイルスでもヒトTリンパ球向性ウイルスはがん遺伝子をもたない慢性腫瘍ウイルスであり，体内に長期間潜伏持続感染して低い確率でがんを引き起こす．このような慢性腫瘍レトロウイルスは宿主染色体の がん原遺伝子の近傍に挿入されてそのプロモーターやエンハンサーなどを活性化する．またDNA腫瘍ウイルスでは，ウイルスのタンパク質成分が宿主細胞の がん抑制遺伝子の産物と結合してその活性を阻害する．

ウイルスによる がんは，感染経路を断ったりワクチンを投与することで予防できるし，薬物による治療法もある．性行為で感染するパピローマウイルス（HPV）が男性で引き起こす陰茎がんの発症頻度は低いが，女性には高い頻度で子宮頸がんを起こす．EBウイルス（EBV）は一般に唾液を介して感染する．ほとんどのヒトはEBウイルスに感染しているが，これによるがんはマラリアの流行地など限られた地域でのみ発生する．

肝炎（hepatitis）は病原体による肝臓の炎症で，一部は細菌によるが大部分

† 細胞死（cell death）；大きくネクローシスとアポトーシスの2つに分けられる．ネクローシス（necrosis）は怪我や火傷など物理的な損傷や血液の停滞などエネルギー不足で起こる壊死である．細胞は膨張し破裂するため，それを処理しようとする身体の反応で炎症が起こる．一方，アポトーシス（apoptosis）はあらかじめ遺伝子にプログラムされた「自殺」である．核と細胞は縮小して断片化し，最終的にマクロファージ（8・1・3項）に貪食される．オタマジャクシの尾がなくなるのも，胎児の丸い手のうち指と指の間の細胞が死んで指が彫り出されるのもアポトーシスである．このような制御を受けなくなった がん細胞でも放射線や抗がん薬でアポトーシスを誘導できる場合があり，がん治療に利用されている．

はウイルスによる．肝炎ウイルスはA～E型とG型の6つが知られており，それぞれ症状や感染経路は異なり類縁関係も離れている（表7・1）．このうちB型とC型はがんウイルスであり，肝がんの9割以上がこのいずれかのウイルスによる．ここで他の肝炎ウイルスもまとめて述べる．

日本で多いのはA，B，Cの3型である．A型は患者数は多いが大半は自然治癒し，治療は対症療法で間に合う．水を介して糞便から経口感染し，成人で急性症状が起こる．黄疸が出て身体倦怠感がしばらく続くが通常は回復して免疫ができる．水中でもきわめて安定だが，日本では水道水の塩素消毒が始まった1950年代からいなくなった．しかしそれ以降に生まれた人は免疫ももたないため，途上国に旅行して生水を飲んだり生ガキを食べたりするのは要注意である．

B型は母児感染で免疫機能の弱い新生児に伝わると一生の持続感染となるが，事前にわかればA型と同じくワクチン接種で予防できる（口絵⑨ d）．一方，免疫機能が正常な成人が輸血や性交などで感染すると，普通は急性の一過性感染で終わり治癒する．しかし感染者の約1％は重い激症肝炎となる．C型に比べれば慢性化することは少ないが，遺伝子型の異なるB型ウイルスが海外から侵入し，一部は肝硬変から肝がんに移行する．

C型はヒトの免疫機構をかいくぐる厄介なウイルスなので慢性化の確率が高い．母児感染もするが，日本では戦後しばらく注射器の使い回しや輸血により急増した．ウイルス感染者は数百万人にのぼると見積もられ，わが国最大の感染症である．衛生状態が改善された後も，出産や手術時の止血用非加熱血液製剤で感染した医原性患者が多い．一般に最初は軽症か無症状だが大部分は慢性化し，長い潜伏期間を経て肝硬変から肝がんを起こす．肝炎の段階ではインターフェロン†と抗ウイルス薬による治療で半数以上が治癒あるいは改善される．危険性が判明してからも患者に具体的な警告や加療をしなかった製薬会社や厚生省（当時）の責任が，長期間にわたってねばり強く問われた結果，国として対策を取ることになった．

E型はA型と同じく対症療法で治療できる．D型は発症数が少ない．G型は単独では明確な肝病原性が知られていない．

7・4 亜ウイルス因子

ウイルスより小さな遺伝因子にウイロイドとサテライトがある．ウイロイド（viroids）は自己複製能をもつ300塩基前後の小さな環状一本鎖RNAで，タンパク質を含まない．植物体内に入り込んで増殖し，農作物の病気を引き起こ

†インターフェロン（interferon）；ほとんどの動物細胞が産生・分泌するウイルス抑制因子．分子量約2万の糖タンパク質で，INFと略される．ウイルス感染によって産生が誘導される細胞外信号物質であり，幅広いウイルスの増殖を抑制するので，ウイルス相互の干渉現象（viral interference）の主要な因子でもある．ウイルス感染の治療薬としても実用化されており，ワクチンより作用スペクトルは広いが持続時間が短い．がんの治療薬としての有効性もある．

すことで認識されたが，症状を示さないものもある．現在約30種が見つかっており，ICTVの第9回報告（2012年版）には2科8属が記載されている（表7・1）．一部のウイルス（デルタウイルス）と塩基配列上の類縁性が認められるがタンパク質の外被をもっておらず，一般のウイルスとは進化的起源が異なっている．タンパク質をコードする遺伝子をもたず，246残基のココナッツカダン‐カダン病ウイロイド（coconut cadang-cadang viroid, CCCVd）から375残基の柑橘エクソコルティス病ウイロイド（citrus exocortis viroid, CEVd）まである．今のところヒトや動物での感染症は知られていない．

サテライト（satellites）は単独では自己複製する能力がないため他のウイルス（ヘルパーウイルス）とともに宿主細胞に共感染する必要のある遺伝性粒子である．サテライトにはサテライトウイルスとサテライト核酸の2種がある．前者は核酸とタンパク質からなり，自らのゲノムを包む外被タンパク質をコードする遺伝子を含む．後者はタンパク質の遺伝子をまったく含まないかあるいは少なくとも外被タンパク質遺伝子は含まない核酸であり，ヘルパーウイルスの外被に包まれる．もっともよく知られたサテライトは単鎖RNA植物ウイルスをヘルパーにする単鎖RNAサテライトである．植物のほかに真菌や無脊椎動物を宿主とするものも見つかっている．

プリオン（prions）は感染性のタンパク質粒子で，核酸を含まず遺伝性はない．精製された感染性の試料にはプリオンタンパク質をコードする遺伝子もウイルス様の外被タンパク質なども含まれない．

プリオンは，宿主生物の染色体（ヒトでは第20染色体）にコードされた正常なタンパク質が変化して感染力をもった異常なアイソフォームである（図7・8）．すなわち異常プリオンタンパク質（PrP^{Sc}）ともとの正常プリオンタン

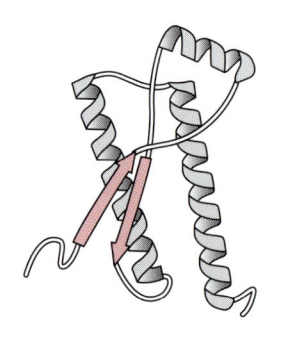

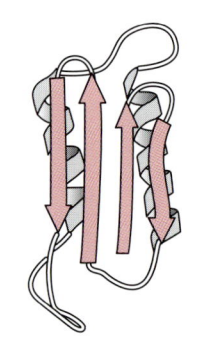

a. 正常型　　　b. 異常型

図 7・8　プリオン
a：正常プリオン PrP^C と b：異常プリオン PrP^{Sc} の立体構造．

パク質（PrP^C）は立体配座†が違うだけでアミノ酸配列は同一である．PrP^{Sc} は PrP^C に接触すると PrP^{Sc} 型に変えてしまうため，宿主に PrP^{Sc} が蓄積していく．これは一種の増殖（proliferation）ではあるが，生物や核酸分子の場合とは異なり複製（replication）ではない．

　プリオンが原因となる疾患をプリオン病と総称する．プリオン病にはウシの狂牛病（mad cow disease, 牛海綿状脳症 bovine spongiform encephalopathy, BSE），ヒツジのスクレイピー，ヒトの変異型クロイツフェルト-ヤコブ病（variant Creutzfeldt-Jakob disease, CJD）などがある．異種間で感染する場合があるため，狂牛病のウシからその肉を摂食したヒトへの感染が恐れられ，大きな社会問題になった．プリオン病には感染性（infectious）のほかに孤発性（sporadic）と家族性†（familial）のものがある．家族性 CJD ではプリオン遺伝子の1残基置換で PrP^{Sc} に変換しやすくなっているので，この危険因子は遺伝する．日本では感染要因や遺伝子異常の認められない孤発性 CJD がもっとも多い．これは狂牛病が社会問題になる前から知られていた従来型の CJD であり，平均発病年齢は 63 歳である．

　哺乳類以外に真菌の酵母でもプリオンが見つかっており，研究のモデル系としても利用されている．

† 立体配座（conformation）；化学結合の回転によってその両端の原子団を構成する原子の相互位置が変化して生じる種々の形態．グルコースの椅子形と船形やペプチドの α-らせんと β-ストランドなどの例がある．D 体と L 体やシス形とトランス形のように化学結合の再編成が必要な立体配置（configuration）とは異なる．プリオン病のほかアルツハイマー病やパーキンソン病などの神経変成疾患はタンパク質の立体配座の変化が要因になっているとして，立体配座病（conformation disease）の概念が提唱されている．

† 家族性（familial）；特定の疾患や形質がある家族（家系）に集中して発生すること．「孤発性」に対する概念．「遺伝性（遺伝的）」とほぼ同義だが，発症・発現のメカニズムではなく現象に着目した概念．プリオン病のほか腫瘍，代謝異常症，神経疾患などに幅広く用いられる．

Box 7　マンガやアニメに見る微生物

ⅰ. 最近のマンガとアニメ

　石川雅之による『もやしもん』は，細菌やカビなどの微生物を肉眼で見ることのできる特殊な能力をもった青年が農業大学に入学し活躍する物語である（図7・9a）．各種の乳酸菌やコウジカビ，酵母，腐敗菌など多彩な菌が学名つき（ただしカタカナ書き）のかわいいキャラクターとして主役級の頻度で登場する．「醸す」というキーワードをしばしば口にするこれらキャラクターは，他の漫画家の人気作品『のだめカンタービレ』や『喰いタン』などに出張出演したこともある．メジャーなマンガ賞を受けアニメ化もされており，題材のマイナーさを越えた社会的な広がりを示している．

　微生物は宮崎 駿のアニメにも頻出する．『風の谷のナウシカ』の主人公は農業を主産業とする小国の王女であり，地下に秘密の個人研究室を構える．瘴気という猛毒を産生することから「腐海」とよばれ恐れられている森は巨大な菌類や苔類・シダ類などからなるが，ナウシカはその粘菌の胞子を水耕栽培したら無毒に育つことを見いだした．探求の結果，これらの菌類はかつて人類が汚染した地球を浄化しており，瘴気はそのバイオレメディエーション（11・3節）の過程で一時的に発生する副産物だという逆説的な真実を発見する．

　宮崎作品ではほかにも感染症が描写されている．第二次世界大戦後の農村を舞台とする『となりのトトロ』では，主人公の姉妹の母親は全編一貫して結核の療養所（サナトリウム）にいて，幼い主人公たちの精神的な支えになっている．室町時代後期に舞台設定された『もののけ姫』では，たたら製鉄集団の中にハンセン病患者が描かれている．一般社会で差別を受け排除されたが，このたたら場で居場所を承認され，高性能な火器の開発に力を注いでいる．

a. 石川雅之『もやしもん』
© 石川雅之／講談社

図7・9　マンガに登場する微生物

ii. 古典的作品

多産な手塚治虫の作品群にも微生物はしばしば登場する．『火の鳥』「黎明編」では，古代を舞台に，高熱にうなされる患者にアオカビをすりつぶして飲ませることで治療する場面が描かれている（図7・9b）．物語の中でまじないや祈祷より進んだ医療行為と位置づけられ，抗生物質ペニシリンの解説も添えられている．手塚は医学部を卒業し医師免許をもつ漫画家であり，天才医師が主人公の『ブラックジャック』をはじめ医療現場を舞台にした多数の作品がある．したがって感染症やその患者が登場するエピソードも多い．

『火の鳥』「未来編」や『鉄腕アトム』の一話では，小さな生物にさらに小さな生物が寄生するという微生物世界の入れ子構造がイメージされており，レーウェンフック（1・2節）がはじめて微生物を発見した当時の人々の新鮮な感動を追体験するかのようだ．

日本のマンガやアニメは，フランスをはじめとする欧米やアジア諸国でも人気を博している．この潮流には，もの珍しいオタクなサブカルチャーの面だけではなく，内容豊かな日本文化の堅実な一部門という面もある．日本に限らず世界の神話や童話に伝わる古来の文化には，人間中心主義的なドラマばかりに終始せず他の動物などにも大役を振るアニミスティックな志向があるが，日本のマンガではそれが微生物さえ取り込むほどに厚くて深くなっていると考えられる．

環境問題論議の中では，「地球生態系を守る」という目標に対して「それは人間のエゴイズムを裏に隠したごまかしに過ぎない」という反論があるが，精神の古層に根ざすこの志向を生かすことができれば，素直な解決の道が拓かれるのではないか．

b. 手塚治虫『火の鳥』黎明編
© 手塚プロダクション

練習問題　第 2 部

4-1. グラム陽性菌に関する次の文の（　）には最適な語句や記号などをあてはめよ．また [　] には微生物の学名（門や属，種の名）を書け．

　A) 低（1　）グラム陽性菌　=　[2　　　]

　　a) [3　] 属；ブドウ球菌ともいう．このうち [3　] *aureus* は（4　）色ブドウ球菌ともいい，毒素性食中毒や院内感染を引き起こす．次の b) とは異なり（5　）は形成しない．

　　b) [6　] 属；熱や乾燥，化学物質等に抵抗性の高い（5　）を形成する．腐生的な土壌菌が多い．[6　] *subtilis* の和名は（7　）菌であり，発酵食品である（8　）を作る亜種を含む．[6　] *anthracis* は和名を（9　）菌といい，生物兵器に使われるのも，（5　）で簡易に保管，散布できるためである．

　B) 高（1　）グラム陽性菌　=　[10　　　]

　　c) [11　] 属；非運動性の好気性土壌細菌で，一端が膨らんだ棍棒状の特徴的な形態を示す．医薬品の原料にもなる（12　　）という栄養素を生産する有用菌 [11　] *glutamicum* を含む一方，（13　）を起こす病原菌 [11　] *diphtheriae* も含む．

　　d) [14　] 属；この属のうち [14　] *tuberculosis* は（15　）の，[14　] *leprae* は（16　）の，それぞれ起因菌である．これらは第二次世界大戦後に（17　）などの抗菌薬が開発され，新規患者数は激減した．

5-1. プロテオバクテリアに関する次の文の（　）には最適な語句や記号などをあてはめよ．[　] には微生物の学名（属名か種名）を書け．

　A) α-プロテオバクテリア

　　a) [1　] 属など；(2　) 科植物の根に共生して（3　）という構造体を形成し（4　）固定を行なう．（3　）細菌ともよばれる．

　　b)（5　）菌；（5　）発酵によりエタノールから（5　）を産生する．ただしこの「発酵」は気体の（6　）を必要とする（7　）気的代謝である．[8　] 属と [9　] 属が代表的．他にもたとえばソルボースを部分酸化してビタミン（10　）すなわち（11　）を製造できる．

　B)（12　）- プロテオバクテリア

　　c) [13　]；和名は大腸菌という．分子生物学の研究材料として長く使われている．ヒトなどの（14　）に棲み，サルモネラ菌や赤痢菌とともに（14　）細菌目に含まれる．（15　）性嫌気性．

　　d) [16　] 属；（14　）細菌目と違い，海や淡水に棲む．重篤な感染症を引き起こす（17　）菌を含む．

6-1. 光合成細菌にはどのようなタイプのものがあるか．光合成の反応メカニズムや系統分類上の位置づけを含め，箇条書きにまとめよ．

6-2. 次の各組の微生物等は，それぞれ広い意味では 4 者とも同一群に分類されるが，より狭い意味では 3 者だけが同一の群に入る．この意味で「仲間はずれ」になるものをそれぞれ選んで○をつけた上，4 者が共通に入る群の名と 3 者だけが入る群の名を答えよ．

　A) クラミジア，マイコプラズマ，メタノコッカス，リケッチア

　B) 大腸菌，根粒菌，枯草菌，ピロリ菌

　C) 赤痢菌，コレラ菌，チフス菌，ペスト菌

7-1. 真核生物の 5 大群（図 7・2）について，それぞれに含まれる有用菌，病原菌，巨視的多細胞生物の 3 種の主要な例を一覧表にまとめよ．有用菌については具体的な利用法を，病原菌については病名も含めること．

7-2. ウイルス，真核生物，細菌，古細菌の 4 つについて，細胞構造の有無，細胞小器官の有無，リボソームのサイズ，遺伝物質，細胞膜脂質，抗生物質の効果（効くか効かないか）などについて対比せよ．

第3部 応用編
赤・白・緑のテクノロジー

8. 感染症 ― 病原体とヒトの攻防 ―
9. レッドバイオテクノロジー（医療・健康）― 命を支える微生物 ―
10. ホワイトバイオテクノロジー（発酵工業・食品製造）― おいしい微生物 ―
11. グリーンバイオテクノロジー（環境・農業）― 緑の地球を守る微生物 ―

前半では医療への関わり，後半では産業への応用を取り上げます．8章では病気を起こす悪玉菌，9章以下では社会に役立つ善玉菌が登場します．バイオテクノロジーの分野は色にたとえて3大別されます．赤は医薬，白は工業，緑は農業や環境の分野です．さらには灰色で環境浄化，青で海洋技術を区分することもあります．いずれにせよ微生物は，増殖が速く（2・3節），変異しやすく，代謝が多様で（3章），極端な環境でも元気なものがあること（2・2節）などの特長から，これら幅広い技術分野で利用されています．

8. 感染症
― 病原体とヒトの攻防 ―

　微生物のうちヒトや動植物に病害を及ぼすものはごく一部ですが，その影響は甚大です．世界の3大感染症であるエイズ，結核，マラリアはそれぞれウイルス，細菌，原虫が病原体であり，毎年100万から200万人もが死亡しています．そのほかコレラやアフリカ睡眠病でも多くの人々が犠牲になっています．一方で微生物学の進歩によって先進国ではこの1世紀で患者数が激減し，ヒトの主な死因は感染症から循環器の病気やがんに移ってきました．天然痘が根絶されるなどの成果も上がっています．

8・1 感染と防御

8・1・1 感染性と病原性

　病原体が身体内に侵入し，増殖する足がかりを得ることを感染（infection）という．感染の結果生体に異常を生じることを発病といい，その病的状態を感染症（infectious disease）という．感染症のうちヒトからヒトにうつるものを伝染病（communicable disease）とよぶ．非伝染性の感染症には，土壌中の芽胞による破傷風や化膿菌による単発性の敗血症[†]などがある．病原体を保有して感染源となりうるヒトを保因者（carrier）というが，患者ではなくとくに無症状の場合を指す．

　微生物が宿主の体内で安定に増殖できるか否かを感染性（infectiousness）という．一方，感染した微生物が病気を引き起こすか否かを病原性（pathogenicity）とよぶ．したがって非感染性の微生物はそもそも非病原性である．第3に，その病原体（pathogen）による疾患がどれくらい重篤であるかを毒性（virulence）という．毒性が高い病原体を強毒性，低いものを弱毒性という．毒性が程度の差を示す連続的な概念なのに対し，病原性は本来，上で述べたように「あるかないか」の二値的な概念だった．しかし健康なヒトには病気を引き起こさない常在菌でも，体力の衰えたヒトには日和見感染症（8・5節参照）を起こすよう

[†] 敗血症（septicemia, sepsis）；体内の感染巣（focus）から病原体やその代謝産物が持続的に血流中に送り出されることによって起こる全身性の病態の総称．感染症が全身に波及した重篤な状態で，治療しなければショックや多臓器不全などで死にいたる．血液中に病原体が侵入しただけの菌血症（bacteremia）やウイルス血症（viremia）は健常者でも起こることがあり，区別される．

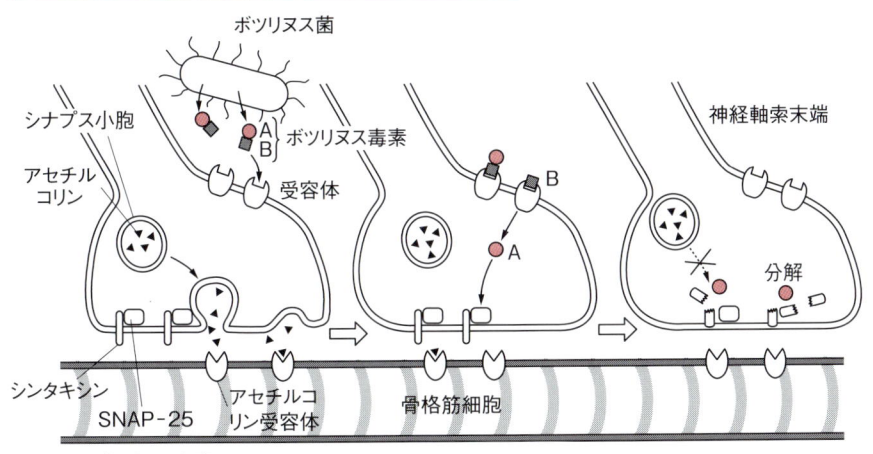

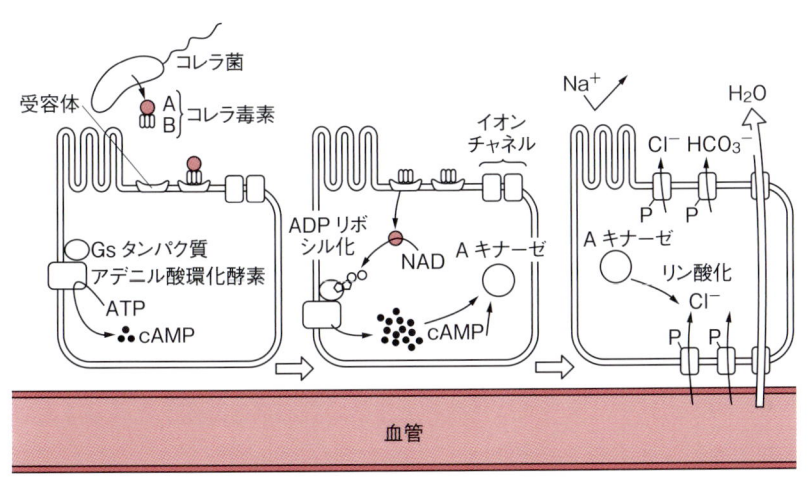

図 8・1 病原菌毒素の作用
a. ボツリヌス毒素は神経軸索末端でシンタキシンや SNAP-25 とよばれるタンパク質を分解することによってシナプス小胞の細胞膜への融合を妨げる. b. コレラ毒素は Gs タンパク質を ADP リボシル化することによって cAMP の産生を高め, イオンチャネルを活性化する.

な例が増えたため,「高病原性」とか「低病原性」などと程度の差を表す言い方もされ, 同義語のようになった.

病気を引き起こす毒性因子 (virulence factor, 病原因子) の中核に外毒素と内毒素がある. 外毒素 (exotoxin) は病原菌が細胞外に分泌し宿主細胞を障害するタンパク質毒素である. コレラ菌はコレラ毒素 (p73), ボツリヌス菌はボツリヌス毒素, 百日咳菌は百日咳毒素 (p69) を分泌し, それぞれの組織や器官に特異的に作用し特徴的な障害を起こす (図 8・1).

外毒素の分子メカニズムは様々だが，多くは細胞溶解毒素（cytolytic toxin），A-B 毒素（A-B toxin），超抗原毒素（superantigen toxin）の 3 つのいずれかに分類できる．細胞溶解毒素は細胞膜を障害して細胞を溶解するもので，孔（pore）を形成するものやリパーゼ活性をもつものなどがある．第 2 の A-B 毒素は，細胞表面の受容体に結合（**b**ind）する B サブユニットとそれに導かれて細胞内に侵入し特異的な障害を起こす活性的（**a**ctive）な A サブユニットの 2 つのポリペプチドからなる．たとえばボツリヌス毒素は神経筋接合部のシナプス前膜に結合してアセチルコリンの遊離を妨げ弛緩性麻痺を起こす神経毒素（neurotoxin）であり（図 8・1a），コレラ毒素（5・3・3 項）は腸管の上皮細胞に侵入してアデニル酸環化酵素を活性化し，イオンと水の排出を促進して激しい下痢を起こす腸毒素（enterotoxin）である（図 8・1b）．第 3 の超抗原毒素は免疫担当細胞を過剰に活性化して激しい炎症や発熱，発疹，ショックなどを起こす．

内毒素（endotoxin）はグラム陰性細菌の細胞壁を構成するリポ多糖（LPS，1・4 節）である．LPS は菌体構成成分なので，外毒素と違い積極的には放出されないが，菌体が破壊されると大量に遊離され，発熱や下痢，炎症，ショックなどを起こす．したがって，治療のために殺菌性抗生物質を投与することによって，かえって内毒素ショックを誘発する危険性にも注意する必要がある．ただし単位重量あたりの毒性は外毒素より桁違いに小さい．

これら直接的な障害を起こす毒素のほかにも，組織への細菌の定着を援助したり，菌の表層構造を変えて免疫系の生体防御機構を回避する因子などさまざまな毒性因子がある．前者にはヒアルロニダーゼやコラゲナーゼなど細胞外マトリクス† を分解する酵素が含まれる．これらの酵素は細菌が宿主の器官に定着し広がるのを助ける．

プロテオバクテリアを主とするグラム陰性菌には，長い中空の針を宿主細胞に突き刺して，まるで注射器のように病原因子を注入する装置をもつものがある．サルモネラ菌や病原性大腸菌などには TTSS（口絵①），ピロリ菌や百日咳菌などには TFSS と略される分泌機構があり（1・4 節），細胞骨格の破壊や信号伝達系の撹乱，アポトーシス（7・3・3 項）の開始などを導くタンパク質を移行させる．

病原体の多くは細胞内に侵入するが，連鎖球菌やブドウ球菌，コレラ菌，百日咳菌などは偏性細胞外寄生体である．結核菌やサルモネラ菌，レジオネラ菌などは通性細胞内寄生体であるのに対し，すべてのウイルスのほかクラミジアやリケッチアは偏性細胞内寄生体である．ウイルスが標的細胞の表面タンパク質などに結合して宿主の飲作用を利用して入り込むのに対し，細菌は大きいの

---

† 細胞外マトリクス（extracellular matrix）；高等生物の組織中で細胞外に存在する安定な生体構造物．細胞が生合成し外側に分泌，蓄積した生体高分子の複雑な会合体．動物では皮膚の真皮，眼のガラス体，軟骨，骨など結合組織に多く見られる．グリコサミノグリカン（GAG，ムコ多糖 p56）を結合したプロテオグリカンとコラーゲンが主．GAG にヒアルロン酸やコンドロイチンなどがある（p56）．植物では細胞壁のセルロースやリグニン（p66, p89）が代表的．

で食作用を利用する場合が多い．それらはリソソームによる分解に抵抗するしくみをもち，マクロファージなど細胞性免疫を担当する貪食細胞内でのみ増殖するものもある．

　病原菌には以上のように様々な毒性因子があり，これらをコードする毒性遺伝子（virulence gene）の多くは染色体上の病原性の島（pathogenicity island）とよばれる特定の場所や染色体外の毒性プラスミドに集合している（1・4 節）．病原性の島は染色体を出入りできる構成になっており，バクテリオファージ（7・3 節）によって菌から菌へ伝達される．たとえばジフテリア毒素の遺伝子はバクテリオファージ β（表 7・1）が運ぶため，このファージが感染していなければ同一の宿主株でも病原性はない．コレラ毒素やボツリヌス毒素も同様である．

8・1・2　感染の諸様式

　病原体が長期に存続する場には生物と無生物がある．破傷風菌やボツリヌス菌のような強靭な菌（4 章）は土壌を本来のすみかとするが，多くの場合はヒトや動物を定住地とする．病原体の感染様式は 3 つに大別できる．水や食物などの共通感染源を媒体（vehicle）として短期間に多数のヒトに蔓延する場合，一人のヒトから他のヒトに逐次感染する場合，そして昆虫などの媒介動物（vector，ベクター）による場合である（表 8・1）．

　ヒトからヒトへの感染では，性行為のような直接接触（direct contact）による場合と，くしゃみや咳の飛沫や糞尿，分泌物，血液などを介した間接接触（indirect contact）による場合とがある．また母児感染のように親から子に伝わるのを垂直†感染（vertical transmission），世代にかかわらずヒトの間であるいは動物から伝わるのを水平†感染（horizontal transmission）と対比する．

　病原体の侵入門戸には皮膚と粘膜がある（図 8・2）．健常者の皮膚は堅固な防壁であるため，経皮感染はそれを破らなければ生じない．化膿菌は創傷で，狂犬病ウイルスは咬傷でそれぞれ侵入し，日本脳炎ウイルスはカ（蚊）の吸血作用に依存して皮膚の防壁をかいくぐる．

　一方，消化器や呼吸器，生殖器などの粘膜は侵入しやすい．経気道感染症の多くは呼吸器の疾患であり，経口的感染症の多くは消化系に症状を引き起こすが，全身に影響を及ぼすこともある．気道から入る病原体のうちでもインフルエンザウイルスは呼吸器にとどまり血流にはほとんど出てこない局所性感染だが，麻疹ウイルスは血流を介し全身性に広がる．同じ粘膜でも，細菌は粘膜の表面で増えるものが多いのに対し，ウイルスのすべてと細菌の一部は粘膜細胞内に侵入する．

† 垂直と水平；親から子へ生殖を通じて伝わる様式を垂直，同じ環境にいる個体間で接触などによって伝わる様式を水平とよぶ．親子間でも出産後に食物や呼気で感染する場合は水平感染という．感染症だけではなく遺伝子の伝達などでも共通にこの概念が使われる．高等動植物の進化では遺伝子は垂直伝達のみで伝わるが，原核生物の変異や進化では，遺伝子の水平伝播（lateral gene transfer）が重要な役割を果たしている（p72，p85 など）．

表 8·1　感染症の感染経路と性格

感染様式	感染経路[b]	性質・媒介物など	感染症[a,c]	遮断法[c]
共通感染源による	経口	消化器系感染症など		
	食物感染 foodborne t.	食物	**ボツリヌス症**, サルモネラ症, <u>出血性大腸炎(O157)</u>, ノロウイルス症, カンピロバクター症, ヘリコバクター症, A型肝炎	加熱, 手洗い, 箸
	水系感染 waterborne t.	飲料水, 水浴	腸チフス, パラチフス, コレラ, 細菌性赤痢, ポリオ, A型肝炎	塩素消毒, 生水回避, 飲料水煮沸
ヒトからヒトへ	経気道	呼吸器系感染症など		
	飛沫感染 droplet t.	飛沫（咳, くしゃみ）, 飛散は1m以内	天然痘, SARS, ジフテリア, **高病原性鳥インフルエンザ**, 風疹, 百日咳, 脊髄膜炎, 各種かぜ症候群	マスク, 距離
	空気感染 airborne t.	埃（dust）, 飛沫核（droplet nuclei）, 1m以上	結核, 麻疹, 水痘（こちらは乾燥に強い病原体）	掃除, 洗濯, 日光, 個室, マスク
	経泌尿生殖器	泌尿生殖器系感染症		
	水平感染 horizontal t.	性行為感染症, 直接接触	*梅毒, 淋病, エイズ, 子宮頸癌（パピローマ）, クラミドモナス症, トリコモナス症, クラミジア症*	禁欲, コンドーム
	垂直感染 vertical t.	母児感染（胎盤, 産道, 卵など）	*梅毒, 淋病, エイズ, B型肝炎, C型肝炎*	事前診断, 予防接種
	経皮, 経粘膜ほか	間接接触（タオル, 寝具, 食器, 手, 唇, 血液など）	エボラ出血熱, ラッサ熱, クリミア-コンゴ熱, マールブルグ熱, ハンセン症,	手洗い, 風呂, お辞儀, 体液への接触回避
動物媒介 vectorborne t.		人獣共通感染症など		
節足動物媒介	経皮	昆虫（カ, ノミ, シラミ）やダニ	クリミア-コンゴ熱, ペスト, **発疹チフス**, マラリア, 日本脳炎, 黄熱, 西ナイル熱, ライム病, アフリカ睡眠病など, 多数	予防接種, 網戸, 蚊帳, 長そで・長ズボン, 蚊取り線香, DDT
脊椎動物媒介		ペット, 野生動物など	ラッサ熱, 狂犬病, オウム病, 野兎病, ハンタウイルス肺症候群	ペット接触回避
土壌媒介 soilborne t.		接触感染 contact t.	**炭疽**, *破傷風*, 化膿	手洗い, 風呂
医原性		血液製剤, 挿管など	エイズ, C型肝炎, B型肝炎	医療・行政のチェック

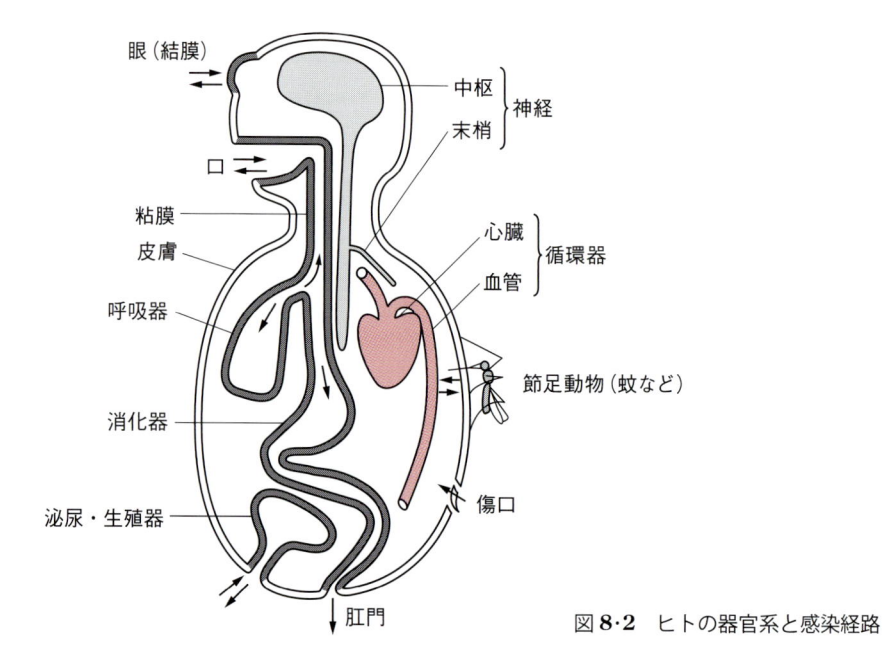

[a] 感染症法（8·1·4項）による分類; **赤太字**, 1類; 赤字, 2類; <u>下線</u>, 3類; **太字**, 4類; *斜体*, 5類; 通常の黒字, その他.
[b] t. は transmission の略.　[c] 記述は網羅的ではないことに注意.

図 8·2　ヒトの器官系と感染経路

低い頻度で限られた地域に持続する伝染病を風土病（エンデミック endemic）というのに対し，ときどき広い範囲で多くの人々に流行する伝染病を流行病（エピデミック epidemic）という．さらに世界的に拡大して大流行したものを世界的大流行病（パンデミック pandemic）という．離れた場所で個別に発生する場合は散発的（スポラディック sporadic，孤発的 p109）であるという．パンデミックな流行はウイルスによるものがほとんどで，細菌ではコレラくらいしかない．疫学とは，病気の原因や流行現象を微視的なメカニズムではなく集団レベルの統計的関連性で研究する学問である．現在では研究対象をタバコや環境汚染物質にも広げているが，「疫学」の原語が "epidemiology" であることからもわかるように，もともと流行性の感染症を研究対象としていた．

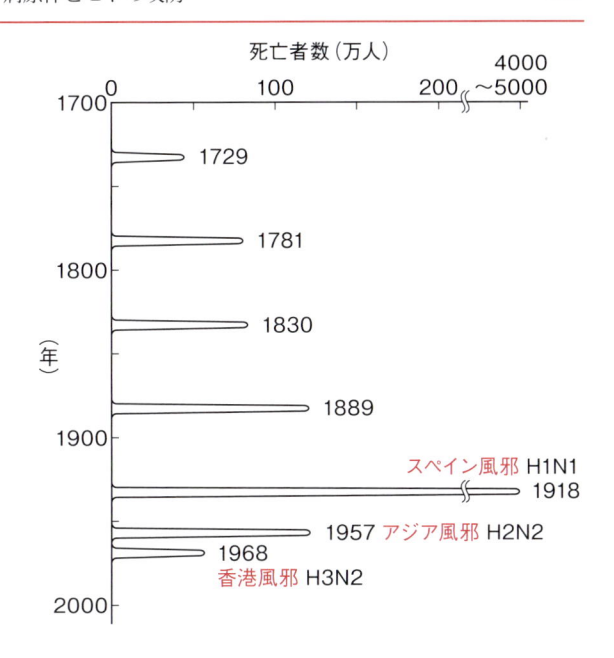

図 8・3　インフルエンザの世界的流行
死亡者数は推定概数．

コレラや赤痢など共通感染源による病気は一度に多くのヒトにうつるため突然流行し収束するのに対し，毎年のインフルエンザなど飛沫感染によるヒトからヒトへの伝染は比較的ゆっくりと進行する．エイズや梅毒など性行為による接触感染はさらに進行が遅い．

パンデミックな流行病は，発症例の多い時期とほとんど見られない時期とが繰り返す（図 8・3）．広く大規模に流行し，感染者は死亡するか，回復して免疫を獲得するかのいずれかになる．すると居場所を失った病原体は死滅し，大流行は収束する．次に，抗体をもたない新生児が成長して感染に適した年齢層が増加したところによそから新たな感染者が訪れると，次の流行が始まる．

8・1・3　生体防御と免疫

ヒトの体には病原体から守るしくみが何重にも張られている．まず，皮膚の最外層は堅い死細胞からなる物理的障壁である．生細胞内でしか増殖できないウイルスにはとくに有効である．気道上皮にある繊毛は，外界から入り込んだ異物を粘液でくるみ，外に向かう運動で排出する．体表や腸管内に常在する無害な微生物も，外来微生物の定着を阻止する．咳やくしゃみ，鼻毛も異物の排除に有効である．涙腺中の酵素リゾチームは細菌の細胞壁を切断するし，消化

管内では消化酵素や胃酸なども役に立つ．

　これら上皮の障壁を突破して体内に侵入した病原体には，主に白血球（leukocyte）を中心とする免疫系（immune system）が迎え撃つ．白血球には顆粒球（granulocyte），リンパ球（lymphocyte），単球（monocyte）がある．免疫には2段階があり，まずはあらかじめ用意されているレディーメイドの初期防御機構である自然免疫が働き，次に個別の病原体に対してオーダーメイドの強力な獲得免疫が起動する（図8・4）．

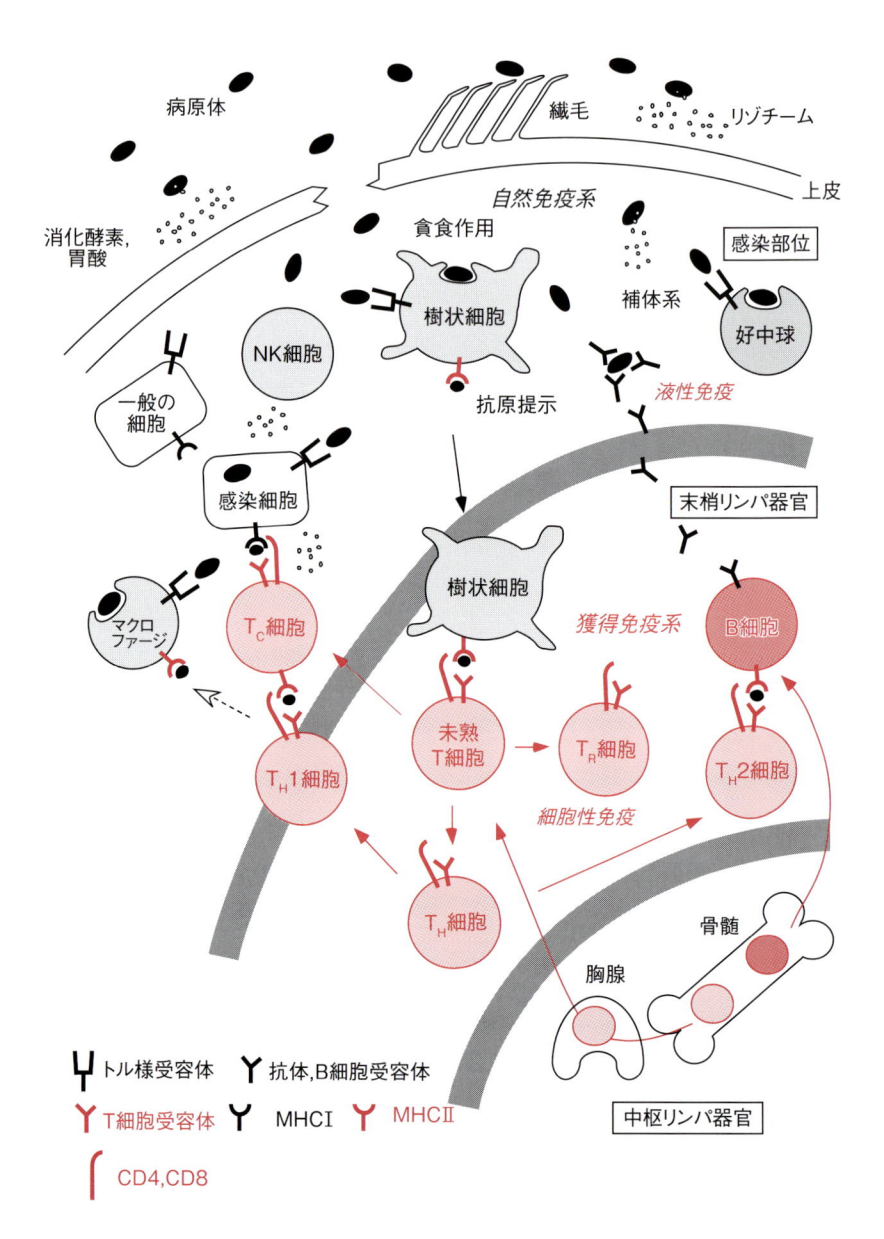

† RNA 干渉（RNA interference, RNAi）（次頁）；細胞に二本鎖 RNA（dsRNA）が入るとそれと相補的な配列をもつ mRNA が分解されて遺伝子発現が抑制される現象．酵母からヒトや植物まで真核生物に幅広く見られる現象であり，ウイルス感染に対する生体防御反応として進化したと考えられている．長鎖 dsRNA の場合は RNA 分解酵素のダイサー（Dicer）によって21〜23塩基長の小分子 RNA（small interfering RNA, siRNA）に分解され，タンパク質複合体のリスク（RISC）に結合して標的 RNA の分解に導く．遺伝子の機能解析に有効かつ簡便な手法として利用されているとともに，特異的な分子標的療法としても高く期待されている．

図 8・4　免疫系

自然免疫（innate immunity）では可溶性と膜結合性（p33 側注参照）の受容体が幅広い病原体を群ごとに「パターン認識」する．

可溶性受容体は補体（complement）系に属するタンパク質であり，細菌表層の多糖マンナンなどを認識する．補体は血清中にある約 20 種類のタンパク質群であり，標的細菌の細胞膜に孔をあけて溶菌する働きなどがある．

他方の膜結合性受容体の代表はトル様受容体（Toll-like receptor, TLR）である．単球から分化したマクロファージ（macrophage）と樹状細胞（dendritic cell），顆粒球のうちの好中球（neutrophil）など自然免疫担当細胞のほか，呼吸器や消化管など一般の細胞の細胞膜にもある．

TLR は少なくとも 10 種あり，それぞれグラム陽性菌のペプチドグリカンやプロテオバクテリアのリポ多糖（LPS），細菌べん毛のフラジェリン（図 1・3），微生物ゲノムに特有な CpG 配列，ウイルス特有の二本鎖 RNA（dsRNA）などを認識する．

血管から肝臓や脾臓などの組織に出た長寿命のマクロファージや血中で働く短寿命の好中球は食細胞（phagocyte）であり，識別した病原体を貪食して細胞内に取り込み，NADPH オキシダーゼで産生した活性酸素などで殺菌処理する．

dsRNA に対する TLR は一般の細胞にもあり，dsRNA を感知すると RNA 干渉†（RNA interference, RNAi）とインターフェロン（interferon, IFN, p107）分泌により，ウイルスやウイルス感染細胞の増殖を抑える．IFN はウイルスによる肝炎やがんの治療薬として実用化されている．リンパ球のナチュラルキラー細胞（natural killer cell, NK 細胞）はウイルス感染細胞やがん細胞を認識し，タンパク質パーフォリン（perforin）を放出して細胞膜に孔を開け，セリンプロテアーゼのグランザイム（granzyme）を放出して標的細胞をアポトーシス（p106）に導く．樹状細胞は貪食した異物を分解し，産物のペプチドを主要組織適合複合体†クラス II タンパク質（MHC II）に結合して細胞表面に提示するとともに，ペプチド性信号物質であるサイトカインも放出して，あとで述べる獲得免疫の引き金を引く．

炎症（inflammation）も自然免疫の一環である．TLR を刺激されたマクロファージなどがプロスタグランジンなど脂質性の信号物質やサイトカインなどを分泌すると，血管が拡張し，血管壁透過性が上昇し，白血球や補体系を動員して異物に対処しようとする有益な生体防御反応である．これらによって引き起こされる疼痛，発赤，熱感，腫脹は古代ローマ時代から炎症の 4 徴候とよばれている．また，全身性の発熱（fever）も，体温を病原体より免疫系の至適温度に近づけるという防御反応である．ただし病原体が血流に乗ることなど

† 主要組織適合複合体（major histocompatibility complex, MHC）；輸血で血液型が大事なように，臓器移植では組織適合性（histocompatibility）が重要である．この適合性を決める抗原をコードする遺伝子のうち，最も強い拒絶反応を引き起こすものは染色体上で遺伝子クラスターをなしているため，主要組織適合複合体（MHC）とよび，拒絶反応の弱いその他のものは副組織適合遺伝子という．MHC 抗原は細胞膜に埋め込まれた糖タンパク質で，多様性に富み，自己と他者（外来異物）を識別するしくみである．MHC には，ほとんどの細胞で発現するクラス I（class I）と免疫系の抗原提示細胞のみで発現するクラス II とがある．前者はがん細胞のがん遺伝子産物や侵入ウイルスの断片など細胞内の抗原を結合し，後者は飲食作用で取り込まれた細菌の分解物など外因性の抗原を提示する．

により炎症反応が全身で起こると，血圧の大幅な低下や末梢循環不全（ショック）を導き，敗血症（p114）という重篤な状態に至る．

自然免疫は無脊椎動物にも備わっており，かつては原始的で非特異的なしくみと考えられていたが，TLRにより病原体を精妙にパターン認識している上，樹状細胞をかなめとして獲得免疫を誘導し支配していることが明らかになってきた．

自然免疫でも対処しきれない病原体には獲得免疫（acquired immunity）が働く．これは個々の病原体にさらされることで惹起され，同じ病気には二度とかからなくする高度で強力な生体防御機構である．脊椎動物だけに存在し，自己と非自己（異物）を特異的に見分けるしくみである．獲得免疫には，骨髄（bone marrow）由来のB細胞が分泌する免疫グロブリン（可溶性タンパク質）が働く液性免疫と，胸腺（thymus）由来のT細胞が直接働く細胞性免疫とがある．これらB細胞とT細胞はともにリンパ球であり，ほかの血液細胞と同じくもともとは骨髄の多能性[†]造血幹細胞（multipotent hemopoietic stem cell）から分化する．リンパ球が作られる骨髄や胸腺を中枢リンパ器官，リンパ球の働く場所のリンパ節や脾臓を末梢リンパ器官という．

獲得免疫を誘発する物質を抗原（antigen）といい，液性免疫（humoral immunity）で働く免疫グロブリンを抗体（antibody）とよぶ．抗原は外界に無数にあるのでそれに特異的に結合する抗体も何億何兆もありうる．この数はゲノムの遺伝子総数をはるかに越えており，ゲノムDNA上での遺伝子の再編成と突然変異の誘発によって用意される．病原体や毒素分子に抗体が結合するとそれらの有害作用が妨げられるとともに，その結合複合体は食細胞による貪食作用も受けやすくなる．

生まれたてのB細胞が作る抗体ははじめは分泌されず，細胞膜に結合した状態で抗原に対する受容体すなわちB細胞受容体（B cell receptor, BCR）として機能する（図8・4）．この未感作B細胞が抗原に遭遇すると活性化され，増殖，分化して抗体を分泌する細胞となる．抗原に繰り返し刺激されると，B細胞の突然変異率は高まり（体細胞超変異），抗原との結合親和性がより高い抗体を作るB細胞が選択され，成熟の度を深める．

液性免疫は細胞内に入り込んだ病原体には無力であり，そちらには細胞性免疫（cell-mediated immunity）が働く．T細胞の表面には抗原に特異的に結合する膜タンパク質があり，これをT細胞受容体（T cell receptor, TCR）という．TCRも抗体と同様の機構で多様化するが，体細胞超変異は起こらないので親和性の成熟はない．リンパ球はいずれも，反応する抗原の異なる抗体や受容体

[†] 全能性（totipotency），万能性（pluripotency），多能性（multipotency）；受精卵のように，あらゆる細胞に分化して生物個体を形成する能力を全能性という．これに対し胚盤胞の段階の初期胚には，将来，胎盤を形成する栄養外胚葉と胎盤以外のすべての細胞に分化しうる内部細胞塊とがある．この能力を万能性（pluripotency）といい，この内部細胞塊を単離培養して胚性幹細胞（embryonic stem cell, ES細胞）が作られる．成体（adult）にも造血幹細胞や神経幹細胞など体性幹細胞（somatic stem cell）があるが，これらが分化しうるのは造血系や神経系など単一胚葉内の特定の系統に限られている．このような分化能を多能性（multipotency）という．体細胞から遺伝子組換えで誘導した万能細胞"induced pluripotent stem cell"（iPS細胞, p148）が「人工多能性細胞」と訳されるなど混乱も見られる．

をもつクローンが多数用意されるが，自己の分子に結合する自己反応性クローンは中枢リンパ器官にいるうちに除去され，自己には応答しなくなる．このような学習現象を免疫寛容（immunological tolerance）という．

さて，自然免疫の段階で病原体や毒素を取り込んだ樹状細胞は，感染部位から末梢リンパ器官に移動して抗原提示細胞（antigen-presenting cell）として働く．その細胞表面に提示された抗原すなわちペプチド-MHC II 複合体に結合する TCR をもつ未熟 T 細胞（naive T cell）は活性化され，実働するエフェクター細胞となる．ペプチド-MHC II 複合体と TCR の結合は弱いため，CD4 や CD8 など補助受容体が標的細胞の MHC の不変部位に結合して支える．

T 細胞には，細胞障害性 T 細胞（cytotoxic T cell, T_C, キラー T 細胞ともよぶ）とヘルパー T 細胞（helper T cell, T_H），制御性 T 細胞（regulatory T cell, T_R, Treg, T レグ細胞）の 3 種がある．そのうち T_C 細胞は，NK 細胞と同様にパーフォリンやグランザイムなどアポトーシス誘因分子で感染宿主細胞を殺傷する．T_H 細胞は他のリンパ球や食細胞の働きを助け，T_R 細胞は免疫反応が亢進し過ぎないよう抑制的に働く．T_H 細胞は細胞性免疫の要である．エイズウイルス（HIV）はこの細胞に感染することによってヒトの免疫系を破壊し，普段は無害な多数の微生物によって様々な症状が引き起こされるようになる．

T 細胞も B 細胞と同程度に鋭敏な抗原特異性を示す上，宿主細胞の中に入り込んだ病原体を処分するという B 細胞にはできない芸当を行う．ただし末梢リンパ器官で抗原提示細胞によって提示されたときだけしか異物による活性化が起こらないという制約もある．またその作用域は，末梢リンパ器官内部と感染部位に限られ，抗体が血流に乗って全身をめぐる液性免疫より狭い．

免疫は基本的には有益な生体防御システムだが，その不調によりアトピー性皮膚炎や花粉症などのアレルギー性疾患が発生する．またリューマチや全身性エリテマトーデスなど自己免疫疾患も数多い．臓器移植による治療では，免疫系が拒絶反応として有害作用を示すので免疫抑制薬を用いなければならない．

免疫のしくみは感染症の予防や治療に利用することもできる．毒性をなくしたり弱めた病原体や毒素をワクチン†といい，そのワクチンを注射や経口で投与して免疫を作ることを人工獲得免疫（artificially a. i.）とよんで一般の自然獲得免疫（naturally a. i.）から区別する．また体外から抗体がもち込まれることを受動免疫（passive i.）とよび，自己の体内で形成される能動免疫（active i.）から区別される．受動免疫には，ウマやウサギで作られた抗ヘビ毒抗体を治療薬として投与する場合のような人工獲得受動免疫と，母体で作られた抗体が臍帯を通って胎児を守る自然獲得受動免疫とがある．人工獲得受動免疫はふつう

† ワクチン（vaccine）；感染症の予防のために免疫原（抗原）として人体や家畜に接種し，生体の免疫系を活性化して抗体を生じさせる物質．日本語はドイツ語 Vakzin より．

生ワクチンは毒性を弱めてはいるが生きている細菌やウイルスで，体内で増殖して効果をあらわす．MR や BCG，経口ポリオなど．別のワクチンを次に接種するときは 27 日以上あける．

不活性ワクチンは紫外線やホルマリンで殺した菌やウイルスあるいはそれらの成分で作ったワクチン．インフルエンザや百日咳など．次の接種は 6 日以上あける．

トキソイドは病原菌の毒素を変性させたもので，不活性化ワクチンの一種．ジフテリアや破傷風など．

抗体を含む血清を治療に用いるため血清療法とよび，人工獲得（能動）免疫による治療を免疫療法というのに対し，抗生物質や合成抗菌薬など化学物質による治療を化学療法とよぶ（1・2節）．社会においてある割合以上の人が免疫を獲得していれば，感染は大流行にいたらない．そういう状態を集団免疫という．

8・1・4 防 疫

感染症を防止するため世界各国はさまざまな措置を講じている．わが国では1897年に制定された伝染病予防法を中心とするいくつかの法律に基づいて感染症対策が行われてきた．しかし対応策が画一的で新興感染症や原因不明の伝染病への備えがなく，ハンセン病などの患者の人権に対する配慮が足りないなどの問題があったため，それらを廃止し1999年新たに感染症法が施行された．ただし今なお罹患率最大の感染症である結核の予防法だけは別に残された．

2003年に改正された感染症法では，病気の伝播力や毒力など危険度の高い順に1類から5類に分けられ，各類型ごとに対処法が定められている（表8・1）．最も危険度の高い1類の7つのうちペストと天然痘を除く5つはいずれも1960年代以降に現れた新興感染症である．

人工獲得免疫（前項）を利用した予防接種は世界中で行われている．予防接種は個人の感染予防とともに感染症そのものの絶滅も可能であり，実際，世界保健機関[†]（WHO）の計画のおかげで天然痘は根絶された．ポリオも南北アメリカに続き西太平洋地域と欧州で根絶が確認され，世界的な根絶も間近だと見られる．次の標的である麻疹（はしか）は難しく，用語の上でも根絶ではなく排除計画と名付けられている．先進国の中ではとくに日本の遅れが目立っている．これら3つの感染症のほか，風疹，ジフテリア，百日咳，破傷風，流行性耳下腺炎などもワクチンによる予防が効果的である．人獣共通感染症は根絶不可能だが，予防には免疫療法が使える．

日本では，予防接種法などで保護者の努力義務が規定され無料で受けられる定期接種と，希望者が有料で受ける任意接種とがある．定期接種にはジフテリア・百日咳・破傷風（DPT）三種混合不活性化ワクチンに加え，日本にはまだまだ多い麻疹と風疹の混合ワクチン（MR）や結核のBCG（弱毒菌），日本では排除されたがインドなどには残るポリオや日本脳炎のワクチンがある．任意接種には水痘（水ぼうそう），流行性耳下腺炎（おたふくかぜ），B型肝炎，インフルエンザ（図8・5），インフルエンザ菌b型（Hib, ヒブ）がある．

水媒介の感染症には飲み水の塩素消毒が有効である（表8・1）．間接接触による感染症には石鹸による手の洗浄と洗剤による寝具や衣服の洗濯が効果的で

[†] 世界保健機関（World Health Organization, WHO）；世界のすべての人々が可能な最高の健康水準に到達することを目的として1948年に設立された国際連合の専門機関．190以上の国や地域が加盟し，本部はスイスのジュネーブに置かれている．感染症対策，災害時の緊急対策，保険・疾病・生物製剤・食品などに関する情報収集や国際基準の設定などの活動を行う．日本は通常予算の約20％を分担し米国に次ぐ第2の供出国になっているが，邦人職員は1％に過ぎない（2003年現在）．

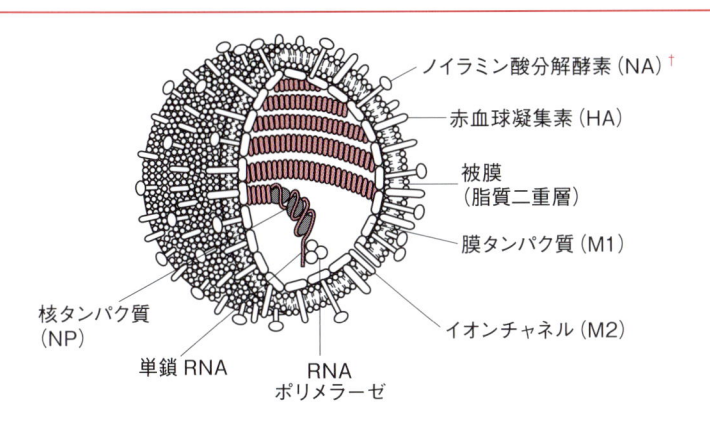

図 8·5 インフルエンザウイルス
脂質二重層の被膜から NA と HA の 2 種類のスパイクが突き出ている．膜タンパク質のうち M1 は膜の内側に表在してエンベロープを裏打ちし，M2 は膜を貫通してイオンチャネルとして働く．8 本のゲノム RNA はそれぞれ核タンパク質 NP に巻き付き，らせん対称のヌクレオカプシドを形成している．インフルエンザには予防接種が有効である．

† ノイラミン酸分解酵素（neuraminidase, NA）；ノイラミン酸 $C_9H_{17}O_8N$ はカルボキシル基をもつアミノ九炭糖だが，天然には N-アセチル化などの修飾を受けたシアル酸が糖鎖の末端に結合した形で動物の細胞膜などに存在する．NA はそのシアル酸残基を加水分解して遊離するエキソ型（p161）のグリコシダーゼ（p91）で，シアル酸分解酵素（sialidase）ともいう．ウイルスは外被にある赤血球凝集素（hemagglutinin, HA）でシアル酸の糖鎖に結合して宿主に感染するが，増殖後の遊離の際にはかえって邪魔になるので NA で切断する．ウイルスの増殖に必須なこの NA 活性を阻害するザナミビルやオセルタミビル（市販名タミフル）は抗インフルエンザ薬として貴重である．

ある．埃（ほこり）が媒介する空気感染には個室居住が有効である．先進国に共通に見られるこれら衛生状態の向上すなわち清潔化は，感染症の防御に大きな役割を果たしてきた．

一方で文明の進展に伴ってかえって増加した感染症もある．飛沫でうつるインフルエンザや性交で広がるエイズが代表的である．新型インフルエンザのような急性伝染病が発生したら，スペイン風邪のように 1, 2 年で終息するとはいえ社会に大混乱が起こるし，エイズのような慢性伝染病は，新薬が開発されて先進国では死に至る病ではなくなったとはいえ，長期にわたって社会に潜みながら大きな負担を強いる．2002 年に発生した重症急性呼吸器症候群（severe acute respiratory syndrome, SARS）の大流行は交通手段の発達と普及にも後押しされており，人口の集中より流動という新たな事態に対処が必要である．また病院という治療機関が院内感染を招くという逆説も生じている．

多くの病原微生物は宿主から鉄分を十分獲得できるかどうかで増殖能が左右される．このため，戦争や飢餓で栄養失調から貧血となった人たちが鉄分を豊富に含む高栄養の食料を摂ったためにかえって結核や赤痢，マラリアなどが悪化することがある．中世のペストでは貧乏人より金持ちで，女性より男性で，子供より大人で死亡率や罹患率が高かったのも，当時の栄養状態の差に一致している．

感染症の予防や治療に有効な抗生物質を使い過ぎたために，かえって耐性菌が増えて対策が困難になるという逆説もある．病原菌が抗生物質に対して耐性

を示すメカニズムには，標的分子が変化して結合しなくなる場合，薬物が分解される場合，菌内に入り込みにくくなる場合，排出機構をもつようになる場合などがある．この排出機構の実体は，細胞膜にある輸送体（transporter）である（口絵⑩）．異物排出輸送体†には，H^+駆動力（3・3節）をエネルギー源にするタイプとATPを用いるタイプがある．多剤排出輸送体の遺伝子や複数の耐性因子がRプラスミドに挿入されて伝達されると，一気に4剤や6剤などの多剤耐性菌が出現してしまう．

日本の生活習慣は欧米のライフスタイルより感染症の予防に適合している面がある．たとえば食品媒介の感染症には箸(はし)を使うことが有効である．しかも家庭では各人別々の箸を使い，外食では間伐材やはびこる竹の割り箸を使い捨てるのも衛生的である．食品を直接手指でつまむやり方は，開発途上国で広く慣行されているだけではなく，ナイフやフォークを使う欧米でもパンやハンバーガーでは一般的である．挨拶はお辞儀ですませる方が握手や抱擁，キスなどより清潔である．あごまでたっぷり湯船につかるのは，シャワーだけで流すより徹底的な洗浄になるだろう．

8・2 共通感染源による感染症

ウイルスと細菌のように生物学的・分類学的にはまったく異なる病原体でも，感染様式や感染経路（8・1・2項）が共通な場合は症状や取るべき対策に共通性のある場合が多い．そこで本節以下では個別の感染症を感染様式に基づいて配列して解説する（表8・1）．ただし時代や国ごとの社会状況や個人ごとの健康や生活の状況に応じて同一の病原体が異なる感染様式を取ることもある．さらには日和見感染症のように有害か無害か自体が異なる場合もあることに注意を要する．

まず広く集団感染を起こすことのある共通感染源としては，食物と水が代表的である．腸チフスやコレラは経口的に感染し消化器系の疾患をおこす．消化器系の感染症菌は胃酸が十分に分泌されれば壊されるが，熱帯で水をがぶ飲みして胃酸が薄まっていたり，胃薬（H_2ブロッカーなど制酸剤）を飲んでいると腸炎ビブリオなどのリスクが高まる．ボツリヌス症は食物感染するが神経系の症状を主とする（4・1・3項）．

8・2・1 食物感染

食中毒とは食品を媒介物とする健康被害であり，腸炎や下痢症を伴うことが多い．原因には細菌性とウイルス性のほか，フグ毒や毒キノコなど自然毒の摂

† 異物排出輸送体（xenobiotic efflux transporter）：幅広い物質を汲み出す場合，多剤排出輸送体（multidrug e. t.）ともいう．分子進化的な類縁の異なる5つのタイプが知られている．ATPの化学エネルギーで駆動されるABC（ATP binding cassette）型はヒトを含む真核生物にも多く，がん細胞で抗がん薬を排出するものも含む．H^+（菌によってはNa^+）で駆動されるRND（resistance nodulation cell-division）型，MFS（major facilitator superfamily）型，SMR（small multidrug resistance）型，MATE（multidrug and toxic compound extrusion）型は細菌に多い．プロテオバクテリアではこのうち，外膜タンパク質と複合体をなすRND型が多く，グラム陽性菌にはMFS型が多い．これら5型の輸送体には生理的物質や栄養素を運搬するものも多く，合わせて創薬標的としても注目される．

食と人工的な有害化学物質の誤飲などがある．梅雨期から夏場の高温多湿期に食中毒が増えるのは主に細菌による．原因となる微生物の種類は時代によって変化する．以前は，魚介類の腸炎ビブリオ（5・3・3項）や卵や卵加工品に多いサルモネラ菌（5・3・2項），黄色ブドウ球菌（4・1・2項）が主だったが，その後トリの腸管にいるカンピロバクター（5・5節）が加わった．世紀末には出血性大腸炎を起こす大腸菌O157の流行が際立った（5・3・2項）．世紀の変わり目まではこれら細菌性が8割くらいを占めていたが，最近はノロウイルスをはじめとするウイルス性が冬期に増えてきた．

ノロウイルス[†]は冬期に幼稚園や小学校で嘔吐下痢症を流行させる．局所感染性で小腸粘膜の細胞でのみ増殖する．胃の内容物がぶちまけられるような嘔吐が特徴である．A型肝炎ウイルスとともに水中でも安定で，下水処理場でも壊れずに川から海へ流れカキに濃縮される．このように長い循環に乗る点でコレラ菌や赤痢菌など壊れやすい病原細菌とは異なる．ノロウイルスは乾燥にも強く，吐物から埃を経由して経口感染することもある．

8・2・2 水系感染

腸チフス，コレラ，赤痢の3つは重症の感染症で（5・3節），感染症法で2類に分類される（表8・1）．飲料水の塩素消毒により先進国での発生数は激減したが，海外で感染した旅行者による持ち込みが続いている．多くの途上国ではまだ塩素消毒が行われていない．経済の水準が高くなった韓国，香港，シンガポール，マレーシアなどは安全だが，インドやネパールでは赤痢やコレラが，ベトナムや中国，タイ，フィリピンでは腸炎ビブリオが起こっている．

文明の発達や生活様式の変化によって，感染症の新しい伝播経路が生まれる．産業革命により19世紀のロンドンは人口が急増し，飲料水が必要になった．古代のローマや近世の江戸のような大都市は，遠くの山地から傾斜を利用した上水路で確保したが，平野にあるロンドンではそれがかなわなかった．代わりにテムズ川の水を蒸気機関で汲み上げ，大量生産した鋳鉄で作った水道管を布設して供給した．しかしテムズ川には同時に排泄物も流入した．そんなロンドンをコレラは4回襲った（5・3・3項）．

近代疫学（8・1・2項）の創始者ジョン・スノー（Snow, J.）は，19世紀の半ば，微生物学の黄金時代（1・2節）の30年前に，排泄物から下水とテムズ川と水道を介して水が病原体を伝えるという「水系伝染病」を独創しコレラの原因を突き止めた．下水の放流口は水道水の取水口より下流に設けることなど公衆衛生について数々の提言を行った結果，大流行を食い止めることができた．しか

[†] ノロウイルス（Norovirus）；カキなど二枚貝で感染する食中毒の原因となる小型球状ウイルス．プラス鎖一本鎖RNAをもちカリシウイルス科に属する．「ノロウイルス」は属としての名称で，1968年に米国オハイオ州ノーウォークの小学校で集団発生した胃腸炎の患者から発見されたノーウォークウイルス（Norwalk virus）が代表的（表7・1）．ほかにもデザートシールドウイルス，メキシコウイルスなどがこの属に含まれる．

し産業の発展により人口がさらに集中し上流に別の都市が建てられると対処できない．次の改善には塩素消毒が有効だった．

塩素消毒が飲料水に用いられたのは1890年代の英国だが，上水道に大規模に用いられたのは1908年の米国シカゴ市が最初で，12年のニューヨーク市が次ぐ．日本でも21年東京に導入された．推進した東京市長の後藤新平[†]はコッホの研究室に自費留学した細菌学者でもある．社会の進歩には理工学的な背景をもった指導力が必要である．第二次世界大戦後は米進駐軍の指示により日本全国に広がり，水系感染症は激減した．

ポリオウイルス（poliovirus）は運動神経に親和性があり，筋肉を麻痺させる急性灰白髄炎（acute poliomyelitis 略してポリオ，小児麻痺）を起こす．飲料水やプールの水などで経口感染し，扁桃，咽頭，小腸で増殖し，典型的な消化器伝染病の形で保たれる．糞便とともに排泄され，それが感染源となってヒトからヒトに伝染する．感染が消化管にとどまっている間の症状は軽く，感染者の99.9％は不顕性感染ですみ後遺症もなく，強い免疫が残る．ところがごく少数の小児に異所性感染が起こり，脊髄前角の運動神経を破壊し，それが支配する上肢や下肢の骨格筋に弛緩性麻痺が起きる．呼吸筋に麻痺が及ぶと致命的となり，回復した場合も多くは四肢の麻痺という深刻な後遺症が残る．そのため積極的な根絶の努力が払われ，すでに西半球では撲滅された（8・1・4項）．

8・3　ヒトからヒトにうつる感染症

ほとんどの経気道感染症や性行為感染症はヒトからヒトへの逐次感染で伝わる．ただしレジオネラ菌による在郷軍人病は例外で，共通感染源（前節）の水や土からの吸入で起こる肺炎（呼吸器系疾患）である．

風疹（rubella，三日はしか）は鼻水で伝染するウイルス性皮膚疾患である．小児では，顔から全身に広がる発疹を伴う軽微な急性熱性疾患だが，妊娠初期の妊婦に感染すると先天性異常を生じることが多い．胃潰瘍を起こすピロリ菌（5・5節）の感染様式ははっきりしていないが，ヒトからヒトへの接触感染によるらしい．時に流行病のような地域的集団を示すこともあるので，何らかの共通感染源があるのかもしれないと推定される．ペットから検出される場合もあることは，人獣共通感染症の性格もあるらしいことを示唆する．

8・3・1　経気道感染

ヒトは酸素呼吸（3・3節）で生きており，毎日身体の体積の200倍もの空気を出し入れしているので，ほとんどの呼吸器系感染症は気道を経てうつる．経

[†] 後藤新平；1857～1929．医師出身の政治家．陸奥国塩釜村（現岩手県奥州市水沢区）に生まれ，須賀川医学校（現福島県立医科大学）に学び，内務省衛生局に勤めた．1890年から2年間ドイツに留学してコッホ研で学び医学博士号を取得した．台湾総督府民政長官や南満州鉄道初代総裁，東京市長などを歴任した．この間，個々の社会には固有の生理があるから外来の制度は押しつけられないという自説「生物学の原則」にのっとり，徹底した現地調査に基づく経済改革や幹線道路網建設，衛生施設拡充などを行った．

気道感染には，くしゃみや咳で排出されるエアロゾル（5・3・4項）による飛沫感染と空気感染がある（表8・1）．微生物にとって空気は生存に適さないので，ほとんどの感染症は口からの飛沫（droplet, 10 μm以上の小滴）で会話の相手などに短距離でのみ届く．これに対し，結核菌や天然痘ウイルス，麻疹ウイルスなど乾燥に強い病原体は飛沫が乾燥した5 μm以下の飛沫核（droplet nucleus）や埃（ほこり）（dust）に乗って1 m以上の距離を舞い広がり空気感染する．

飛沫感染する病気にはインフルエンザ（Box8）や風疹，流行性耳下腺炎，SARS†（コロナウイルス），ジフテリア（4・2・2項），ハンセン病（4・2・3項），脳脊髄膜炎と百日咳（5・2節）など多数がある．流行性耳下腺炎（mumps）は耳下腺（唾液腺）が腫脹する特徴からおたふく風邪（表7・1）ともよばれる．しかし全身性のウイルス性疾患であり，合併症で難聴になりやすく，思春期以降の男性では精巣炎から不妊の危険がある．インフルエンザ菌b型(Hib, ヒブ)は5歳未満で10万人中600人が化膿性髄膜炎になるため，最近 任意予防接種の対象に加えられた（8・1・4項）．

やはり飛沫感染する天然痘（smallpox，痘そう）は全身の皮膚や口内の粘膜に水疱ができるのが特徴で，高熱を発する．このウイルス（図8・6）は水疱内に大量にあり，口からの飛沫や体表から出て埃の中で安定に存在し，空気感染によって咽頭に付着して感染が起こる．死亡率が高く，助かった人も水泡があばたとして残るのが特徴である．麻疹とともに人口が密集した古代都市で発生した．紀元前1100年，エジプトのラメウ5世のミイラの顔面に天然痘の痘瘡が認められる．1日4000人に種痘ができるジェット注射器が使われ，1980年に根絶された（8・1・4項）．

麻疹（ましん）（measles，はしか）は飛沫や空気を介してうつるウイルス性の急性伝染病である（8・1・4項）．喉の扁桃（へんとう）で増殖し強い咳が出る．発疹は出るが水疱はできない．伝染性が強い子供の病気．はしかという言葉には「若いうちに乗り越えるべき一時的な軽い不都合」という含意があり，重い疫病とは考えられていないが，大人がかかると脳炎や肺炎を起こし重症になる．2007年には大学生での流行が問題になった．子供でも，発生率は

† SARS（重症急性呼吸器症候群, severe acute respiratory syndrome, サーズ）；コロナウイルス科（表7・1）の新種のウイルスによる新興感染症（Box 5）．飛沫感染し急な高熱，咳，呼吸困難をもたらす新型肺炎．空路の旅行者によりシンガポールやベトナムなどへも感染が広がり，世界的な問題になった．2002年11月に中国広東省で発生したが，中国政府が世界保健機関に通報したのは翌年2月であり報道も規制したため国際的な対策が遅れ，7月に制圧宣言が出されるまでに8000人以上が感染し800人近くが死亡した．

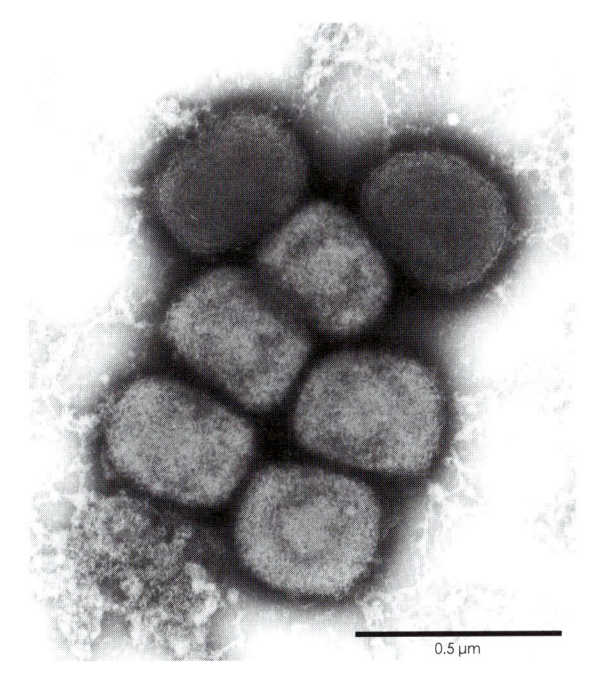

図8・6　天然痘ウイルス
天然痘は，世界保健機関（WHO）により1958年根絶計画が始まり1980年その達成が宣言された（写真提供：国立感染症研究所）．

低いとはいえ亜急性硬化性全脳炎という恐ろしい脳の病気もある．

空気感染する病原体のうちでも結核菌（4・2・3項）は麻疹などのウイルスより感染力はずっと弱く，感染には数か月にわたる密な接触を必要とする．麻疹は感染者のほぼ全員が発症するのに対し，結核の発症は体調や環境にも依存し約2割程度である．

8・3・2　性行為感染症

梅毒（6・2・2項）や淋病（5・2節），鼠径リンパ肉芽腫（6・2・1項），エイズ（7・3・2項）など性行為によって感染する疾患を性行為感染症（sexually transmitted disease, STD）とよぶ（表8・1）．STDの病原体は幅広い細菌とウイルスにわたり構造上の共通点はないが，体外ですぐに失活することは共通であり性交という粘膜どうしの密な直接接触でしか伝わらない．ただしクラミジアとパピローマウイルスは例外で，体外でも安定なため手を介する感染もありうる．性交でしかうつらないということは一度に1人にしか伝わらず感染の広がりは遅いことなどから，感染症法（8・1・4項）でもすべて5類に入れられている．

ヒト以外の動物では生殖活動が特定の季節に限られているので，宿主の生殖サイクルに依存して感染環を成り立たせるのは難しい．このため性感染症はヒトに特有の病気となっている．病原体が子孫を残して存続するためには，感染者が元気なまま性交を重ねる必要があるため，性感染症はもともと軽症の病気である．ただしエイズは例外で，治療しなければ長い潜伏期のあと重篤化し死に至る（7・3・2項）．なお，水平感染でうつる性感染症の多くは，母から子へ垂直感染でも伝わる．

ルネサンス期までの性風俗はおおらかだったが，15世紀末に梅毒が猛威をふるうと娼家や浴場は閉鎖され性はタブー視されるとともに，性病は快楽と腐敗の代償として倫理にもとるものとされ，ピューリタン（清教徒）興隆の一因になったともいわれる．しかし16世紀にその症状が穏やかなものに変化するのにつれ，倫理意識にも揺り戻しが起こった（Box1）．なお18世紀までは梅毒，淋病，軟性下疳†の3者は明確には区別されていなかった．

近年は男性より女性患者が多くなってきた．本来的に男性より女性がかかりやすいが，封建的な倫理観の時代には女性のみに禁欲を強い，男性には買春を認めたため，相対的に抑制されていたらしい．感染のしやすさの性差は性器の構造の違いによると考えられる．クラミジアや淋菌が増殖するのは男性では尿道であり，尿で洗い流されやすいし痛みがあるので早期に治療を受けがちなのに対し，女性では膣から子宮，卵管，卵巣，骨盤内までと感染範囲が広い上，

† 軟性下疳（chancroid）；短い潜伏期を経て局所に痛みのある発赤，硬結，下疳を生じる性行為感染症（STD）の1つ．下疳とは潰瘍のこと．梅毒トレポネマによる無痛性硬性下疳（6・2・2項）とは区別され，γ-プロテオバクテリアの軟性下疳菌 *Haemophilus ducreyi* による（5・3・4項）．世界的には梅毒や淋病より罹患率が高く，合わせて3大性病とされるが，日本での症例は少ない．

痛みも出にくいので治療が遅れがちになる．急性症状は出にくいながら不妊や子宮頸がんなどの合併症や後遺症が起こり，新生児にも影響が出る．

日本は性行為におけるコンドームの使用率が世界一である．男性による性的快感の追求が強烈な国では，避妊を女性まかせにするためコンドームが普及していない．経口避妊薬（ピル）は避妊には役立つが感染の防止には役立たない．コンドームの普及は戦後各方面の文化的努力の賜物であり，日本人にエイズの感染や発症の絶対数が少ないことにも寄与しているだろう．

子宮頸がんはヒト乳頭腫（パピローマ）ウイルスによって女性の子宮頸部に発生する命に関わる病気である（7・3・3項）．同じウイルスによる男性の陰茎がんより発生ははるかに多い．ヘルペス（herpes）とは皮膚に発赤と小水疱が現れる疱疹のことである．単純疱疹（herpes simplex）と帯状疱疹（herpes zoster）があり，いずれもヘルペスウイルス†による．単純疱疹は体力低下や紫外線が誘因となり，顔，とくに口の周囲に現れる（口唇ヘルペス）．角膜（ヘルペス性角膜炎）のほか，性行為感染で陰部（性器ヘルペス）に出ることもある．帯状疱疹は体の左右片側に広く帯状に現れる．激しい痛みに悩まされるが有効な抗ウイルス薬がある．

8・4　動物の媒介する感染症

以上2つの節はいずれも粘膜を経る感染症を扱った．皮膚は粘膜より強固な障壁であり，経皮感染には創傷など皮膚を損壊する過程が必要である．炭疽は95％以上が経皮感染の皮膚炭疽であり（4・1・1項），破傷風は土壌細菌による感染症である（4・1・3項）．創傷を化膿させる代表的な菌は黄色ブドウ球菌（4・1・2項）と連鎖球菌である（4・1・4項）．次に述べる昆虫なども経皮感染の重要な媒介動物である．

8・4・1　節足動物媒介性感染症

シラミによって伝染する発疹チフス（5・1・2項）とノミによるペスト（5・3・2項），カ（蚊）によるマラリア（7・2・1項）を3大昆虫媒介症という（口絵⑪）．カは種類も多く最も厄介な昆虫であり，アフリカ睡眠病（7・2・2項）や日本脳炎，黄熱，デング熱（表8・1）など熱帯の熱病も媒介する．ダニによるツツガムシ病（5・1・2項）やライム病も含めるときは節足動物媒介病という．

微生物には，宿主昆虫の行動をロボットのように操縦して感染を広げるものもある．ツェツェバエは満腹になると当然ながらヒトからの吸血をやめるが，睡眠病トリパノソーマ（7・2・2項）が感染すると吸血の頻度や量が増す．この

†ヘルペスウイルス（herpesvirus）；ヘルペスウイルス科に属する二本鎖DNAウイルスの総称（表7・1）．α，β，γの3亜科に分けられ，8種のヒトヘルペスウイルス（human herpes virus, HHV）が含まれる．α亜科のHHV-1, HHV-2, HHV-3はそれぞれ主に口唇・角膜ヘルペス，性器ヘルペス，帯状疱疹の原因となる．そのほかβ亜科にはサイトメガロウイルス（CMV = HHV-5），γ亜科にはEBウイルス（エプシュタイン-バーウイルス，EBV = HHV-4）とカポジ肉腫関連ヘルペスウイルス（KSHV = HHV-8）というがんウイルスがある（7・3・3項）．

ハエは自分の消化管の血流を感じとるため体内に力学受容体を備えているが，トリパノソーマはその受容体の働きを妨げることによって，いまだ空腹だとハエに勘違いさせ吸血し続けるようしむける．ペスト菌（5・3・2項）はノミの前腸で増殖して菌塊を作り消化管を物理的に詰まらせる．栄養不足になったノミは空腹を満たそうと次々に宿主から吸血し感染を広げる．

日本脳炎[†]はヒトでは致命率が高いが，本来の宿主であるブタでははるかに致命率が低い．日本脳炎ウイルスはカの中で大規模に増殖し卵を介して子孫に伝わるが，ブタは血液を提供するだけの存在である．

黄熱（yellow fever）はカが媒介する球状 RNA ウイルス，フラビウイルスが原因である（口絵⑨ b）．熱帯アフリカが故郷で霊長類全般に感染するアルボウイルスである．初期症状は高熱と顔面紅潮，頭痛，関節痛，筋肉痛．マラリアやインフルエンザのような症状が続いたあと緩解する．そのまま回復に向かう軽症型のほか，一過性で 7 日目までに重症化して上腹部の激しい痛みをもよおし，胆汁や血液を嘔吐し，皮膚は暗黄色に変わり，心臓の鼓動は不規則化し，意識混濁から昏睡状態に陥る死亡率 50 ％の重症型がある．

19 世紀末，フランスはパナマ運河の建設を進めたが，8 年間に 2 万 2000 人もの労働者が死亡した．これは全体の 4 分の 1 にあたり，そのうち大半は黄熱による．黄熱は 19 世紀のヨーロッパ諸国にとっては本国から遠くはなれた植民地の災厄だったが，1649 年以降米国にとっては本土の問題だった．1903 年，米国はフランスから運河建設を引き継いだ．黄熱のネッタイシマカとマラリアのハマダラカの駆除が奏効し，1914 年に運河は完成した．米国は膨大で永続的な利益を手に入れ，医学者は媒介昆虫の駆除によって熱帯病を制圧できるという医学的知見を獲得した．

8・4・2 人獣共通感染症

人獣共通感染症（zoonosis）はヒトと他の動物の間で感染する疾患である．この中にはペストのようにヒトどうしでもうつる伝染病もあるが多くはない．またヒトでは致命率が高くても動物では低いことが多い．人獣共通感染症は前節で扱った節足動物の吸血行為によって経皮的に感染する場合が多いが，ほかに経口，経気道，接触などの感染経路もある．コッホの 4 原則（1・2 節）で，病原体の認定自体に感染しうる動物の存在を要求していることからもわかるように，ヒトの多くの感染症は少なくとも人工的な接種では何らかの動物にも感染する．これはヒトの病原体の多くが野生動物に由来するという進化的由来から考えやすい（Box5）．

[†] 日本脳炎（Japanese encephalitis）；フラビウイルス科（表 7・1）に属する日本脳炎ウイルスによる脳炎．主にコガタアカイエカが媒介する．感染者の発症率は 0.1～1 ％と低く不顕感染が多いが，発熱と頭痛を伴って急激に発症し，頸部硬直，痙攣，意識障害，昏睡などの症状を呈し，致命率は高い．南アジアから東南アジアにかけて広く分布し，日本でもかつては多くの患者を出したが，予防接種の普及で激減した．副作用の問題から積極的な接種が差し控えられ，より安全性の高いワクチンを開発している．

狂犬病は本来的には動物の病気であり，イヌのほかアライグマ，スカンク，キツネ，コウモリなど野生動物が感染源となってヒトにも時おりうつるウイルス性伝染病である（表8・1）．感染したイヌは兇暴になり，他のイヌやヒトに噛みつく．ウイルスは唾液に出るのでこれで感染する．ヒトが噛まれるとウイルスは末梢神経から脳に行く．発症すると致命率はほぼ100%だが，潜伏期間は長いので噛まれた後にワクチンを接種する曝露後接種という対処法がある．1885年にパストゥールが始めた．イヌへのワクチン接種率が低く放し飼いの多い国を旅行するときは注意を要する．

8・5　医原性感染病と日和見感染症

医療行為が原因となる感染症を医原病といい，病院内での感染を院内感染という．注射器による経皮感染のほか各種送管（カテーテル）では粘膜を経て感染することもある．これらは使い捨て注射器の使用やカテーテル除去によって防止できる．また輸血や非加熱血液製剤によりエイズウイルス（7・3・2項）やC型およびB型肝炎ウイルス（7・3・3項）が感染し，薬害†として社会問題になっている．

高齢だったり手術を受けたり臓器移植で免疫抑制薬を飲んでいることなどのために免疫力が落ちている人のことを易感染者（compromised host）とよぶ．健康な人には病気を起こさない病原体が易感染者に起こす病気を日和見感染症（opportunistic infection）という．病院は易感染者と伝染病患者の双方が密に集まる場所だから日和見感染が起こりやすい．予防には医師や看護師が手洗いを励行したり病室として大部屋を減らして個室を増やすなどの方途がある．患者に装着していたカテーテルのような異物を取り去るだけで消滅することもあるが，この場合は本来の疾患に対する治療方針を再設定する必要がある．日和見感染菌にはバクテロイデス（6・2・5項）や腸内細菌科の数属（5・3・2項）など多数がある．

日和見感染症は微生物学や医学の分野で重要なだけではなく，因果関係の解釈という科学的認識論の分野にも考察の材料を提供する．感染症は一般に病原体という単一の原因で引き起こされると考えられやすい．抗生物質による治療を「原因療法」とよぶことも，コッホの4原則（1・2節）も，その考え方に基づいている．しかし実際には，宿主の遺伝的条件や自然環境，社会状況も病気の有無や症状を左右する．この複雑性が明瞭に見て取れるのが日和見感染症である．同様の事情は，もとより生活習慣病やがんにも共通であり，複合的な見方が必要なことは歴史や社会情勢の解釈にも通じる．

† 薬害；医薬品の有害作用のうち，被害の規模が大きく製薬会社や医療行政の責任が問われ社会問題となったもの．つわりの治療に用いられた催眠薬サリドマイドの催奇形性で多数の奇形児が生まれた事件，抗ヘルペスウイルス薬ソリブジンがフルオロウラシル系抗がん薬の代謝を抑制し副作用を増強した事件，薬害エイズ事件（p104），薬害肝炎事件（p107）など，有害作用の発現が遅いもの，薬物相互作用によるもの，生物製剤に未知の病原体が含まれていたものなどがある．

Box 8　新型インフルエンザの恐さと備え

ⅰ．「かぜ」は 3 種ある

　風邪・インフルエンザ・新型インフルエンザの三者は互いに区別すべき明確に異なる 3 つの疾患である．風邪は主にウイルスによる上気道の炎症性疾患の総称である．その病原体はライノウイルスを筆頭に 200 種近くあるが，インフルエンザのように流行する株が毎年換わり新たなワクチンを必要とする病気は他にない．米国ではインフルエンザを "flu" とよび，一般の風邪 "cold" とは異なり必ず受診すべき疾患として区別する．

　インフルエンザは古代ギリシャから存在し，中世イタリアでは天体の影響（influenza cieli）で発生するものとされた．今も毎年，北半球と南半球で半年ずれながら冬期に 2 か月ほど流行する．熱帯地方は暑いのに年中存在する．日本で年に数百万人が罹患し 1 万人規模の死亡者を出すこともある感染症は，インフルエンザをおいて他にない．

　一方，現在世界的に警告されている新型インフルエンザは，それらとは桁違いの犠牲者数と社会的混乱が危惧される第 3 種の現象である．歴史的にはスペイン風邪や香港風邪に実例があるように，数年から数十年に一度，突然新しいウイルスが出現して大流行し世界中で猛威を振るう（図 8・3）．このような世界的大流行はパンデミック，上述の通常の流行はエピデミックとして対比される（8・1・2 項）．

ⅱ．インフルエンザのいろは

　インフルエンザは感染後 1 〜 2 日で 38 ℃を超える高熱や頭痛，筋肉痛や倦怠感などの全身症状が現れ，のどの痛みや咳，痰など呼吸器の急性炎症性症状が加わる．健康な成人は 1 週間程度で回復するが，高齢者では細菌性の炎症を併発したり持病を悪化させて重篤に陥り，死に至ることもある．乳幼児には痙攣や意識障害という神経症状が，とくに日本では多発し，インフルエンザ脳症とよばれている．この脳症は非ステロイド系消炎鎮痛剤やタミフルとの関連性が疑われている．

　インフルエンザウイルスは咳やくしゃみの飛沫に包まれてすぐそばの人に感染する（口絵⑫）．しかし乾燥に強いので，水分がとんで小さくて軽い飛沫核となってもしばらく漂い，周囲の人々に空気感染もする．人に吸い込まれて気道や肺の粘膜に到達すると，そこの細胞で増殖する．インフルエンザウイルスは伝播力が強いとともに増殖も速い．

　1918 年から 19 年にかけてスペイン風邪が世界を席巻した（1・1 節）．当時の第一次世界大戦で 1000 万人が戦死したが，スペイン風邪では 4000 万人以上が死亡したと推計される．新型インフルエンザがパンデミックな猛威を振るうのは，ウイルス自体の病原性が高いこととともに，突然の出現で人々に免疫がないことにもよる．その後は普通の病原性に戻り，次の新型インフルエンザが興るまでエピデミックな流行が続く．

ⅲ．新型出現のしくみ

　インフルエンザはウイルス内部のタンパク質の違いによって A，B，C の 3 型がある．このうち毎年流行する通常のインフルエンザは A 型か B 型である．スペイン風邪や鳥インフルエンザ由来の新型インフルエンザは A 型から発生する．

インフルエンザのビリオン（7・3節）の外には2種類のタンパク質がスパイク状に飛び出ている（図8・5）．これらは，ウイルスが宿主細胞に吸着するのに必要な赤血球凝集素（hemaglutinin, HA）と，増殖したウイルスが細胞から離れるのに必要なノイラミン酸分解酵素（noiraminidase, NA）である．HA は 16 種類，NA は 9 種類もあり，その組み合せで多様なウイルスが出現しうる．たとえばスペイン風邪は HA が 1 で NA が 1 の H1N1 亜型であり，香港風邪は H3N2 亜型である（図8・3）．

A 型ウイルスのゲノムは 8 本の RNA 分子からなる．このウイルスゲノムの変異には大小 2 つのタイプがある．まず HA や NA の型は同じままで RNA の塩基配列が少しずつ突然変異を起こすのを連続抗原変異といい，毎年小流行を繰り返す理由となっている．一般に RNA ウイルスは DNA ウイルスよりこのような変異が起こりやすい．第 2 に，2 つの亜型のウイルスが重感染し宿主細胞内で 8 本の RNA 分子の組み合わせが変わることによって新しい亜型が生じることを不連続抗原変異といい，数十年おきにパンデミックな流行を起こす原因となる．

iv．迫りくる脅威

A 型インフルエンザは地球最大規模の人獣共通感染症であり，ヒトのほかに幅広い鳥類や哺乳類に伝染する．そのうち野生の水鳥は HA と NA のすべての型を保有している．鳥インフルエンザはそのままではヒトには感染しないが，ブタはトリ型とヒト型の両方のウイルスに感受性がある．したがってブタとトリとヒトが密集して生活する中国東南部などでは，複数のウイルスがこれらの間で重感染を繰り返すうちに遺伝子の交雑と突然変異が組み合わされ，ヒトに高病原性の新型ウイルスが発生する危険性がある．

インフルエンザの病原性は HA タンパク質上の酵素活性中心の構造によって決まる．とくに H5 と H7 にわずかな変異が加わるだけで高病原性のウイルスが出現しうる．実際 1997 年には香港で H5N1 型の鳥インフルエンザがヒトに直接感染した．このウイルスはトリにもヒトにも高病原性だった．ただしヒトからヒトへは感染しなかったので，香港政庁の迅速な決断による家禽 200 万羽の大量処分で制圧できた．しかし 2003 年に中国本土で始まった流行は初期の封じ込めができず感染源が広がり，小さいながら毎冬流行が繰り返されている．

抗インフルエンザ薬として，NA 阻害剤のオセルタミビル（商品名タミフル）が開発され（p125, 図9・3），治療効果を上げている．またワクチンの備蓄と事前接種計画も進んでいる．

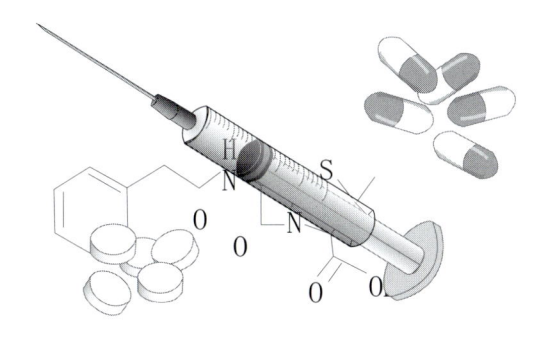

9. レッドバイオテクノロジー
（医療・健康）
― 命を支える微生物 ―

微生物は大きく2つの面で医療に関係します．1つはすでに前章で述べた病原菌としての困った面ですが，もう一つはここで述べる薬の生産菌としての有益な面です．高齢化社会を迎えてがんや生活習慣病が増加していますが，新薬の開発にも多くの場合，微生物の助けが必須です．最先端のゲノム医療でも，遺伝子の運び役としてウイルスが用いられます．

バイオテクノロジー（biotechnology）の「バイオ」という語自体は生物一般を指すが，その内容を具体的に見ると，大部分で微生物が主要な役割を果たしている（表10・1）．バイオエタノール（Box6）やバイオセルロース（5・1・1項）は，原料は植物由来でも，原料を加工して付加価値を高める段階で微生物が主役を演じている．遺伝子組換え技術の多くも大腸菌を主とする微生物の細胞内（インビボ†）で反応を進行させるので，培養や滅菌など微生物の知識が欠かせない．DNAを扱う試験管内（インビトロ†）の操作でも，多くは微生物由来の酵素を用いている．

バイオテクノロジーという言葉は，20世紀後半に発展した遺伝子組換えや細胞融合のような新しい手法を使う技術を指すことが多い．これは生物とくに微生物の有益な性質を種の壁を超えて組み合わせて利用する技術であり，伝統的手法と特に対比する場合は現代的バイオテクノロジーとよばれる．一方，微生物を用いる技術一般は酒の醸造など古代から記録されている．微生物が発見されたあとの近代では，ランダムな自然突然変異誘発や交配によって新しい株を取得したり，既存の種や株を新しい製造技術に利用するなどの開発が行われてきた．こちらは伝統的バイオテクノロジーとよばれる．

† インビボ（in vivo）とインビトロ（in vitro）；ともにラテン語に由来し，インビボは生体内で，インビトロはガラス容器内で，の意味．生物学的過程が天然の生体や細胞の中で進行するか人工的な試験管の中で進行するかを区別する一対の語句．なお遺伝子治療に関してエクスビボ（ex vivo）という用語もある（9・5節）．さらに「コンピュータ上で」を意味するインシリコ（in silico）という語も派生しており，シミュレーション計算などを指す．

9・1 抗生物質

抗生物質（antibiotics）は微生物が産生し他の微生物の増殖を抑える物質で

あり，医薬品の総売上高の第1位を占める．20世紀の中頃に開発されたペニシリンを皮切りに次々に新しい薬剤が開発され，細菌が原因の種々の感染症に著効を示してきた．数千種が見いだされたが，実用されているのは150種ほどである．病原菌自体を標的とする原因療法であることや有害作用の少ない選択毒性のおかげで，近代医学の優良性を代表する薬物となった．ストレプトマイセス属 *Streptomyces* をはじめとする放線菌（4・2・1項）が代表的な生産菌だが，バチルス属 *Bacillus* のグラム陽性菌やアオカビ属 *Penicillium* の真菌なども生産する．"antibiotics" という言葉はストレプトマイシンを発見したワクスマン（Waksman, S. A.）が1942年に提唱した．

抗生物質の分野は工業的発酵生産の方法論の開発や確立もリードした．しかし抗生剤の使用が広がるにつれ耐性菌が出現し大きな問題も生じている．ニワトリやブタなど家畜の集団飼育や魚の養殖にも欠かせない物質になっているが，そのような第一次産業や医療における過剰使用も耐性菌の増加の原因になっている．

微生物の増殖を阻害する薬物が，その作用を示す最も低い濃度を，最小発育阻止濃度（MIC†）という．MIC は抗菌薬の強さや微生物の感受性の指標となる．ある抗菌薬について，どのような範囲の菌に作用するかを抗菌スペクトル（antibacterial spectrum）という．

9・1・1 細胞壁合成を阻害する抗生物質

ペニシリン系とセフェム系の抗生物質は共通な分子構造として β-ラクタム環をもつので β-ラクタム系と総称される（図9・1a, b）．ともに細胞壁のペプチドグリカンの合成を阻害することで抗菌作用を発揮する．ペプチドグリカンは細菌に特有なので，ヒトや家畜など真核生物には基本的に無害である．

ペプチドグリカンはグリコシルトランスフェラーゼ（glycosyltransferase）とトランスペプチダーゼ（transpeptidase）の2つの酵素で生合成される．β-ラクタム系薬物は後者に結合して合成を阻害するので，この酵素はペニシリン結合タンパク質（penicillin-binding protein, PBP）ともよばれる．

最初の抗生物質は1929年にフレミング（Fleming, A.）がペニシリウム属 *Penicillium* のアオカビから発見したペニシリンである．

フレミングがペニシリンを発見したのは偶然による．黄色ブドウ球菌が一面にはえた平板培地を捨てようとした時，そこにカビがはえているのに気づいた．しかもそのアオカビの周囲だけが透明化しており，細菌の増殖が抑えられていることを見つけた．そこでそのカビを液体培養し培養液を濾過したところ，そ

† MIC（最小発育阻止濃度 minimum inhibitory concentration）と MBC（最小殺菌濃度 minimum bactericidal concentration）；MIC は一群の試験管かマイクロタイタープレート（micro titer plate, くぼみの並んだ長方形のプラスチック板，下図）に段階的に濃度の異なる抗菌薬を入れ，均一に植菌・培養してどの濃度まで菌が増殖するかを濁度で検出する．MIC の測定では増殖しないまま生き残った菌は検出できず，静菌作用（2・4・2項）を見ることになる．抗菌薬を含まない第2の試験管群やプレートにこれらの培養液を少量移して（subculture）増殖を見ると，殺菌作用の検定となり MBC を算定できる．

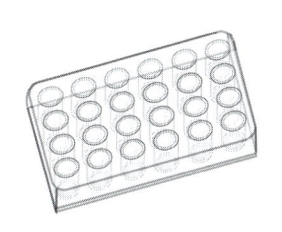

a. セフェム系抗生物質の例　　　　　　　　　　　　7-アミノセファロスポラン酸
　　　　　　　　　　　　　　　　　　　　　　　　　　（R¹, R²=H）

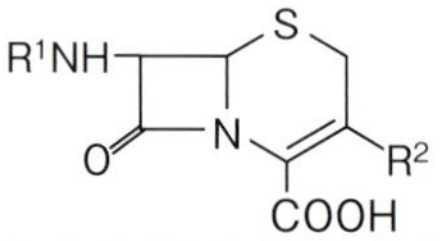

慣用名	R¹	R²	
セファロスポリン C	H₂N-CH-(CH₂)₃CO- （HOOC-）	-CH₂OCOCH₃	第1世代
セファクロル	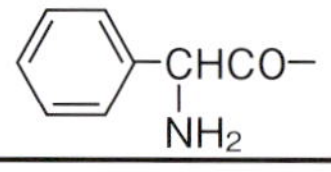 C₆H₅-CH(NH₂)CO-	-Cl	
セフォチアム	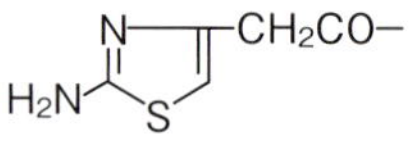 アミノチアゾリル-CH₂CO-	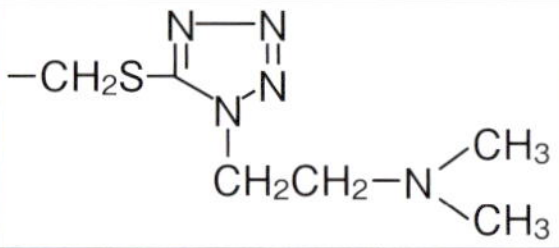 -CH₂S-テトラゾール-CH₂CH₂N(CH₃)₂	第2世代
セフロキシム	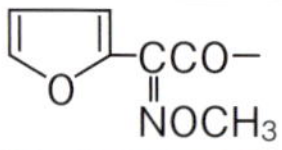 フリル-C(=NOCH₃)CO-	-CH₂OCONH₂	
セフメノキシム	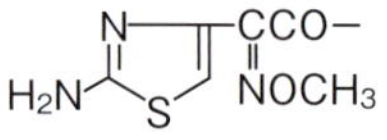 アミノチアゾリル-C(=NOCH₃)CO-	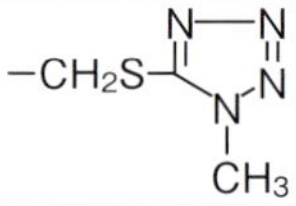 -CH₂S-(1-メチルテトラゾール)	第3世代
セフォペラゾン	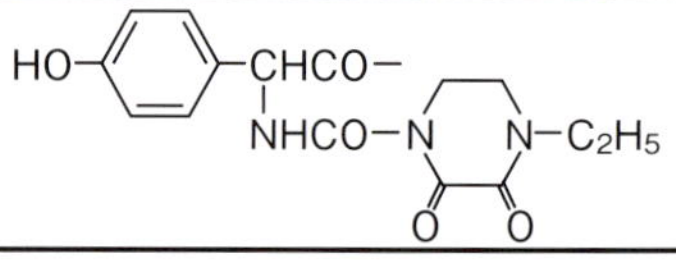 HO-C₆H₄-CH(NH-ピペラジノン-Et)CO-	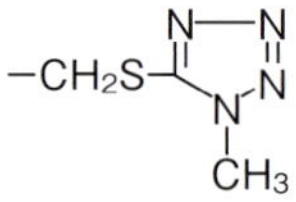 -CH₂S-(1-メチルテトラゾール)	

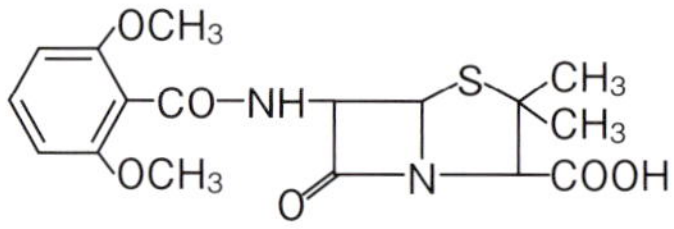

メチシリン　　　　　　　ナリジクス酸 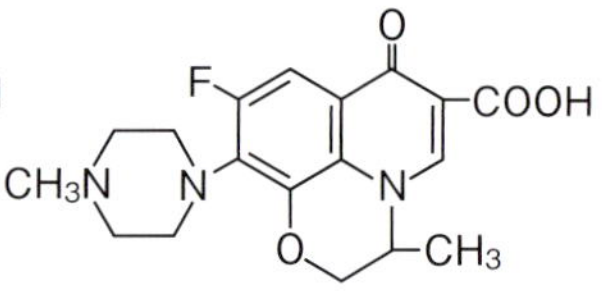　　　　　　オフロキサシン

b. ペニシリン系抗生物質　　　c. キノロン系抗菌薬

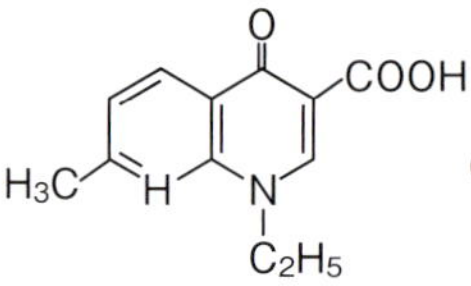

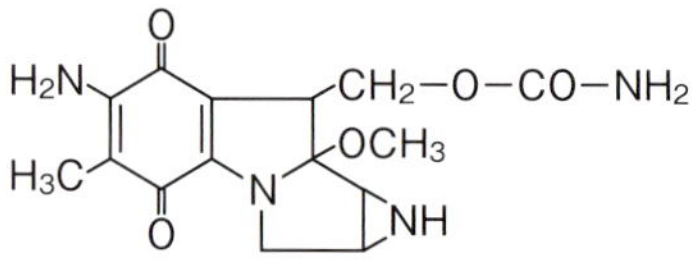

マイトマイシン

d. 抗がん剤

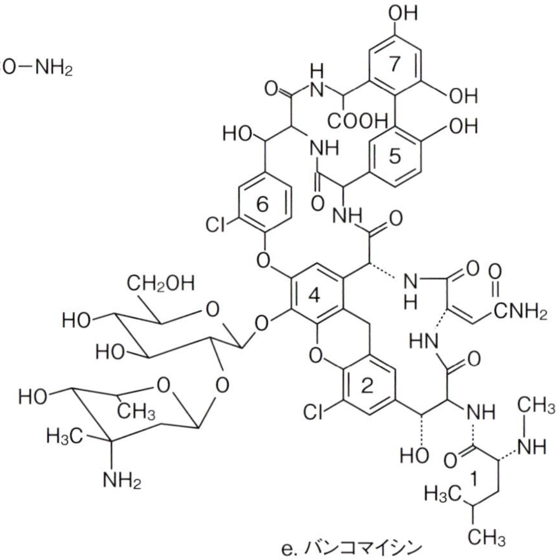

e. バンコマイシン

図 9・1　さまざまな抗生物質

の濾液はブドウ球菌の増殖を阻止した．この液に含まれていた抗菌物質を，アオカビの属名からペニシリンと名づけた．同じ 1920 年代に彼は，唾液の抗菌物質であるリゾチームも偶然から発見した．やはり細菌を一面に塗布した平板培地に向かって誤ってくしゃみをしたが，培養後に観察するとくしゃみの粘液が落ちた場所だけやはり細菌の生育が阻止されていた．こちらのリゾチームは細菌の細胞壁を分解する酵素であり抗生物質ではないが，やはり医薬品として用いられている．この 2 つの逸話は，科学によくある思わぬ発見をする才能すなわちセレンディピティ†の典型的な例示である．

さて，発見当初のアオカビでは臨床応用するには合成量が少なかったが，その後 1940 年代に米国で放射線処理した株からペニシリンを多量に産生する変異株を得て大量生産が可能になり，第二次世界大戦で多くの負傷兵士の命を救った．戦争が科学技術の発展の引き金になることの顕著な例にも挙げられる．

ペニシリンやセフェムは，分子内の β-ラクタム環の立体構造がペプチドグリカン生合成の中間代謝物 D-alanyl-D-alanine の構造に似ているため，細胞壁を合成する酵素の阻害剤として薬効を示す．医薬品としての威力が大きかったため，さまざまな培養生産法が開発された．

アオカビの培養液から単離されたものを天然ペニシリン（natural penicillin）とよぶが，培養液に側鎖の前駆物質を足すことによって産生量が増加する．たとえばペニシリン G（PC-G）はフェニル酢酸の添加で，ペニシリン V（PC-V）はフェノキシ酢酸の添加で，それぞれ増える．この方法で生産したものを生合成ペニシリン（biosynthetic penicillin）という．一方，それらをインビトロで化学的あるいは酵素的に修飾したものを半合成ペニシリン（semisynthetic penicillin）という．これにより天然にはない高性能の分子を作り出すことができる．とくにアンピシリン，アモキシシリン，メチシリンなどペニシリナーゼや β-ラクタマーゼでも分解されないペニシリンを生産するのに用いられた．

セフェム系抗生物質も，戦後日本の製薬業界の発展に寄与した医薬品の 1 つである．戦後の医療や保険が薬価制度で成り立っていたことを考えると，日本が健康で文化的な国家として復活した背景にセフェムなどの抗菌薬があるとさえいえよう．セファロスポリン，セファレキシン，セフラジンなど多数が次々に開発され，「第 1 世代」「第 2 世代」「第 3 世代」などと分類される．セフェム系の原型のセファロスポリンは糸状菌 Cephalosporium acremonium で初めて発見されたが，その後ほかの真菌や細菌からも見つかった．

β-ラクタム系以外でも細胞壁合成阻害に働く抗生物質として新しいタイプの薬剤が開発された．プリマキシンなどカルバペネムやバシトラシン，バン

† セレンディピティ（serendipity）；価値の高い思わぬものを偶然にうまく発見する能力．「セレンディップ（古代スリランカ）の 3 人の王子」という童話からの造語．自然科学ではとくに，実験に失敗してもそこから意外な事実を学び取って，計画からは外れた発見や発明につなげる能力を意味する．A. ノーベルによるダイナマイトの安定化法の発見，W. レントゲンによる X 線の発見，白川英樹による伝導性プラスチックの発見など多数が挙げられる．

コマイシンなどがある（図9・1e）．バンコマイシンはグラム陽性の多剤耐性菌MRSA（4・1・2項）などにも効くとして重用されたが，のちにバンコマイシン耐性腸球菌VREが現れた（4・1・4項）．

9・1・2　タンパク質合成を阻害する抗生物質

細菌のリボソーム†に結合してそのタンパク質合成を阻害することによって抗菌作用を示す抗生物質も多い．ヒトなど真核生物と細菌など原核生物のリボソームは構造が大きく異なる．サイズも異なり前者は80S，後者は70Sとよび分けられる．抗生物質は70Sリボソームにだけ結合するため，宿主のヒトには有害作用を示さず選択毒性が高くなっている．

アミノ配糖体系（aminoglycosides, p58）の抗生物質は70Sリボソームの30Sサブユニットに結合する．まず1944年にワクスマン（Waksman, S. A.）によってストレプトマイシン（streptomycin, Sm）が発見され，画期的な結核治療薬となった（4・2・1項）．つづいて1957年に梅沢浜夫によって発見されたカナマイシン（kanamycin, Km）なども含めストレプトマイセス属 *Streptomyces* の生産する抗生物質は -マイシン（-mycin）を語尾とする．一方，ゲンタミシン（gentamicin, Gm）などミクロモノスポラ属 *Micromonospora* の生産するものは -ミシン（-micin）をつけて区別する．

テトラサイクリン系（tetracyclines）もアミノ配糖体系と同様30Sサブユニットで阻害する．β-ラクタム系抗生物質の作用しないクラミジアやマイコプラズマにも有効な薬物として使用される．エリスロマイシンなどマクロライド系（macrolides）は50Sサブユニットに結合する．同じく50Sサブユニットに作用するクロラムフェニコール（chloramphenicol）は放線菌培養液から発見されたが，現在は化学合成されている．ピューロマイシンは比較的新しいタイプの抗生物質であり，tRNAの類似体（アナログ†）としてリボソームのA部位に結合して阻害する．

9・1・3　その他の化学療法薬

以上2つが伝統的で典型的な抗生物質の作用機序である．しかしそれら従来の薬が作用しない病原菌もあるし，また次々に出現する新たな耐性菌にも対処する必要もあるため，薬剤も次々に新しく開発する必要があった．作用機序は同じだが分子の側鎖や骨格など化学構造が異なる薬のほか，作用機序そのものが違うものも開発されてきた．リファンピシンはDNA依存性RNA重合酵素（RNA polymerase）を阻害する抗生物質である．核酸合成阻害を機序とする薬

---

†リボソーム（ribosome），リソソーム（lysosome），リポソーム（liposome）；日本語で紛らわしい3語．リボソームはRNAとタンパク質からなる超分子構造体でタンパク質合成の場（図1・5）．リソソームは生体膜に包まれた内側酸性の細胞小器官で，病原体や老廃物を消化する．リポソームは人工の球状脂質二重膜で，リン脂質が水溶液中で自発的に形成する微細構造．

†アナログ（analog(ue)）；天然の物質とよく似た人工物質．機能も近い場合と，本来の物質の結合を妨害して機能を阻害する場合がある．"analog"という語はまた，進化的起源を同じくする相同体（homolog, 脚と翼など）に対して起原は異なるのに構造や機能が同じ相似体（鳥の翼と昆虫の羽など）や，離散的信号（digital）に対する連続的信号も意味する．

物のうちでは古くからある．ただし染色体の変異による耐性菌が出やすいので，日本ではもっぱら結核菌やライ菌など抗酸菌にのみ用いられる．

一方，微生物で見つかったのではなく最初から化学合成された抗菌剤もある．病原菌などを標的とする合成薬と抗生物質を合わせて化学療法薬と総称する．古典的な合成化学療法薬のサルファ薬は，ペニシリンの発見より前から抗菌薬として使われた（1・2節）．作用機序としては葉酸†の合成に拮抗するものであり，ある程度の選択毒性がある．イソニアジドなども代謝拮抗薬である．比較的新しく開発されたナリジクス酸やオフロキサシンなどキノロン系（ピリドンカルボン酸系）の抗菌薬は核酸合成阻害薬の1つだが，その標的はDNAジャイレース（DNA gyrase）である．

抗生物質の多くは病原性細菌を標的としている．しかしほかに抗がん薬として使われるマイトマイシンCやブレオマイシン（ストレプトマイセス ベルティシラス *Streptomyces verticillus* が生産），アクチノマイシン（*S.* セスピトサス *S. caespitosus* が生産）などもある（図9・1d）．抗真菌薬として使われるポリエン系のナイスタチンなども抗生物質である．

細菌が生産し他の細菌を殺す一群の抗菌性タンパク質をバクテリオシン（bacteriocin）という．標的が近縁種である点で一般の抗生物質とは異なる．感受性菌の細胞表層の特異的受容体に結合した後，イオンチャネルあるいはDNAやRNAを分解する酵素として作用する．大腸菌などの作るコリシン（colicin）や乳酸菌の作るナイシン（nisin）が代表的である．後者は缶詰や乳製品に添加する安全な保存剤として欧米で利用されている．

9・2　ビタミン

ビタミン（vitamin）の総売上高は抗生物質についで第2位である．輸液などの医薬品として使われるほか，栄養強化のため食品や飼料へも添加される．多くは構造が比較的簡単なため化学合成されるが，次の4つは微生物によって生産される．

ビタミンB_{12}（シアノコバラミン）はグラム陽性のプロピオン酸菌 *Propionibacterium*（4・2・5項）やグラム陰性菌 *Pseudomonas denitrificans* が合成する（図9・2a）．コバルトCoが必須であり，添加によって生産量は増加する．ビタミンB_2（リボフラビン）はサッカロミセス科の出芽酵母 *Eremothecium*（旧名 *Ashbya*）*gossypii* のほかに細菌や糸状菌なども産生し，貧血治療薬の葉酸はアオカビ *Penicillium membranaefaciens* などが生産する．ビタミンC（アスコルビン酸）の製造に必要な光学異性のL-ソルボースは化学合成では作りにく

† 葉酸（folic acid）；メチル基やホルミル基など各種C_1転移反応を触媒する酵素の補酵素として働くビタミン．ヌクレオチド（核酸）やアミノ酸の生合成に重要である．ホウレンソウの葉から発見されたことにより命名された．化学名は*N*-[4-{[(2-amino-4-oxo-6-pteridinyl) metyl] amino} benzoyl]-ʟ- glutamic acid だが，広義には同様の活性をもつ構造類似体の総称．葉酸拮抗薬は抗菌薬や抗がん薬として使われる．

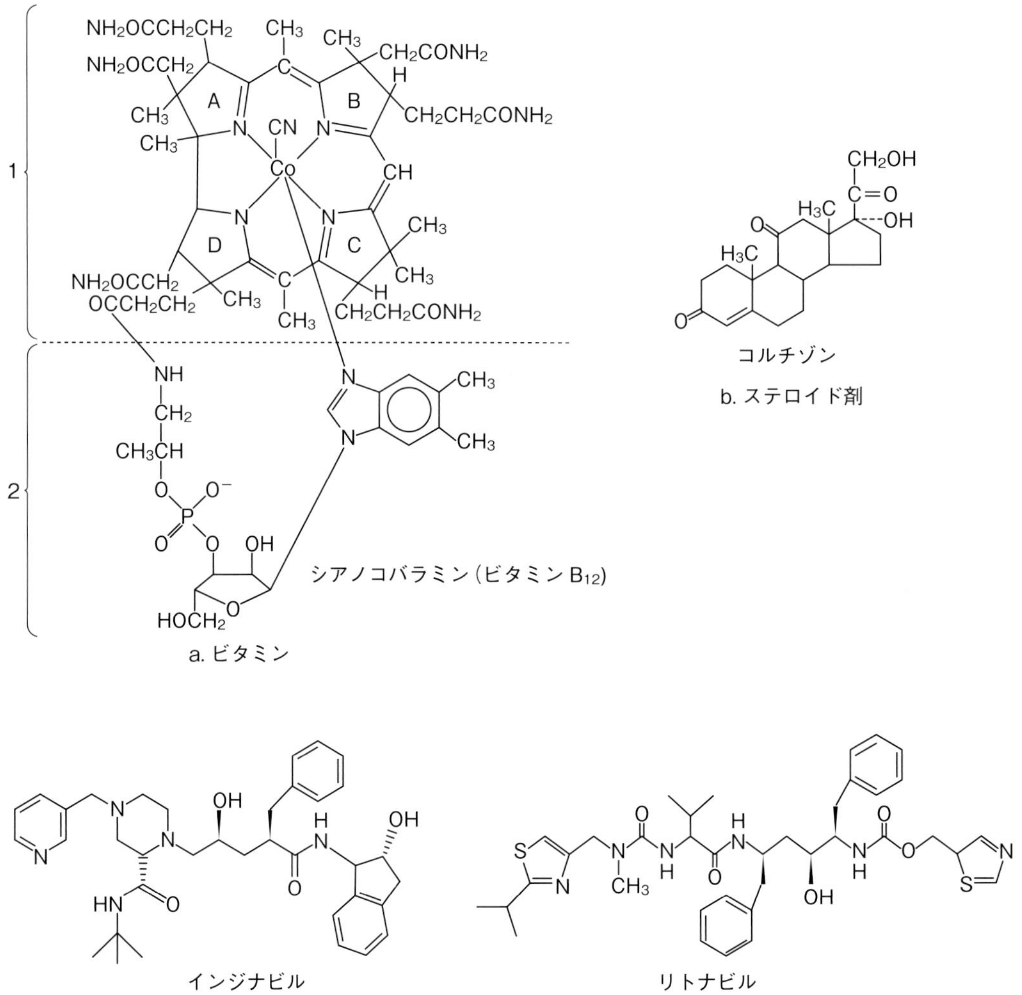

a. ビタミン
シアノコバラミン（ビタミン B$_{12}$）

b. ステロイド剤
コルチゾン

c. HIV プロテアーゼ阻害薬
インジナビル　　リトナビル

図 9・2　ビタミン，ホルモン，酵素阻害薬

いので，酢酸菌 *Gluconobacter oxydans*（5・1・1 項）によって微生物変換（10・1 節）で合成される．すなわち，D-グルコースを接触還元して得られる糖アルコールの D-ソルビトールを原料としてソルボース発酵し，その後化学的に L-アスコルビン酸に変換する．

9・3 ステロイドホルモン[†]

ステロイド薬は各種のアレルギー性疾患や皮膚病，多くの炎症の緩和に幅広く利用される．ホルモンに欠陥をもつ病気や自己免疫疾患，臓器移植の拒絶反応の抑制，避妊にも使われる．しかし 20 世紀半ばまでその生産は限られていた．ステロイド薬のコルチゾンは胆汁から 37 段階の反応を経て化学合成するか，ウシの副腎から乏しい量を抽出することしかできず，1 グラム当たり 7 万円もしていた（図 9・2b）．しかし米国の D.H. ピーターソンらは 1952 年，ヤマイモをはじめ幅広い植物にありふれたステロイドをクモノスカビ *Rhizopus stolonifer* がコルチゾンの中間体に微生物変換（10・1 節）することを見つけた．これで大量生産が可能になり，価格は 1 グラム 50 円に下がった．

副腎皮質ホルモンのほか，男性ホルモンや女性ホルモンなど多数が同じステロイド骨格をもつので微生物変換法がとくに有利である．その後も多くの方法が開発され，水酸化反応のほか脱水素，水素添加，エポキシ化，側鎖切断，核開裂などを行う微生物が見つかっている．

9・4 酵素とペプチド

特定の機能をもつ各種酵素が微生物からスクリーニングされ，臨床検査薬を中心に医療に利用されている．糖尿病の診断などのため血糖値の測定にグルコースオキシダーゼが利用される．糖尿病およびその関連疾患は，わが国の医療費約 30 兆円のうち 1 兆円を費やす主要な病気であり，診断の効率化は重要である．

肝機能の検査として血中の GPT（glutamic pyruvic transaminase）や GOT（glutamic oxaloacetic transaminase）など酵素の活性を測るが，その定量にも微生物由来の酵素を利用する．またコレステロールの定量にコレステロールオキシダーゼが使われるほか，コリンオキシダーゼ，アミンオキシダーゼ，パーオキシダーゼ，アシル CoA オキシダーゼなどオキシダーゼ（酸化酵素）類は生体成分を感度よく検出でき，バイオセンサーなどにも重用されている．

治療薬として使われる酵素もあり，セラチア マルセッセンス *Serratia marcescens* の分泌するプロテアーゼは経口消炎薬となる．治療薬の合成に使わ

[†] ステロイドホルモン（steroid hormone）；ステロイド骨格（図 9・2b の四環構造）をもったホルモン．男性ホルモン（androgen），2 群の女性ホルモンの卵胞ホルモン（estrogen）と黄体ホルモン（progesterone），副腎皮質ホルモンがある．ペプチドホルモンや生理活性アミンが標的細胞の細胞膜にある受容体に結合して作用するのに対し，ステロイドホルモンは一般に細胞の中に入り込み細胞内受容体に結合して作用する．

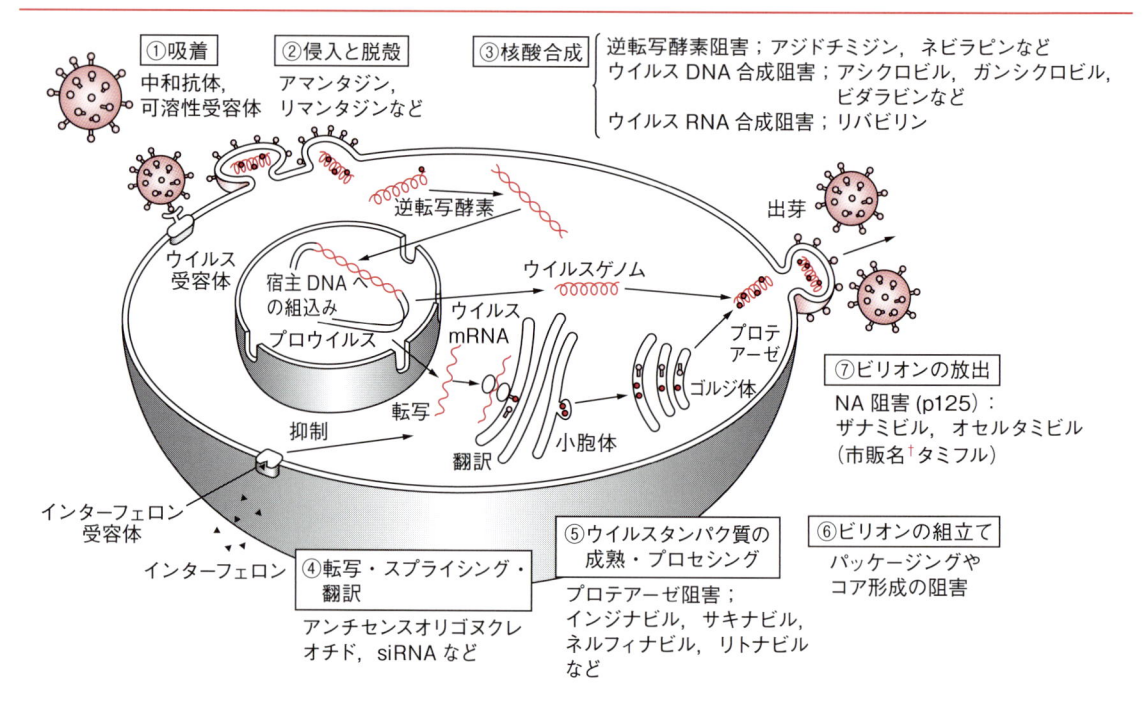

図9・3 ウイルスの増殖過程と抗ウイルス薬の標的
抗ウイルス薬は実用中のものと可能性のあるものを含む.

図中ラベル:

①吸着
中和抗体,可溶性受容体

②侵入と脱殻
アマンタジン,リマンタジンなど

③核酸合成
- 逆転写酵素阻害；アジドチミジン,ネビラピンなど
- ウイルスDNA合成阻害；アシクロビル,ガンシクロビル,ビダラビンなど
- ウイルスRNA合成阻害；リバビリン

④転写・スプライシング・翻訳
アンチセンスオリゴヌクレオチド,siRNAなど

⑤ウイルスタンパク質の成熟・プロセシング
プロテアーゼ阻害；インジナビル,サキナビル,ネルフィナビル,リトナビルなど

⑥ビリオンの組立て
パッケージングやコア形成の阻害

⑦ビリオンの放出
NA阻害 (p125)：ザナミビル,オセルタミビル(市販名†タミフル)

その他：ウイルス受容体,インターフェロン受容体,インターフェロン,逆転写酵素,宿主DNAへの組込み,プロウイルス,抑制,転写,翻訳,ウイルスmRNA,ウイルスゲノム,小胞体,ゴルジ体,プロテアーゼ,出芽

れる酵素もあり,腸内細菌由来の酵素トリプトファナーゼ(β-チロシナーゼ)はパーキンソン氏病治療薬のL-DOPA (3,4-dihydrophenylalanine)の生産に用いられる.ピリドキサルリン酸を補酵素とするアミノ酸分解酵素だが,置換反応や合成反応も触媒することから,わが国で実用化された.同様の方法が種々の光学活性アミノ酸の酵素的合成にも応用されている.

一方,酵素阻害剤では,肝臓でのコレステロール合成の律速段階を触媒するHMG-CoA還元酵素 (3-hydroxy-3-methylglutaryl CoA reductase)の阻害剤スタチンが高脂血症治療薬として微生物から開発され,最近の大ヒット商品となった(Box9).抗ウイルス薬は抗菌薬よりずっと少ないが,ウイルスの増殖メカニズムに基づいて開発されており(図9・3),その中にはウイルスの酵素に対する阻害薬も含まれている(図9・2c).

また,遺伝子組換え技術によって大腸菌や哺乳動物培養細胞で作られる各種のペプチドやタンパク質が医薬品として実用化されている.家畜の臓器から抽出するような稀少だった薬物がベクター†で導入した外来遺伝子の発現で生産量を増やせるようになった.また臓器や血液の成分から作った製剤では,未知の病原ウイルスが後に発見されることもあり,薬害エイズやC型肝炎の問題

---

† ベクター (vector)；遺伝子組換え技術において外来DNAの細胞内導入や増幅,発現に利用される小型のDNA分子で,自立的な増殖能をもつ.酵素などにより切断されたDNA断片をつないで用いる.通常ウイルス(7・3節)やプラスミド(10・1節)のDNAを利用する.遺伝子を増殖させるためのクローニングベクターとタンパク質を産生するための発現ベクターとがある.なおこの語はもともと「運ぶもの」を意味し,感染の媒介動物(8・1・2項)のほか,物理学や数学の「ベクトル」にも使われる.

を引き起こしている（7・3節）が，ペプチドやタンパク質をインビトロ（p136）で生産すれば，そのような未知ウイルスの混入を回避できる．ペプチドホルモンやインターフェロンなどは微量で治療に有効なので，生産量は少ないが売り上げは急成長し巨額になった．成長ホルモンは下垂体性低身長症（小人病）の治療に，膵臓ホルモンのインスリンは糖尿病，インターフェロンαはウイルス性肝炎，インターロイキン[†]2はがんの治療などにそれぞれ用いられる．

9・5 ゲノム医療

ヒトを中心に多くの病原細菌などについてもゲノム解析が進み，ゲノム情報に基づく医療技術が開発されている．そのような先端的な医療をゲノム医療と総称することがある．それらは研究や診断，治療などさまざまな段階で遺伝子組換え技術を応用しており，微生物やウイルスまたその生産物が利用されている．

ゲノム医療のうち遺伝子治療は，遺伝子異常などで起こる病気について，その細胞に正常な遺伝子を導入することによって欠陥を補う治療法である．遺伝子の導入法には2つの方式がある．インビボ（*in vivo*, p136）療法とは目的の遺伝子を直接注射などで患者の体内に打ち込む方法であり，エクスビボ（*ex vivo*）療法とは血液細胞や腫瘍細胞などをいったん体外に取り出して培養し，目的の遺伝子を組み込んだ上で体内に戻す方法である．いずれも多くの場合，遺伝子のベクター（9・4節）としてウイルスを用いる．重症複合型免疫不全症や嚢胞性繊維症など先天的な遺伝病だけではなく，各種のがんやエイズのような感染症など後天的な疾患に対しても，レトロウイルスやアデノウイルス，レンチウイルス（表7・1）などが利用されているが，挿入できるDNAの長さや遺伝子導入の容易さ，発現時間，有害作用など一長一短がある．

遺伝子治療がまだ試験治療の段階であるのに対し，遺伝子診断の技術はすでに実用化されている．例えば出生前に羊水の細胞を調べてフェニルケトン尿症などの遺伝病の有無を判定して対策を講じたり，感染症の患者の起因菌を同定して治療方法を選択したりしている．これらの診断には好熱性細菌由来の耐熱性DNAポリメラーゼを利用したPCR法（10・4節）が多用されている．

一方，同じ診断名やよく似た症状の病気でもその発症の分子メカニズムは患者ごとでさまざまなことが多い．また同じ薬を用いてもその効き具合や有害作用の程度は個人ごとで異なる場合も多い．これら体質の違いの背景にはゲノムの塩基配列の違いが関わっており，その具体的な違いすなわち遺伝子多型が解明されてきた．したがって各個人のゲノム情報を解読することによって，それ

[†] インターロイキン（interleukin, IL）；細胞から分泌され特定の標的細胞に対して信号物質として作用するタンパク質をサイトカイン（cytokine）と総称するが，そのうち白血球（leukocyte）が分泌する一群の可溶性タンパク質．2007年現在IL-1からIL-32まで通し番号をつけて整理されている．低濃度（nM～pM）で特異的なIL受容体に結合して作用する糖タンパク質で，ホルモンとは違い局所で働く．免疫系（8・1・3項）でさまざまな機能を果たし，自己免疫疾患や免疫不全など難病の多くもILに関係している．

[†] 市販名（商品名 brand [trade] name）と一般名（generic name）（前頁）；「タミフル」は市販名であり，一般名はオセルタミビルという．一般名は日本薬局方（医薬品の品質規格書）に収載された局方名を用いることが多い．市販名はメーカーごとに異なり，たとえば抗不安薬のジアゼパム（一般名）にはセルシン（武田薬品）やホリゾン（アステラス製薬）などがある．「セルシンの主成分はジアゼパムである」といった言い方もされる．

Box 9　米屋のカビから医薬品 ― 微生物創薬の道筋 ―

　第二次世界大戦後の先進国では感染症による死者数が激減した．代わりに循環器系の病気とがんによる死者数が増加しており，これらの治療薬の開発にも微生物の力が期待されている．微生物による創薬の華々しい成功例に新薬スタチンがある．

i．基礎研究と化合物探索 ― 微生物の狩人 ―

　現在わが国ではがんに次いで冠動脈疾患などの心疾患が死亡者数第2位を占める．冠動脈は心臓に血液を供給する重要な血管で，動脈硬化で狭くなると血流がおとろえ，血栓で閉塞すると血流がとまって心筋梗塞の発作を起こし，死亡に至ることも多い．高コレステロール血症が冠動脈疾患の主要な危険因子であることは1960年代初めからわかっていた．

　コレステロールには，食物から摂取する外因性コレステロールと肝臓など体内で生合成される内因性コレステロールとがあり，ヒトでは後者の割合が高い．生合成の律速（p26）段階はHMG-CoA 還元酵素（3-hydroxy-3-methylglutaryl-coenzyme A reductase）である．そこでHMG-CoA 還元酵素の阻害薬が高コレステロール血症の治療薬になるのではないかと考えられた．1960年代末，医薬品メーカー三共（当時）の発酵研究所に所属する遠藤 章の研究チームは，同研究所に保有していた株に新しく収集した株も加え，合計約2600のカビやキノコからこの阻害作用のある物質を探した．

　スクリーニングはインビトロ（*in vitro*，p136）実験で行った．まずラットの肝臓からコレステロール合成酵素を抽出する．これに放射性同位体で標識した酢酸とその他の化学薬品を混ぜる．この混液を多数の試験管に入れ，上記の微生物をそれぞれ育てた培養液を加えて反応させた後，コレステロール類を抽出してその放射能を測る．培養液を加えない対照実験の試験管ではラットの酵素が働いてコレステロールの合成が進むが，培養液に酵素の阻害物質が含まれていた試験管では対照実験より放射能の移行量が小さい．紛らわしい疑陽性の候補株や有害な副作用のある株を除外するなどの苦労を重ねた結果，かつて京都の米穀店の米から分離されていたアオカビ（7・1・1項）*Penicillium citrinum* が1972年に選ばれた．

ii．前臨床試験 ― 実用化への長い道のり ―

　新薬のたねを見つけることはきわめて重要だが，実用化までにはさらにさまざまな作業が必要である．まずクロマトグラフィーなどを組み合わせて有効成分を精製した．そのX線結晶構造解析により化学構造を解いた（図9・4a）．培地に麦芽エキスを加えるなどの工夫で生産性を40倍に上げた．この物質は最初にコンパクチンと名づけられた．

　しかしコンパクチンは，ラットによる動物実験では，血中コレステロール値が下がらないという否定的な事態に遭遇した．だが彼らはここであきらめず，ニワトリとイヌでは劇的に効くことを突き止めた．ラットにはHMG-CoA 還元酵素の活性が阻害されるとその酵素自体の発現量が約10倍に増える調節機構が備わっているため，阻害薬の作用が打ち消されていた．しかしニワトリやイヌ，そしてヒトでもラットのようには打ち

消されず,十分な薬効が認められた.

一方,安全性試験の過程では,顕微鏡による病理組織検査で肝細胞に見慣れぬ微小結晶が認められた.大量投与の場合に限られていたが,肝毒性が疑われるとの否定的な所見により,開発は暗礁に乗り上げかけた.しかし後に安全性に影響はないとの結論が得られた.

iii. 臨床試験と承認審査 — 成功の秘訣 —

1978年,他に治療法のない重症の高コレステロール血症患者数名に試験的に投与したところ,顕著な改善が見られ,しかも副作用もほとんど解消できた.ここで会社全体としての開発品目と認められ,臨床試験の第一相(健常者で安全性確認),第二相(少数の患者に投与)へと進んだ.80年代から90年代にかけて追随者が参入してきた.化学構造も薬理作用もコンパクチンによく似た化合物が世界で次々に開発され,スタチンと総称される.この間85年には米国の2人の研究者がコレステロール代謝に関する諸発見でノーベル生理学・医学賞を受けた.第三相試験(多数の患者で統計的証明)を経て最初に新薬として承認されたのは,87年メルク社のロバスタチンだった.

その後たくさんのスタチンが登場したが,いずれもHMG-CoA還元酵素を標的とする.青カビに由来するため「動脈硬化のペニシリン」ともよばれるコンパクチンや紅コウジカビ(7・1・1項)から得られるロバスタチンなどの天然スタチンのほか,それをストレプトマイセス属 *Streptomyces* の放線菌で微生物変換(10・1節)した半合成スタチン,および有機合成化学的に作り出した合成スタチンがある(図9・4b).

最新技術による研究開発と市場における持続的勝利の間には激しい競争の段階があり,これを進化論における自然淘汰になぞらえてダーウィンの海(Darwinian sea)とよぶ.ダーウィンの海を乗り越えたスタチンはいくつかの巨大製薬会社で製造されている.

大規模臨床試験で,冠動脈疾患のほか脳卒中や骨粗鬆症,糖尿病などへの効果も示された.2005年には世界の総売上高が2兆9000億円に達した.100か国以上で3000万人を超す患者に使われ,医療用医薬品の売上高ベストテンの2つをスタチンが占めた.

新薬の開発は研究者の独創性や知識力,国内外の人脈,企業の資金力や経営者の戦略などが複雑にからむ過程だが,その核心には素朴な好奇心と実直な誇りに支えられた研究者の長期的で粘り強い意志の力がある.

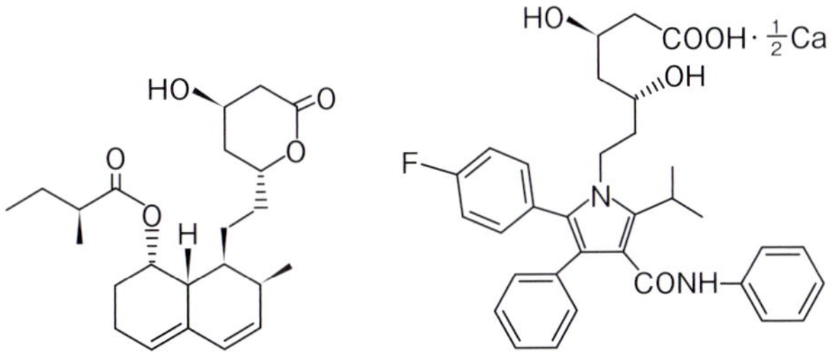

a. コンパクチン b. アトルバスタチン

図9・4 HMG-CoA還元酵素阻害薬

それに適した治療方針や投薬量を設定しうる．このような治療をオーダーメイド医療という．

例えばシトクロム P450[†]（CYP）2B6 という酵素はエイズ治療薬エファビレンツや抗がん薬シクロホスファミドなど多くの薬物の分解に働く．*CYP2B6* 遺伝子にはいろいろな多型があるが，516 番目の G が T に置き換わった変異をもつ人はエファビレンツの代謝が遅れて血中濃度が高まりやすく，ふらつきやうつ症状が強く現れる．この *CYP2B6* 遺伝子を含め，薬の体内動態に関連する遺伝子多型を投与前のゲノム解析で網羅的に解析できれば，適した用量を決められる可能性がある．そのほか分子標的薬やゲノム創薬などでも直接，間接に微生物の力を利用している．

再生医療で注目される誘導万能性幹細胞（induced pluripotent stem cell, iPS 細胞，p122）もウイルスのベクター能を利用して開発された．いろいろな種類の細胞に分化しうる万能細胞は，インビトロ（p136）で各種の組織や臓器を作り出し，移植の必要な患者の治療に幅広く利用することが期待されている．万能細胞として従来注目されてきた胚性幹細胞（embryonic stem cell, ES 細胞）は，生命の萌芽である受精卵を壊して作ることから生命倫理の上で問題が大きい．2007 年 山中伸弥らは，成人の皮膚の細胞に 4 種の転写調節因子の遺伝子を組み込み，万能細胞として働く iPS 細胞を作ることに成功した．この遺伝子導入にレトロウイルスやレンチウイルス（表 7・1）などが用いられている．iPS 細胞は，分化した体細胞に由来するので倫理的問題も乗り越えられるし，患者本人の細胞から作れば移植の拒絶反応も回避できる．

[†] シトクロム P450（cytochrome P450）；シトクロムとは細胞（cyto-）の色素（chrome, p78）の意味で，ヘムを補欠分子族としてもち酸化還元反応に関わるタンパク質の総称．呼吸鎖（3・3 節）と光合成（3・6 節）のシトクロム群に対する第 3 群がシトクロム P450（略して CYP）で，水酸化反応を触媒するモノオキシゲナーゼ（p175）である．還元型に一酸化炭素が結合すると 450 nm に吸収ピークを示す色素（pigment）として名づけられた．細菌や古細菌から真菌，動植物まで幅広く存在し，とくに高等生物には種類が多い．ヒトでは肝臓などの小胞体に局在して幅広い生体物質の代謝や異物の解毒に働き，医薬品の体内動態にも重要な役割を果たす．

10. ホワイトバイオテクノロジー
（発酵工業・食品製造）
― おいしい微生物 ―

　工業分野の微生物利用というと発酵飲食品の製造が大きな割合を占めています．その中でも伝統的バイオテクノロジーによる酒類の醸造が生産高ではだんとつで，何より酒はわれわれの心を和ませてくれます．ほかに味噌や醤油,酢,漬け物,チーズ,ヨーグルトなど多くの食品が発酵で作られます．アミノ酸や核酸もホワイトバイオ領域の食品素材です．ただし3色のバイオは明確に分けられるものではなく，アミノ酸は薬品とともにホワイトとレッド両方の色彩を含むでしょうし，バイオ燃料はグリーンとホワイトに彩られています．

10・1　発酵生産

　飲食物などの発酵生産は古来から連綿と続いているが，人類が微生物の働きを認識して以後の近代的な発酵工業は，1895年にフランスのボアダンがアミロ法[†]を開発したのを嚆矢とする．彼は中国のコウジに着目しアミロマイセス属のカビを使ってデンプンを糖化した．これを酵母によってアルコール発酵させ，溶媒としてのエタノールを大量に生産した．続いて通気撹拌を伴う深部培養法を利用したパン酵母菌体の大量生産法が開発された．20世紀には純粋培養法と大量培養技術に基づき，エタノールのほかアセトンやブタノール，クエン酸など有用物質を大量に生産する近代発酵工業が誕生した．

　このように発酵工業では19世紀末から，飲食品以外にも燃料や溶媒など種々の有機化合物の生産法が開発され使用されてきた．しかし1920年代以降，石油化学の進歩によって幅広い物質が化学合成法で安価で大量に生産されるようになり，多くの製造法がとって代わられた．石油はもともと中生代の単細胞藻類や藍色細菌を中心とする微生物が作り出した化石資源ではあるものの，生産現場で微生物を使うわけではない．しかし21世紀を迎える前に石油価格の上昇や環境問題などで再び発酵による生産法に注目が集まってきた．

[†] アミロ法（amylo process）；とくに糖化力の強い糸状菌を用いてデンプンを工業的に糖化する方法．酒類の醸造には麦芽やコウジカビが用いられるが（10・2・1項），人手や費用がかかるなどの問題があった．19世紀末，ケカビ亜門（7・1・3項）のアミロ菌 *Amylomyces rouxii* を利用した糖化と酵母によるアルコール発酵とを組み合わせて工業用アルコールを安価に大量生産する方法が成功を収めた．その後 近縁のクモノスカビ属 *Rhizopus* を用いたり，液化（10・3・4項）力を高めるためコウジカビを併用するなど，わが国で改良された．

表 10·1　バイオ産業の分野別出荷額

大分類	中分類	参　考	出荷額（百万円）
1. 食品	酒類	清酒，ビール，焼酎，洋酒など	3,343,059
	天然調味料	味噌，醤油，食酢，みりんなど	180,299
	発酵食品	チーズ，ヨーグルト，納豆など	729,212
	パン・菓子類	従来のパンを含む	328,817
	合計		**5,585,713**
2. その他の食品（食品原料）	甘味料	異性化糖，オリゴ糖，糖アルコールなど	104,706
	ビタミン	C，E，B_{12} など	1,853
	補酵素など	コエンザイム Q_{10}，α-リポ酸など	9,902
	アミノ酸	グルタミン酸を除く	143,499
	脂肪酸	γ-リノレン酸，DHA，EPA など	373
	有機酸，酸味料	クエン酸，コハク酸など	1,052
（その他の食品）	酵母，コウジ		14,404
	特定保健用食品	乳酸菌含有，食物繊維含有食品など	208,077
	特殊栄養食品	特定保健用食品を除く	26,902
	食品用酵素	プロテアーゼ，キモシンなど	30,752
	合計		**558,098**
3. 農業関係	キノコ		46,126
	種苗	穀物，花き，野菜など	8,822
	農薬	生物農薬，誘因・忌避物質など	2,627
	合計		**91,535**
4. 畜産・水産関係（従来の育種などによる品種などは除く）	飼料・餌料添加物	ビタミン，アミノ酸，抗生物質など	47,837
	動物薬	治療薬，ワクチン，診断薬など	7,576
	合計		**66,004**
5. 医薬品・診断薬・医療用具	抗微生物抗生物質	セフェム系，アミノグリコシド系など	346,851
	発酵生産物医薬品	スタチン類，消化酵素など	123,841
	抗体医薬品	トラスツズマブ，リツキシマブなど	150,893
	遺伝子組換え医薬品	インターフェロン，エリスロポエチンなど	255,672
	合計		**1,272,894**
6. 研究用試料・試薬		酵素，抗体，PCR キットなど	19,507
7. 繊維・繊維加工		セルロース，染料，加工用酵素など	60,025
8. 化成品	バイオ化粧品	ヒアルロン酸，コエンザイム含有化粧品など	113,027
	洗剤		116,307
	工業原料	アミノ酸，酵素，核酸，医薬中間体など	49,355
	合計		**356,991**
9. バイオエレクロトニクス		医療用，環境計測用センサーなど	33,555
10. 環境関連機器	水処理関係	活性汚泥法，膜式活性汚泥法など	45,825
	空気処理関係	脱臭，脱硝，VOC 除去など	1,380
	固形物関係	生ゴミコンポスト，汚泥処理など	1,431
	土壌関係	バイオスティミュレーション，バイオオーグメンテーションなど	2,200
	合計		**51,289**
11. 研究・生産用機器設備		発酵・分離精製設備，DNA シーケンサなど	102,212
12. その他の製品		生体適合材料，バイオマスなど	9,090
13. 情報処理		データベース，解析ソフトなど	4,739
14. サービス（技術支援を含む）		医療診断検査，遺伝子診断検査など	133,489
総合計			**7,345,137**

* 「平成 22 年度バイオ産業創造基礎調査報告書」（巻末の参考文献 3-12）より抜粋

動植物と違い微生物の多くは光を要求しないので，微生物による生産にはタンクで培養が可能だという利点がある．牧場のような広い場所が不要であり，天候にも左右されない．ただし酸素 O_2 の供給と熱の放散が課題である．さらに微生物は増殖が速く，他の製造工程の廃棄物で培養できる．たとえば，製粉業の廃物で窒素や成長因子（2・3・1項）が豊富なトウモロコシ残渣や，乳業の廃物で乳糖とミネラルを含む乳清（10・2・3節）などが用いられる．逆に言えば廃物で大量培養できる菌を選ぶことが重要である．たとえば抗生物質の生産にはストレプトマイセス属 *Streptomyces* などがよく使われる．野生株だけでなく突然変異株を使うことも多い．自然界から単離したり放射線や化学物質で誘発するのはランダムな変異体だが，遺伝情報に基づき設計した変異を遺伝子操作によって作出することもある．

発酵による生産物は3種に大別できる．まず微生物の細胞そのものが生産物の場合がある．たとえばパン製造用のドライイーストは乾燥状態の酵母生菌体である．酵母は加熱で殺しても70％近くがタンパク質・アミノ酸で，ビタミンもまんべんなく含有する優れた補助栄養食品である．なお酵母菌体の生産と次に出てくる酵母によるアルコールの生産とはまったく別のプロセスである．通性嫌気性のパン酵母は，糖を部分分解してエタノールを生産するには嫌気条件下で培養する必要があるが，菌体収量を上げるには糖を完全酸化できる好気条件が適している．

第2は微生物の代謝産物で，生産高はこれが最も多い．これには一次代謝産物と二次代謝産物とがある（図10・1）．代謝のうち解糖系やクエン酸回路のように生存の基盤となるエネルギーを獲得したり，生体を構成する物質をつくる中心的な系を一次代謝（primary metabolism）という．一次代謝の異化反応で生成される典型的な産物にエタノールやアセトン，ブタノールがある．これに対し抗生物質（9・1節）やアルカロイド†，ステロイドなどのように生物の生存や増殖自体には直接必須ではない代謝を二次代謝（secondary metabolism）という．二次代謝は一次代謝経路から枝分かれした付加的な代謝経路である．

一次代謝産物は菌体の増加に並行して産生されるのに対し，二次代謝産物は菌体量が十分増えた増殖期の終わりから定常期にかけて代謝が切り替わって産生されるという特徴がある．二次代謝産物の生合成には多段階の酵素反応ステップが関与し，多くの場合は構造が類似した物質のグループとして得られる．それぞれの生成は特定少数の生物種に限定されることが多い．一次代謝産物と違い，何らかの操作によって劇的な過剰発現が可能で，プラスミド†などを用いた遺伝子増幅の技術によって収率を高められる場合もある．

† アルカロイド（alkaloid）；生物に由来する窒素含有二次代謝産物の総称．植物由来で含窒素複素環をもつ物質が多い．名称は「アルカリ様物質」を意味するが，コルヒチンなど非塩基性のアミド誘導体も含めることが多い．阿片のモルヒネや麦角アルカロイドをはじめヒトに顕著な生理活性を示すものが多く，古来より医薬や毒薬として用いられてきた．

† プラスミド（plasmid）；細菌や古細菌，酵母の細胞質にあって，染色体 DNA とは独立に自己増殖して子孫に伝えられる染色体外遺伝因子．多くは小型の環状2本鎖 DNA だが，直鎖状のものや染色体に近い大きなサイズのものもある．通常細胞の生存に必須ではないが，含まれる遺伝子によって薬剤耐性や病原性を菌から菌へ伝達できる．また遺伝子工学では外来遺伝子の細胞内導入や増幅，発現のためのベクター（9・4節）として用いられる．

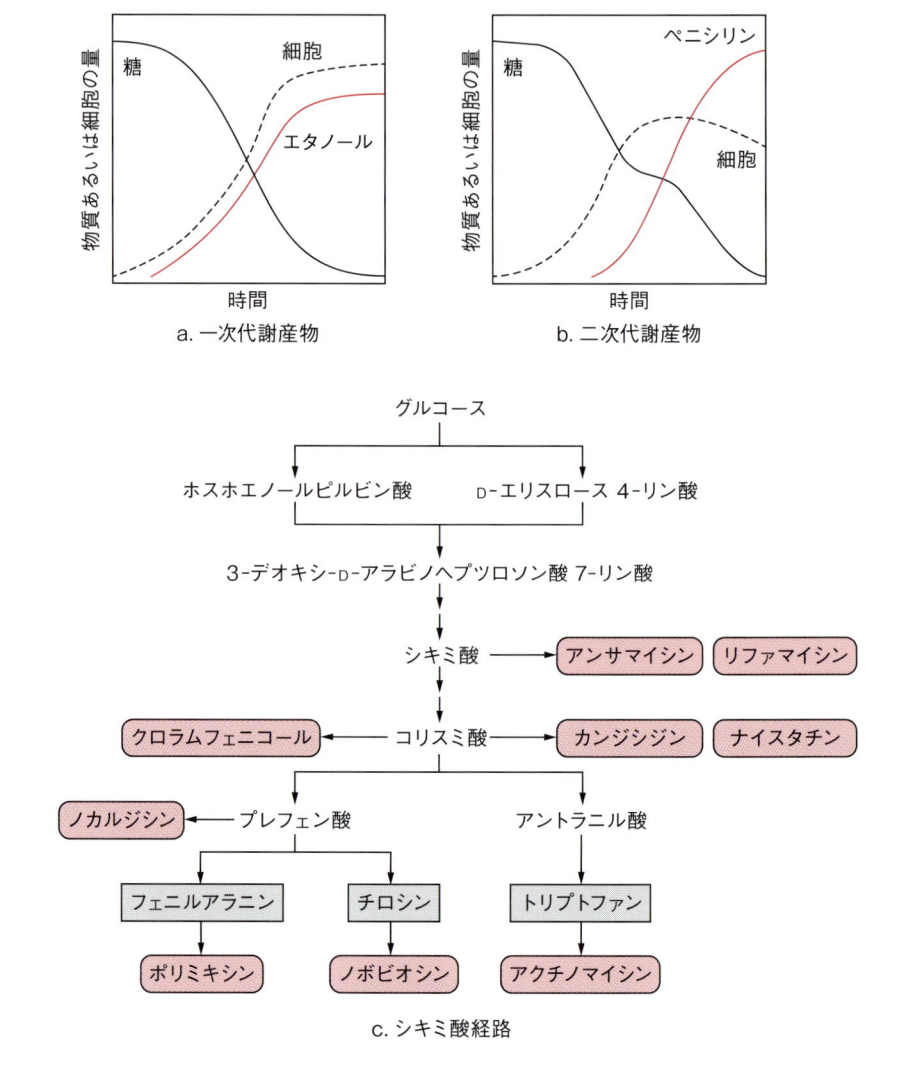

図 10・1　一次代謝産物と二次代謝産物
　一次代謝産物は細胞の増殖と並行して作られ (a)，二次代謝産物は細胞が増殖してから作られる (b)．c は芳香族化合物の生合成経路．四角は一次代謝産物の芳香族アミノ酸．丸枠は二次代謝産物の抗生物質．

　第3群の生産物として，微生物変換 (bioconversion) による産物がある．微生物そのものあるいは微生物由来の酵素を触媒として使って原料物質に化学的な修飾を施し，付加価値の高い物質を産出する．不要なコレステロールを原料に化学的にステロイド剤を合成する工程のうち，反応が難しく回収率が低い段階をクモノスカビを用いて変換することによって高い回収率が得られるようになった (9・3節)．

10・2 発酵飲食品

バイオ産業では飲食品が出荷額の大半を占め，微生物による発酵で生産されている（表10・1）．伝統的な発酵食品は経験的な混合培養で生産される．生産物も物質的には多種類からなる混合物である．これに対し次節以下で述べる近代工業としての発酵生産は，燃料や溶剤などの非食品はもちろんアミノ酸や核酸などの食品でも，純粋培養した菌による純粋な物質の生産が基本になる．

10・2・1 酒 類

発酵飲食品では酒類が圧倒的な割合であり，酒税の議論にもあるように社会的，政治的な関心も高い．酒類には多くの種類があり，製造法によって3大別できる（表10・2）．このうち醸造酒は発酵の方式によってさらに3つに区分できる．一般に醸造の主な工程に糖化†とアルコール発酵の2段階がある（図10・2）．糖化には，東洋ではカビを使い西洋では麦芽†を使う．また糖度の高いブドウなどを原料とする場合には糖化の工程はない．一方アルコール発酵は世界中の酒で共通にサッカロミセス属 *Saccharomyces* の出芽酵母が働く（7・1・1項）．主にはセレビシエ種 *S. cerevisiae* であり，かつて別種とされていたものでも結局 種内の品種の違いであることがわかったものもある．ただし熱帯の酒ではザイモナス属 *Zymomonas* の細菌も用いられる（5・1・4項）．

†糖化（saccharification）；無味の多糖を分解して甘味のある単糖や小糖に分解すること．ある種の糖から別の種類の糖に変えることを「糖化」とよぶのは奇妙に感じるが，狭義の糖（sugar）は伝統的な用語法で甘味のあるものだけを指す．

†麦芽（malt）；大麦の種子を水に浸して発芽させたもの．種子に大量に含まれるアミラーゼ（amylase, p91）が発芽によって活性化され，同じく種子中のデンプンを分解して麦芽糖（maltose，グルコース分子が2個つながった二糖）を生成する．ビールやウイスキーをはじめ食酢や水飴を作るのに古くから使われてきた．糖の原料と酵素をともに含む優れた素材であり，醸造にコーンスターチなど他のデンプン源を混ぜるのは本来のビールではないとして酒税法上「発泡酒」などに分類される．

表10・2 酒類の種類と発酵法

種 類		性 質	例と解説
醸造酒		発酵後 濾過はするが蒸留はしない．	
	単発酵式	原料に単糖が含まれているので糖化工程がない．酵母によるアルコール発酵段階のみ．	ワイン（ブドウ酒），シードル（リンゴ酒），ペリー（洋ナシ酒）など
	複発酵式	糖の含まれないデンプン原料から糖化と発酵で酒を造る．	日本はコウジカビ，中国はクモノスカビ，ヨーロッパは麦芽で糖化を行う．
	単行複発酵	糖化と発酵が別の工程．	ビール（デンプン源自体を発芽させた麦芽 malt の糖化酵素を利用）
	並行複発酵	糖化と発酵が同時．	清酒（日本），黄酒（フォワンチュウ，中国の醸造酒の総称．紹興酒や老酒など）
蒸留酒		醸造酒を蒸留してつくる．清酒，ブドウ酒，ビールを蒸留するとそれぞれ米焼酎，ブランデー，ウイスキーになる．たいていはアルコール濃度が高い．樽に入れて3年，5年と寝かせるなど長い熟成が不可欠．	ウイスキー（英），ブランデー（仏），ジン（蘭），ウォッカ（露），ラム（キューバやジャマイカ）が世界の5大蒸留酒．ほかに焼酎（日本），テキーラ（メキシコ），白酒（パイチュウ，中国の蒸留酒の総称．茅台酒やフェン酒など．世界で唯一固体発酵で作る酒）
混成酒（リキュール）		醸造酒や蒸留酒に植物の根，花，実，果実などをひたして色や香りや味を付け，さらに糖や色素，アルコールなどを加えて濃厚にしたもの．	チェリーブランデー，ヴェルモット，梅酒など

清酒に使うコメの品種では山田錦や五百万石などが代表的である．これら酒造好適米は食糧米とは異なり，吸水性に富み消化性（被糖化性）が高い大粒の軟質米で，コウジカビの増殖が良好である．精白の程度が大きく，米粒の周辺部に多いタンパク質や脂質成分を減らしたものほど高品質とされ，普通酒 → 吟醸酒 → 大吟醸酒の序列がある．

清酒の製造工程は3段階に分かれ一麹，二酛，三造りと言い習わされている．まず精米して蒸し上げた蒸米に麹室でコウジカビ Aspergillus oryzae（7・1・1項）の胞子（種麹）をまぶし，2日ほどかけて麹を作る．次にこの麹を桶の冷水に溶かし，乳酸と酵母と蒸米を加えて10日ほどで酛すなわち酒母をつくる．これはつまり酵母の培養工程である．このように乳酸を使うのは速醸酛といい，伝統的な生酛や山廃酛の製法では天然の乳酸菌の増殖を待つので1か月ほどかかる．酒造りの本段は次の醪造りという発酵の段階である．タンクの酛に蒸米と麹と水を3回に分けて加えていく．数日で醪の表面が CO_2 の泡でおおわれる．複発酵の活動に従って泡はいったん高く盛り上がり，やがてまた低く落ち着き，2〜3週で発酵が完了する．圧搾して酒と酒粕に分け，火入れのあと熟成して出荷を待つ．

並行複発酵による清酒の醸造は技術的に難しく，杜氏という専門家の伝統的な技が必要である．山廃酛の工程は酵母の増殖の前に天然の硝酸還元菌や乳酸菌 Lactobacillus sakei など複数の微生物が交代する微生物生態系としての遷移（succession）である．乳酸による酸性化で多くの雑菌の生育を阻止していることなど，経験的な知恵が多数盛り込まれている．

清酒が貯蔵中に白濁し，酸味と異臭を生じる腐敗現象を火落ちとよぶ．これは，清酒に含まれるメバロン酸†（火落酸）という物質によってアルコール耐性の特殊な乳酸菌が活性化されて増殖するために起こる．火落ちを防ぐため，できた酒を約60℃に加熱してこのような火落菌 L. homohiochii などを殺し密閉貯蔵する火入れが室町時代から行われていた．すなわち，19世紀の半ばにワインの腐敗防止のためにフランスのパストゥールが開発する300年以上も前から，日本では経験的に低温殺菌法（2・4・2項）が行われていたわけである．

ワインやビールなども清酒と同様，それぞれ長い経験から編み出された知恵で醸造される（図10・2）．ビールにホップを加えるのも風味の向上だけではなく苦み成分のフムロン（humulone）に雑菌の増殖を抑える強い殺菌力があることにもよる．

酵母は糖やアルコールの濃度が高すぎると生育できないため，ワインなど醸造酒のアルコール濃度は15％くらいを限度とする．しかし清酒は並行複発

---

† メバロン酸（mevalonic acid）；水酸基をもつ有機酸で化学式は $C_6H_{12}O_4$，化学名は 3,5-dihydroxy-3-methylvaleric acid．テルペンの生合成に重要な中間体で，その代謝経路はメバロン酸経路とよばれる．日本とヨーロッパでほぼ同時に発見され，日本では火落酸（hiochic acid）と命名された．なおテルペン（terpene）とはイソプレン単位（C_5 単位）が複数個結合した物質の総称で，ステロイド（C_{30}）なども含み最も広く分布する天然有機化合物．

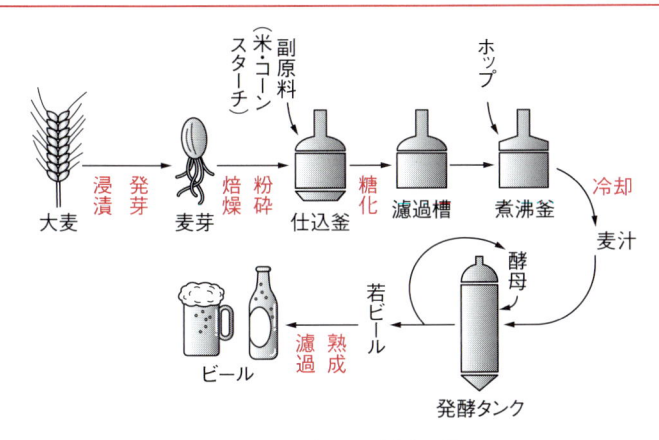

図 10・2　ビールの製造工程

酵（表 10・2）で徐々に糖を遊離する方式のおかげで，醸造酒では最高の 20～23％になる．蒸留酒†はさらにアルコール濃度が高く，とくにウォッカは 50～60％が好まれる．蒸留酒は場所をとらず保存も利くため船での運搬にも適することから，ウイスキーやブランデーなどが大航海時代に広まった．今も空港の免税店で蒸留酒が人気なのも，そのような歴史の名残である．

10・2・2　味噌，醤油

味噌では，まず蒸煮した米か麦に種麹を加えて麹を作った後，蒸煮大豆と食塩を混ぜ，酵母や乳酸菌を含むスターターとしての種水も加え，固体発酵させ熟成する（表 10・3）．清酒のばあいと同じ種のコウジカビ *A. oryzae* が使われるが株は異なる．酒類用の株はデンプン分解酵素が強いのに対し，味噌や醤油の株はタンパク質分解酵素が強い．酵母 *Pichia miso* や四連球菌の乳酸菌 *Tetragenococcus halophilus* なども旨味を形成するのに働くが，製法からも学名からも推定できるようにいずれも耐塩性である．

醤油では，まず小麦を炒ってデンプンをアルファ化し，ほぼ等量の蒸煮大豆を混ぜた上で，その全体に醤油用の種麹を加えて麹を作る．これに大量の食塩水を加えてタンクに仕込み，発酵醸成させる．熟成後の醪（もろみ）を圧搾して濁りのない液体を分けとったものが醤油である．醤油麹にはニホンコウジカビ *A. oryzae* やショウユコウジカビ *A. sojae* が使われる．後者の種小名は味噌酵母 *P. miso* の「ミソ」と同様，日本語の「ショウユ」から命名されている．熟成中や後発酵で味噌の場合と同様に耐塩性の乳酸菌や酵母が働く．味噌にせよケチャップ，マヨネーズ，ソースなどにせよ粘稠な流体調味料が多い中，醤油はその清透さが独特である．

† 蒸留酒（spirit, distilled liquor）；醸造酒を蒸留して造った酒．一般にアルコール度は高くなり腐敗しにくい．ワインの蒸留はアリストテレスにも記載があるが広まったのは中世の錬金術以降で，ペストをはじめとする病気の予防・治療薬として用いられた．近代史にも種々の影響を与えており，たとえばラム酒の原料である糖蜜への課税に対する反発が英国からの米国の独立を促し，ウイスキーへの課税に対する反乱を制圧できたことが米連邦政府の支配権確立を助け，西に逃れた反乱民によるバーボンの誕生を導いた．

表10·3 発酵食品の製造で働く主な微生物

品名	細菌		真菌		原料, 地域, ほか
	グラム陽性菌（主に乳酸菌）	プロテオバクテリア	酵母	糸状菌	
味噌	Te. halophilus		Z. rouxii, C. versatilis, Pichia miso	A. oryzae	大豆，米，麦など．日本全国
醤油	Te. halophilus		Z. rouxii, C. versatilis	A. sojae, A. oryzae	大豆など．日本全国
沢庵漬け	Te. halophilus, Lb. brevis, Lb. coryniformis, Lb. plantarum		Debaryomyces hansenii, S. servazzii		大根．日本全国
納豆	Bacillus subtilis subsp. natto				大豆．日本全国
日本酒	Lb. sakei, Leuc. mesenteroides		S. cerevisiae	A. oryzae	米．日本．火落ち菌に Lb. homohiochii など
食酢		Acetobacter aceti	S. cerevisiae		穀物．世界的
キムチ	Leuc. mesenteroides, Lb. plantarum, Lb. brevis		yeast		白菜，大根，唐辛子など．朝鮮
テンペ	Pediococcus pentosaceus			R. oligosporus, R. oryzae, R. arrhiqus	大豆．インドネシアの代表的発酵食品
ザウアクラウト	Leuc. mesenteroides, Lb. plantarum, Lb. brevis				キャベツ．ドイツ．pH3.5
チーズ	Lc. lactis, Lc. helveticus. Stc. thermophilus, Propionibacterium freudenreichii subsp. shermanii, etc.		C. lipolytica	Mucor pusillus, P. roqueforti, P. camemberti, etc.	牛乳，凝乳酵素．欧州各地．微生物も様々
ブルガリアヨーグルト	Lb. delburueckii subsp. bulgaricus, Stc. thermophilus				牛乳．ブルガリア，ユーゴスラビア，ギリシアなど
ケフィール	Lb. kefiranofaciens, Lc., Leuc., Stc., etc.		Kazachstania unispora		山羊や牛の乳．コーカサス，中央アジア

属名の略号：A., Aspergillus；C., Candida；Lb., Lactobacillus；Lc., Lactococcus；Leuc., Leuconostoc；P., Penicillium；R., Rhizopus；S., Saccharomyces；Stc., Streptococcus；Te., Tetragenococcus；Z., Zygosaccharomyces.

10·2·3 酪農製品

牧畜は古くから旧大陸で広く行われていたので，発酵乳製品の歴史も古い．ヨーグルトは牛乳やヤギ乳の乳酸発酵で作られる．伝統的製法ではラクトバチルス属菌 *Lactobacillus delburueckii* subsp. *bulgaricus* とストレプトコッカス属菌 *Streptococcus thermophilus* の2種が働く（4·1·4項）．ウクライナ出身の微生物学者メチニコフ（Mechnikov, I. I.）が19世紀末にブルガリアの乳酸菌を推賞して以来，発酵乳飲料は長寿をもたらす健康食品として人気が高く，今も乳酸桿菌 *Lactobacillus casei* やビフィズス菌 *Bifidobacterium animalis*，*B. breve* などを用いた製品が売られている．

チーズの製造にも微生物が働く．ミルクにまず乳酸菌を加えて乳酸を作らせ酸性度を上げると雑菌の繁殖を阻止できる．次に，凝乳製剤（通常はレンネット，rennet）を加えるとミルクのタンパク質が固まって凝乳（curd，カード）と乳清（whey，ホエー）に分かれる．このうちカードを分けとり，食塩を加えて

型枠に詰め，静置すると乳酸菌がタンパク質をアミノ酸に分解して熟成される．カマンベールやブリはペニシリウム属 *Penicillium* のシロカビを周りに吹きつけ，ブルーチーズはアオカビを加える．

レンネットはもともと被哺乳中の雄の子牛の第四胃から得るため，たいへん貴重だった．その有効成分である凝乳酵素とは，レンニン（rennin）またはキモシン（chymosin）というアスパラギン酸プロテアーゼである．凝乳酵素はミルク中のタンパク質であるカゼイン†を特異的に切断して凝集を引き起こし，凝乳を生成することによってチーズが作られている．世界的な凝乳酵素不足が起こった 1960 年代に有馬 啓らはキモシンと同様のプロテアーゼをケカビ *Mucor pusillus*（7・1・3 節）で発見し，以後 世界のチーズの約半分はこのムコールレニンで作られる．最近は遺伝子組換え技術で作られる子牛キモシンも使用される．

† カゼイン（casein）；哺乳類の乳に含まれるリンタンパク質で，乳タンパク質の 8 割を占める主要成分．セリン残基の多くがリン酸化されていて Ca^{2+} と結合しやすく，Ca 塩として直径 40 〜 300 nm のミセルを形成しており，均質で安定なコロイド状態になっている．pH4.6 にすると容易に等電沈澱して溶液成分から分離される．α，β，κ の 3 種の混合物で，牛乳に多い α-カゼインは牛乳アレルギーの抗原だといわれているが，人乳やヤギ乳には少ない．

10・2・4 　その他の食品とプロバイオティクス

欧米のワイン酢や麦芽酢，日本の米酢など食酢（vinegar）は 3 〜 5 ％の酢酸を含む．和洋いずれの食酢も共通に酢酸発酵（図 3・1）で作られる．すなわち，酵母によって作られるエタノールを酢酸菌 *Acetobacter aceti* が酸化して生産する（5・1・1 項）．酢酸の発酵槽には同科の酢酸菌 *Gluconobacter* 属も含まれており，グルコン酸などを作って風味を高めている．

小麦粉を水で練ったドゥを焼いて作る食品には無発酵のチャパティやビスケットもあるが，パンやナンがふっくら膨らむのは酒造と同種の出芽酵母 *S. cerevisiae* の発酵による（7・1・1 項）．

納豆にはバチルス属の納豆菌 *Bacillus subtilis* subsp. *natto*（4・1・1 項）が働く．漬け物では日本のぬか漬けであれ韓国のキムチであれ西洋のピクルスであれ，乳酸菌や出芽酵母が主役となっている．

かつお節も発酵食品であり，3 枚に下ろして煮たあと薪で燻したカツオにコウジカビの 1 種 *Aspergillus glaucus* などを付けて作る．カビ付けすると内部まで水分が吸収されるため腐らなくなり保存がきく．またこの菌の作るリパーゼ（p91）が脂肪を分解し，油分の少ない出汁の素になる．中華料理や西洋料理のスープは鶏ガラや豚や牛の骨で出汁をとるためすべて油が浮くが，日本料理ではかつお節のほか椎茸や昆布など油が出ない素材を用いるために独特の繊細さや芸術性をもつ．

ヒトの腸には 100 種 100 兆個以上の細菌が生息し，宿主の健康に影響を与えている．ヒトの体の細胞数は 60 兆個と見積もられているので，腸内細菌の数はそれを超えている．腸内細菌叢を改善し宿主に良い影響を与える有用微生物

の作用や増殖を促進する物質は，抗生物質（antibiotics）に対比してプロバイオティクス（probiotics）とよばれている．チーズやヨーグルトなどに含まれる乳酸菌は従来型のプロバイオティクスだが，新たな健康食品の開発も進められている．これらは有害菌の増殖や付着を妨げたり，免疫系を活性化することなどが示されており，アトピー性皮膚炎などアレルギー† 症状の軽減やがんの予防，コレステロール値の低下などが期待されている．

† アレルギー（allergy）；外因性の抗原（アレルゲン）に対して免疫反応（8・1・3項）が本来の正常な生体防御ではなく有害に作用する現象で，過敏症（hypersensitivity）ともいう．4型に分類され，Ⅰ型アレルギーは IgE 抗体の関わる即時型過敏症で，アトピー性皮膚炎や花粉症など．Ⅱ型は IgM や IgG が関わる細胞溶解性反応で，溶血性貧血など．Ⅲ型は抗原抗体補体の結合物が組織に沈着して起こる免疫複合体反応で，血清病など．Ⅳ型は細胞性免疫による遅延型過敏症で接触性皮膚炎などがある．結核や腸チフス，ウイルス性肝炎などの感染症の主要な症状もこれらの機構による．なお内因性の抗原に対する有害な反応は自己免疫疾患と呼んで区別されるが，発症機構はやはり共通で同様の型がある．

10・3　食品素材とその応用

10・3・1　アミノ酸

アミノ酸は生物にとって根本的に重要な主栄養素であり，タンパク質を構成する成分である．当初はタンパク質を塩酸で分解し抽出して生産していたが，1950年代にコリネ形細菌 *Corynebacterium glutamicum*（4・2・2項）を用いた発酵法が開発された（Box4）．これは発酵工業の新しい展開を導く業績であった．それ以前の発酵生産物はアルコールや乳酸のようにもともと菌体外へ排出される最終産物（final product）だけだったが，これは細胞外に排出されない中間代謝物（intermediate）の生産であった．野生株におけるアミノ酸生合成は細胞自身に必要な量を越えないように制御されているが，この抑制的制御がいくつかの様式で欠損した突然変異株がアミノ酸を蓄積する．

アミノ酸の工業生産は発酵法が主流だが，一部のアミノ酸は上述の抽出法や，微生物由来の酵素を前駆物質に作用させて作る酵素法，化学的に製造する合成法も使われる．主なアミノ酸には生産高の順に次のようなものがある．グルタミン酸（Glu）の Na 塩は昆布の旨味成分（p59）として調味料に使われるが，肉の柔軟化などの作用もある．リシン（Lys）は穀物に不足するアミノ酸なので，飼料やパンの栄養強化のために添加される．トレオニン（Thr）に次ぐフェニルアラニン（Phe）とアスパラギン酸（Asp）は結合して人工甘味料アスパルテーム（aspartame, L-aspartyl-L-phenylalanine methyl ester）を生成する．アスパルテームはショ糖の約200倍の甘味があり，ダイエット用の無糖飲食品に使われる．Asp はまた果実ジュースの味に「丸み」をつける．システイン（Cys）は還元力があり，パンの品質向上や果実ジュースの抗酸化に使われる．

10・3・2　呈味性ヌクレオチド

1913年に小玉新太郎はかつお節の旨味成分がイノシン酸（IMP）であることを発見した（のちに 5′-イノシン酸；5′-IMP と判明）．また椎茸の旨味成分として 5′-グアニル酸（5′-GMP）も同定された．これらは優れた呈味性を示す

ヌクレオチドだが，言葉の親しみやすさから「核酸成分」とよばれることが多い．独立でも旨味があるがアミノ酸が共存すると強い相乗効果を示す．調味料のほか医薬品の原料や実験用試薬としても用いられる．ヌクレオチド[†]の生産法は，次の3つが並存する点で，発酵法が主役のアミノ酸製造と異なる．

　RNA分解法では，糖源をもとに培養した酵母 *S. cerevisiae* や *Candida utilis* の菌体から2％食塩水で熱水抽出すると，菌体の10～15％ものRNAが得られることを利用する．このRNAをアオカビ *P. citrinum* のヌクレアーゼで分解し，コウジカビ *A. oryzae* のAMPデアミナーゼで 5′-AMP を 5′-IMP に変える．あるいは放線菌 *Streptomyces aureus* の液体培養で分解する．

　第2に，コリネ形細菌 *C. ammoniagenes* のアデニン要求性変異株などによる直接発酵法もある．この菌では直接ヌクレオチドが蓄積されるが，枯草菌 *B. subtilis* ではホスファターゼ活性が強いためヌクレオシド[†]として蓄積する．そこでイノシンやグアノシンを枯草菌で発酵生産し化学的にリン酸化する方法も工業化され，第3の発酵＋合成法とされている．

　これらプリンヌクレオチドの発酵生産にもアミノ酸発酵と同様の代謝工学的な考え方（Box 4）が適用された．すなわち栄養要求性変異株やアナログ耐性変異株が単離され，大量産生に利用されている．

10・3・3　有機酸

　有機酸はクエン酸回路などの中間代謝物でもあるが（3・2節），各種飲食品や一般化学薬品の製造にも利用される．主にカビ類による有機酸発酵で作られる．

　クエン酸は爽快な酸味をもちジャム，菓子，清涼飲料などに使われる．1826年にレモンジュースからクエン酸を工業的に生産する方法が確立したとたん，柑橘類の主産地であるイタリアは生産を独占することができ興隆した．しかし第一次世界大戦でイタリアの果樹園が荒廃すると，クエン酸の供給が激減し価格が高騰した．これに促されて1917年 J. N. キュリーがクロコウジカビ *A. niger* による発酵生産法を開発すると（7・1・1節）ファイザー社が工場生産を始め，イタリアの市場独占時代が終わりを告げた．クロコウジカビはイタリアの斜陽を招いたといえる．

　クエン酸の生産には菌の培養時に Fe^{3+} 濃度を低く保つ必要がある．クエン酸は Fe^{3+} をキレート[†]して取り込みを促進するため，菌は鉄欠乏を補うためにクエン酸を合成する．このクエン酸は二次代謝産物であり，その蓄積は増殖期ではなく定常期におこるという明確な代謝の切り替えがある（図10・1b）．クエン酸回路の停止によって蓄積するのではなく，補充反応の促進で生成する．

[†] ヌクレオシド（nucleoside）とヌクレオチド（nucleotide）；前者は糖（リボース）のヘミアセタール性水酸基に塩基が結合したもので，配糖体（glycoside, p58）の共通語尾 "-oside" をもつ．後者はヌクレオシドのリボースの他の水酸基にさらにリン酸基が結合したもので，重合すると核酸（nucleic acid）を構成する．

[†] キレート（chelate）；配位可能な原子を2つ以上もつ分子が金属イオンに配位して環状化合物を形成すること．遊離の金属イオン濃度を下げたり金属イオンに対する生体の反応を変化させることから，工業製品の分解や飲食品の酸敗を防止したり重金属中毒に対処するのに利用され，また分析化学における定量法などに使われる．

その他，リンゴ酸はコウジカビ属やクモノスカビ属などの真菌によって作られ，清涼飲料などに使われる．イタコン酸は主にコウジカビ属のアスペルギルス イタコニクス *A. itaconicus* で生産され，ポリエステル樹脂に使われる．グルコン酸はクロコウジカビや酢酸菌 *Gluconobacter* で生産され，医薬品の原料にされるほか，金属表面処理などの用途もある．乳酸は清涼飲料に使われる．

10・3・4 糖　類

乳酸菌 *Leuconostoc mesenteroides* がショ糖から産生する粘質性のデキストラン（dextran）は，グルコースが主に α-1,6 結合した多糖（polysaccharide）であり，血漿増量剤として代用血漿などの医薬品のほか化粧品や写真フィルムにも用いられている．

付加価値の高い少糖（オリゴ糖，oligosaccharide）も微生物によって生産されている．トレハロースはグルコース2分子が α,α-1,1 結合した二糖である（図10・3a）．昆虫の血糖であり，微生物の細胞内保護剤でもある．さわやかな甘味と同時に優れた保水性と保存性を有するため，菓子など食品に幅広く添加されている．最近，アミロースを切断してトレハロースを産生する2段階の酵素反応系がロドコッカス属 *Rhodococcus*（p61）から発見され目覚ましく広まった．

シクロデキストリンは6～8個のブドウ糖からなる環状オリゴ糖である（図10・3b, c）．環の内側が疎水性なので水に難溶な香料などを包摂し，酸素や光から保護することから，食品や化粧品を中心に多様な用途がある．バチルス属 *Bacillus* 好アルカリ菌が菌体外分泌するシクロデキストリン-グルカノトランスフェラーゼによってアミロースから酵素的に生産する．

多糖を分解すると甘味が増し各種発酵生産の基質にもなって付加価値が高まるので，バチルス属 *Bacillus* の細菌やコウジカビ属 *Aspergillus*，クモノスカビ属 *Rhizopus* などの糸状菌が分泌するいろいろな多糖分解酵素が利用されている．デンプンを分解するアミラーゼには α-アミラーゼと β-アミラーゼがある．α-アミラーゼはグルコースが α-1,4 結合でつながったデンプンの鎖

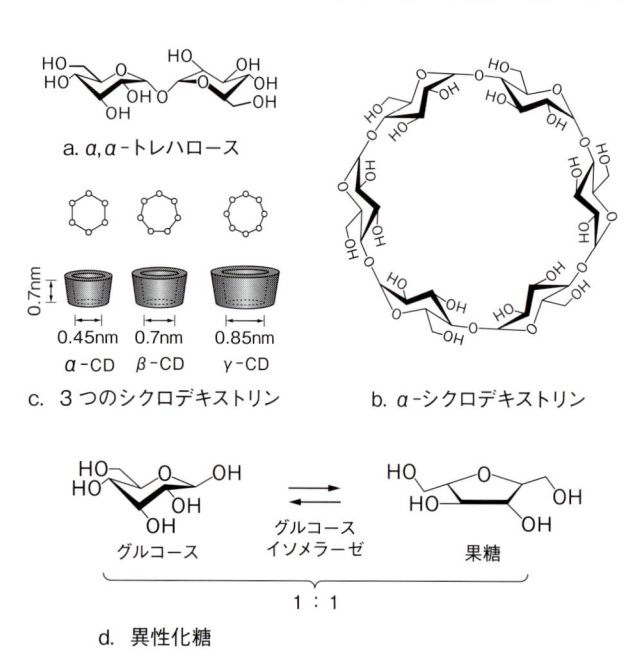

図10・3　有用な糖

状分子を内部からランダムに切断するのでエンド型とよばれ，糖鎖を短くして粘度を下げるので液化型ともよばれるのに対し，β-アミラーゼは非還元末端からグルコース2単位分ずつ切断して甘味のある麦芽糖を生じるのでエキソ型とも糖化型ともよばれる．鎖の分岐部分のα-1,6結合を切断するイソアミラーゼはプルラナーゼともよばれる．

グルコースにグルコースイソメラーゼを作用させると異性化して果糖を生成し，1:1の混合物とする．これを異性化糖とよび，その溶液状態を液糖とよぶ（図10・3d）．異性化糖は甘味がブドウ糖より強く砂糖と同等なので，砂糖より低価格の甘味料として多くの食品に使われている．

一方，セルロースのβ-1,4結合を切断し二糖のセロビオースや単糖のグルコースを生成するセルラーゼは，バイオ燃料の原料の生産などで注目されている（Box6）．

10・4　酵素とポリペプチド

産業や医療に実用化されている有益な酵素のほとんどは微生物に由来する．これまでに述べたものに，多糖分解酵素（前節），診断薬や治療薬に用いられるもの（9・4節），チーズの製造に使われる凝乳酵素（10・2・3項）などがある．酵素反応は一般の化学反応とは違い穏やかな条件で進行し，また光学異性体など微妙な立体構造の違いを識別できる利点がある．とりわけ遺伝子工学では制限酵素やリガーゼなどDNAを基質とする特異性の高い酵素が要求され，次々に優れた製品が開発されている．

微生物には特定の酵素を大量に合成して細胞外に分泌するものがある．とくに糸状菌や*Bacillus*属細菌などには，消化酵素を分泌して多糖類のほか脂質やタンパク質を消化し栄養分として細胞内に取り込むものが多い．培地に放出される酵素は分離しやすいため比較的古くから工業的に生産されてきた．

極限環境微生物（2・2節）の産生する極限酵素は高温をはじめ低温，高塩，酸性，アルカリ性などの厳しい条件でも機能する場合が多く，工業生産や学術研究への利用に有利である．とくに遺伝子工学でPCR†に用いる*Taq*ポリメラーゼ（6・2・4項）など耐熱性酵素が代表的である．

不溶性で多孔質の固形物（担体）に，酵素を失活させないよう巧みに結合させたり囲い込んだ上で，基質に接触させて反応させる手法がある．このような酵素を固定化酵素（immobilized enzyme）という．反応を長時間連続的に行うことができ，反応後に生成物と酵素を容易に分離できる利点がある．微生物細胞に関する同様の手法を固定化微生物という．これらを用いた反応槽をバイオ

† PCR（polymerase chain reaction）；DNA依存性DNAポリメラーゼを利用したインビトロ（p136）のDNA増幅法で，遺伝子工学の代表的手法の1つ．増やしたい配列部分を含むDNA（鋳型）と耐熱性のポリメラーゼ，重合開始のきっかけとなるオリゴヌクレオチド（プライマー）の混合液の温度を数分ごとに数十回上げ下げして，DNAの熱変性，アニーリング（鋳型DNAとプライマーの結合），重合反応を繰り返し，連鎖反応で増幅する．

リアクター（bioreactor）という．

　タンパク質分解酵素（protease）のうち至適pHが10～11の好アルカリ性プロテアーゼは洗剤に配合されている．現在市販されているほとんどの洗濯用洗剤は酵素を含有する．プロテアーゼのほかにもアミラーゼやリパーゼ，リダクターゼも使われ，多くはバチルス リケニフォルミス B. licheniformis など好アルカリ性バチルス属 Bacillus 細菌に由来する．チーズの製造に使われるケカビ由来の凝乳酵素もプロテアーゼである（10・2・3項）．脂質分解酵素（lipase）は洗剤のほか食品油脂の性質改善にも使用される．

　ニトリルヒドラターゼは汎用化学薬品であるアクリルアミドの製造に用いられる．

$$CH_2=CH-CN + H_2O \rightarrow CH_2=CHCONH_2$$

アクリルアミドの重合体は紙オムツなどの水分吸収剤や高分子凝集剤，紙力増強剤として使われる．ニトリルヒドラターゼはロドコッカス属 Rhodococcus（4・2・4項）やシュードモナス属 Pseudomonas（5・3・1項）の菌が細胞内に蓄積する．R. ロドクルス R. rodocrous の株では菌体全タンパク質の50%に達するほど産生するので，菌体をそのまま固定化して利用できる．0～15℃の低温で基質アクリロニトリルを段階的に添加するとほぼ100%の転換率で生成される．微生物変換（10・1節）の1種である．従来は銅触媒による化学合成法で製造されていたが，1980年代にこの酵素が利用されて工程が単純化され，安価で純度の高い製品が得られるようになった．酵素法による物質生産はコストが高いため，かつては付加価値の高いファインケミカルしか採算が取れないと考えられていたが，これは汎用化学物質を実用的に酵素合成する成功例となった．世界のアクリルアミドの約半分がすでにこの酵素法で生産されており，さらに変異株の選択や遺伝子操作で改良しうると期待される．

　酵素以外にも重要なタンパク質やポリペプチドが微生物によって生産されている．納豆菌のγ[†]-ポリグルタミン酸（4・1・1項）のほか，放線菌 Str. albulus が産生するε[†]-ポリリシンは抗菌作用があり，食品の保存剤に利用される．

　遺伝子組換え技術を利用すると，ヒト遺伝子の産物を大腸菌に作らせるなど，宿主とは異なる生物に由来する遺伝子のタンパク質産物を利用できる．遺伝子組換え作物（genetically modified organism, GMO）は，初期の開発企業の強引な販売戦略もあって日本の消費者には拒否反応が強いが，微生物の生産する医薬品には貴重なものが多い（9・4節）．代表的な宿主細胞には次のようなものがあり，それらの性格や目的に応じて使い分ける．

　大腸菌（5・3・2項）は遺伝子操作に関する膨大なデータが蓄積し，各種技術

† γ（gamma）と ε（epsilon）：アミノ酸（NH$_2$-CHR-COOH）の不斉炭素原子Cの位置をαとし，側鎖（R）中のCはαの隣から順にβ，γ，δ，εとよぶ．グルタミン酸側鎖（-CH$_2$CH$_2$COOH）のCOOH基はγ炭素に結合しており，リシン側鎖（-CH$_2$CH$_2$CH$_2$CH$_2$NH$_2$）のNH$_2$基はε炭素に結合している．通常のタンパク質がα-COOH基とα-NH$_2$基のアミド結合で連なるのに対し，γ-COOH基やε-NH$_2$基が重合に関わっているポリペプチドをγ-ポリグルタミン酸，ε-ポリリシンとよぶ．

が開発されている．しかしタンパク質産物を菌体外に分泌することは困難である．ペリプラズム空間（1・4節）では生産量に限度がある上，分解を受けやすい．細胞内では不溶性の封入体を形成しやすく，凝集したポリペプチドの巻き戻し（refolding）による再生は困難な場合も多い．

バチルス属 Bacillus とその関連細菌（4・1・1項）はタンパク質を効率良く分泌する能力で大腸菌より有利である．そのうち枯草菌 B. subtilis は基礎的研究も多いが，菌体外にプロテアーゼもいっしょに分泌するため，目的のタンパク質が分解されやすい．近縁のブレビバチルス ブレビス Brevibacillus brevis は菌体外プロテアーゼがわずかなのに分泌能は強力だという利点がある．

以上の菌は原核生物なのでヒトの遺伝子産物に適切な翻訳後修飾がなされないなどの難点がある．パン酵母（7・1・1項）は真核生物として動物と共通の蛋白質生産能をもち，巨大タンパク質も合成するなどの利点がある．ただし分泌量が少ないのが難点である．

微生物細胞の欠点を補うため動物の培養細胞が利用されることも多い．とくに CHO 細胞[†] は，バイオ医薬品の生産では酵母を抜いて大腸菌に次ぐ生産高を誇る．哺乳類由来の細胞は糖鎖の付加など翻訳後修飾の様式などが酵母よりさらにヒトに近い．ただし，培養に費用がかかる上，生産効率が低い．さらにはカイコなどの昆虫が使われたり，ヤギなど哺乳類の個体で遺伝子組換えタンパク質を乳に分泌させて回収する方法などもある．

10・5　伝統工芸

伝統食品（10・1，10・2節）のほか，硝石（3・5・1項）や染料も微生物の力を利用して作られる．

藍すなわちインディゴ染料は旧大陸で広く使われ，人類が最も古くから利用している青色染料である．インドール環（p34）を2つもつ天然染料だが，19世紀末に工業的製法が確立され，ジーンズなどデニム生地にも使われる．日本ではタデ科の一年草の藍をもとに，微生物の力を利用して製造してきた．藍の葉を細かく刻んで乾燥，堆積し，水をかけながらかき混ぜると発酵し，約3か月で腐葉土のような状態になる．これをつき固めた藍玉に栄養源となるふすま（小麦の製粉かす）などを加え，石灰でアルカリ性にして保温すると，バチルス属 Bacillus の好熱好アルカリ菌でさらに発酵して水溶性のインドキシルとなる．こうしてできた藍汁で布を染め空気にさらすと酸化されて再びインディゴに戻り，美しく色あせない藍染めができる．

† CHO 細胞（CHO cell）；齧歯目キヌゲネズミ科モンゴルキヌゲネズミ（Chinese Hamster）の卵巣（Ovary）から樹立された繊維芽細胞株．タンパク質性生理活性物質を遺伝子組換えで生産する宿主培養細胞のうちで，遺伝子増幅が比較的容易で高生産株が得られやすく，また無血清培養技術が確立しているなどの利点がある．各種増殖因子，インターフェロン，酵素，単クローン抗体など幅広いバイオ医薬品の生産に利用されており，とくに分子標的薬となる抗体医薬品の生産が注目される．

Box 10　自分で作ろう発酵食品

ⅰ. 酒の楽しみ

　酒の製造には厳しい法的制限があるが，1995年に酒税法の改正により規制緩和されて，全国各地に地ビールが誕生した．アルト，ケルシュ，ピルスナーなど多様な種類を楽しめるようになりブームが興った．一方，個人で楽しむための自家製ビールセットが販売されている．乾燥麦芽とドライイーストが主原料であり，副原料として砂糖や炭酸化剤も使われる．ただしエタノール含量が1％未満のうちに発酵を止めなければならない．

　種麹は専門のメーカーから購入できる．全国にあるがもっぱら食品醸造業者など大口の取引先のみを相手にしている所もある．種麹は清酒用，味噌用，醤油用，焼酎用などに分かれ，それぞれ多くの品目がある．種麹の形状には，米や麦にコウジカビを繁殖させた粒状菌とコウジカビの胞子を集めてデンプンで増量した粉状菌とがある．

　一方，酒母（酒用酵母）は，米国では"Sake Yeast"という名称で市販されているが日本では購入することができない．しばらく前まである種の浮世絵が外国でしか鑑賞できなかったのと同様の事情が酒母では続いている．しかし王冠にガス抜きの穴をあけた市販の濁り酒や酒粕に生きた酵母が含まれているのでそれを利用できる．

ⅱ. 西洋の発酵食品

　乳酸菌が生きているのが本来のヨーグルトであり，日本で市販されているプレーン‐ヨーグルトにも含まれている．大半の中身を食べた残りの容器に牛乳を加え，ふたをして適当な温度で静置しておくと数日で固まりヨーグルトができる．サンシュユの枝にもヨーグルトを作れる乳酸菌が生息している．

　ドライイーストを利用すれば家庭でも手軽にパンが焼ける．ドライイーストは乾燥して休眠状態にしたパン酵母であり，通常の食料品店で売っている．家庭用パン焼き機（ホームベーカリー）は家電販売店で手に入る．材料は強力小麦粉，砂糖，食塩，バター，脱脂粉乳，水だけで手軽であり，合成保存料などの添加物が気になる人には嬉しい．砂糖やバターを減らして低カロリーなフランスパンにしたり，干しぶどうやナッツを加えるなど変化をつけることもできる．栄養豊かにするほど日持ちは悪くなるが，せっかく合成防腐剤フリーにできる利点を尊び，冬場を中心にバラエティーを楽しむとよかろう．

ⅲ. 和の発酵食品

　味噌作りでは，大豆を水に浸し，煮込み，米や麦などの麹と塩を加え，季節に応じて1か月から半年ほど樽に寝かせて発酵させる．1年間に自分で食べる量程度なら仕込み段階に要する時間は半日くらいであり，上質の素材をそろえても材料費は5000円ほどですむ．作業は簡単で時間や費用がかからない上，非常にうまい．

　ぬか床を用意すると持続的にぬか漬けを作ることができる．密閉できるプラスチックウェアで米ぬか，塩，熱湯を混ぜてよくこねる．種菌には人から床分けしてもらうか，市販のぬか床パックを使う．塩もみした野菜を漬け込む．昆布や椎茸，鷹の爪（唐

辛子）などを加えるのもよい．毎日底からかき回して全体を空気にさらすのが大切である．ぬか漬けの発酵には酵母と乳酸菌がバランスよく働く必要がある．乳酸によるほどよい酸性は雑菌の繁殖を抑え酵母の生育を助ける．ぬか床を放置すると酵母はO_2不足になり，嫌気性の乳酸菌がまさって酸っぱくなる．さらには偏性嫌気性の酪酸菌が繁殖し，ぬか漬けの芳香は消えてすえた悪臭に変わる．乳酸菌は嫌気性といってもO_2に耐性（2・2・2項）なので生きのびる．ぬか床はミニサイズの微生物生態系である．

iv．スローライフの復権

今では発酵食品はほとんどビニール袋入りの商品として買い求めるのが普通だが，かつて漬け物などは各家庭で作るのが当たり前だった．食品の包括的な商品化は，人々が家事労働から解放されるという意味では福音だったが，一方で地域や家庭に伝えられてきた経験知の伝統を断ち切り，少数の専門集団にゆだねるという食品製造の「刀狩り」の面もあった．

効率を最優先する経済至上主義のために地域や家庭の互助力や教育力が衰えたと議論されている．日本が本当に豊かな社会であるなら，生活費を稼ぐため職場に割く時間に比べ，いとしい家族とゆったり過ごせる時間を増やすべきだろう．微生物による発酵産物の手作りは，その具体的な活動として最適な作業であるとともに，科学技術を身近な生活に取り戻すきっかけにもなるだろう．

11. グリーンバイオテクノロジー
（環境・農業）
― 緑の地球を守る微生物 ―

　この前 2 つの章は厳密に管理された工場の発酵槽の中で高密度に生育する微生物の話でした．最後の章では広いフィールドに出てみましょう．微生物はもともと地球生態系のメンバーであり，これがいなければ地球は動植物の死骸で埋まってしまうでしょう．合成化学物質などで人類が汚染した環境の修復や保全にも働いています．土壌を熟成したり共生菌として栄養を供給したりして作物の生育にも寄与するので，農業や園芸にも利用されています．鉱業に役立っている無機栄養微生物もいます．

11·1 物質循環と水処理

　生物の有機物に必要な主要元素は C, H, O, N, P, S の 6 つであり，その他に微量元素として Fe, Ca, Cu, Cl, Na, K などがある．このうち農作物への供給が大切な N, P, K は肥料の 3 大要素とされる．これら元素の循環は自然の生態系で中核をなしており，都市生活に必要な水処理などでも重要である．

　物質循環のうち炭素循環は地球温暖化対策に深く関わる．また過剰な N と P は河川や湖沼の富栄養化によって水質を悪化させる．また窒素酸化物（NO_X と総称）と硫黄酸化物（SO_X と総称）は雨水に溶け，少量なら植物の成長を促すが多量だと酸性雨をもたらし，森林や農作物を枯らし石材建造物を溶かす．これら環境問題の対策にも微生物が活用されている．

11·1·1 炭素循環とバイオ燃料

　地球の炭素の 99 % 以上は地殻の岩石や堆積物にあるが，その出入りは遅いため人類にとって重要ではない．炭素の移動で最も速いのは大気の CO_2 を中心とする流れなので，炭素循環と酸素循環は連動している（図 11·1）．CO_2 の吸収は陸上植物や海洋微生物の光合成（3·6 節）によるものが大部分で，化学合成（3·5 節）の寄与はわずかである．一方，CO_2 の放出は動物や有機栄養微

† 気候変動に関する政府間パネル（Intergovernmental Panel on Climate Change, IPCC）（次頁）；人為的な気候変動の危険性に関する最新の知見を取りまとめて評価し，各国政府に助言することを目的として 1988 年に設立された政府間機構．大洪水や干ばつ，暖冬など世界的な異常気象を背景に計画され，常設事務局はスイス，ジュネーブの世界気象機関（WMO）本部内に置かれている．世界の科学者たちが結集して 3 つの作業部会で科学的知見，社会経済的影響，温暖化抑制策などをまとめ，2007 年に第 4 次評価報告書を発表した．同年，元米国副大統領アル・ゴア氏とともにノーベル平和賞を受けた．

11. グリーンバイオテクノロジー（環境・農業）— 緑の地球を守る微生物 —

生物の呼吸（3・3節，3・4節）によっており，両者は長期にわたり釣合いがとれていた．しかし人類による森林の破壊と化石燃料の燃焼が原因で大気中の CO_2 濃度は過去40年間で14％も増えている．CO_2 は主要な温室効果ガスであり，これによる地球規模の温暖化が警告されている．

このような地球環境問題の解決にも微生物の力が注目されている．とくに産業や生活に必要なエネルギーを微生物によって生産することが注目されている（Box6）．陸上植物から作られた石炭も微小藻類などからできた石油も化石燃料はもともと光合成生物に由来するが，再生はできない．植物によって再生できる現存のバイオマスを原料に作る燃料をバイオ燃料という．

バイオマス（biomass）とはもともと生態学（ecology）の用語で，ある地域に存在する生物の物質としての総量を指し，質量やエネルギー量の単位で表す．最近の社会的用例では，そこから転じて再生可能な生物由来の有機物資源を意味し，化石資源は除外する．具体的には，廃材や間伐材，わら，家畜の糞尿，焼酎の搾り滓，生ゴミ，廃油などを，主に燃料として有効に利用するという文脈で語られる．バイオマスはもともと光合成により CO_2 を吸収してできた植物に由来するので，燃焼で利用しても CO_2 を増やさず，環境に負荷を与えないと考えられる．

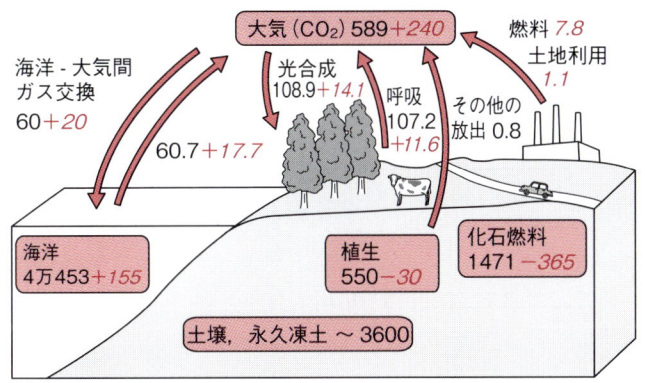

バイオ燃料のうちバイオエタノールは，出芽酵母（7・1・1節）やザイモモナス属 *Zymomonas* 細菌（5・1・4節）を用いたアルコール発酵で生産される．アセトンとブタノールは，グラム陽性菌クロストリジウム アセトブチリクム *Clostridium acetobutylicum* およびその類縁の嫌気性細菌によるアセトン-ブタノール発酵で生成される（1・1節，4・1・3項）．メタンは嫌気性のメタン生成古細菌（6・3・2項）によるメタン発酵で作られるが，その前段階に別の微生物も必要である．燃料電池で着目されている水素も藍色細菌や紅色細菌など光合成

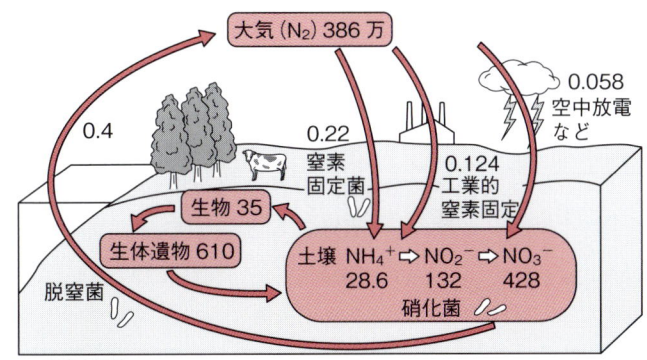

図 11・1 物質循環
数字は炭素 (a) と窒素 (b) の量．単位：蓄積量は $\times 10^{15}$g，流量は $\times 10^{15}$g 年$^{-1}$．(a) は IPCC 第5次報告書（巻末の参考文献 3-13）6章の炭素換算 gC 値より．蓄積量の立体黒字は産業化（1750年）以前の総量で，斜体赤字はそれ以降の合計変化量．流量の立体黒字は1750年前までの推定値，斜体赤字は2000～2009年の平均値．(b) の流量は同章の gN 値より．

細菌が生産しうる.

11・1・2 窒素循環

窒素循環には3群の微生物が重要な役割を果たしている.硝化細菌,脱窒菌,窒素固定菌の3つである(図3・4).動物の死骸や排泄物が分解されればアンモニア NH_3(アンモニウム NH_4^+)を生じる(図11・1b).NH_4^+ の一部は植物に吸収され,残りは硝化菌によって硝酸塩 NO_3^- にされる(3・5・1項).NO_3^- は植物のよい窒素源になるが,脱窒菌(3・4・1項)はこれを窒素ガス N_2 に還元し大気に散逸させるので植物との競合になる.N_2 は反応性が低く動植物は直接利用できないが,窒素固定菌(5・1・3項)がアンモニアに還元しアミノ酸を生成する.この菌は生成したアミノ酸を自ら使うとともに共生している植物に提供してくれる.

窒素化合物は植物に不足しがちなため,20世紀はじめに人工的な窒素固定法としてハーバー-ボッシュ法†が開発され,硫安(硫酸アンモニウム,$(NH_4)_2SO_4$)や尿素 $(NH_2)_2CO$ が肥料として使われるようになると,農作物を大幅に増産できるようになった.堆肥など有機肥料を別にすれば,現在でも窒素肥料は硫安や尿素が多い.ただし農作物が利用しやすいのは NH_4^+ より NO_3^- なので,化学肥料の有効性には硝化菌が役立っている.地球全体としては,窒素固定の約6割が微生物とくに根粒菌により,約4割が工業生産によると見積もられる.

一方で硫安肥料の過剰使用は,流れ込んだ湖沼や河川の富栄養化(eutrophication)の問題も引き起こす.また工場の煙や自動車の排気ガスには化石燃料の燃焼による NO_X が含まれており,酸性雨の原因となる.窒素化合物が関わる環境問題の解決にも微生物が利用される.たとえば屎尿の窒素成分は,処理場の活性汚泥(11・1・4項参照)中の硝化菌と脱窒菌の共同作業で処理される.スペースシャトルにも微生物を用いた水処理システムが搭載され,日本人飛行士による魚の飼育実験が成功した.

11・1・3 硫黄とリンの循環

硫黄SとリンPも生命圏の主要元素であり,その循環は重要である.

硫黄循環は窒素循環より複雑である.それは化合物の酸化状態がより多段階であり非生物的な化学変化も多様だからである.とはいえ,火山や温泉から出る硫化水素 H_2S を硫黄細菌(3・5・2項)や光合成硫黄細菌(6・1・1,6・1・2項)が単体硫黄 S^0 を経て硫酸塩 SO_4^{2-} に変える過程と,硫酸還元菌(3・4・2項)が

† ハーバー-ボッシュ法
(Haber-Bosch process);触媒の存在下,高温高圧条件で水素と窒素から直接アンモニアを合成する方法.反応式は,$N_2 + 3H_2 = 3NH_3 + 92$ kJ.1913年ドイツのF. ハーバーがK. ボッシュと協力して実用化し,年産9000 tの工業生産に成功した.コークス製造の副生硫安やチリ硝石(p169)の不足を補い,農業生産の安定化と拡大に貢献した.その後もさまざまな改良法が考案されたが,500℃,300気圧などの激しい条件が必要なことは,微生物が常温常圧で働くのと対照的である.

動植物の腐食質に由来する SO_4^{2-} を H_2S に変える過程は循環に重要である。また海洋の藻類や藍色細菌のつくる硫化ジメチル $(CH_3)_2S$ は磯の香りの元であるだけではなく，生成量も多いため硫黄循環に占める地位も大きい。

石油や石炭の燃焼で発生する硫酸塩など SO_X は NO_X とともに酸性雨をもたらすので，石油の精製過程では脱硫が必要である。環境負荷の低い高度脱硫法として，ロドコッカス属 *Rhodococcus* （4・2・4項）やパエニバチルス属 *Paenibacillus* （4・1・1項）など微生物を用いるバイオ脱硫が研究されている。

窒素肥料とともに農業に重要なリン肥料は，無機のリン灰石のほか海鳥の糞であるグアノ[†]など有機のリン灰土から作られる。これらリン鉱石は枯渇しやすい，限りある資源である。日本はほぼ100％輸入に頼る。河川や湖沼では富栄養化の原因となる。微生物は好気条件下ではリンを吸収してポリリン酸として蓄積し，嫌気条件下ではリンを放出する。この性質をリンの回収に利用する研究がなされている。ポリリン酸高蓄積菌として乾燥菌体当たり5％のリンを含有できるアシネトバクター属 *Acinetobacter* が単離された。

11・1・4 水処理

水質汚染の度合いを示す指標には，除去すべき有機物の量が使われている。生物学的酸素要求量（biological oxygen demand, BOD）とは，水に含まれる有機物を微生物が好気的に酸化分解するために消費される酸素量のことである。値が大きいほど汚染されていることを示す。微生物の培養過程を含むので，測定に通常5日間を要する。また化学的酸素要求量（chemical oxygen demand, COD）とは，水に二クロム酸カリウムあるいは過マンガン酸カリウムという酸化剤を加えて反応させ，その消費量から，水に含まれる有機物により消費される酸素量を計算した値である。生物学的には酸化分解されない無機物も化学的に酸化されるためBODの値からはずれるが，測定が簡便なためよく用いられる。

生活排水や産業排水は河川に放流する前に浄化する必要がある。粒子などの夾雑物は一連の格子と網を通し，懸濁物質は長い静置で沈降させるという物理的な過程で除かれるが，有機物を CO_2，NH_4^+，NO_3^-，HPO_4^{2-} など無機物に分解するには微生物の自然浄化機能が使われる。廃水は主に活性汚泥法，バイオフィルム法，メタン発酵法の3つで処理される。

活性汚泥（activated sludge）法は除去効率が高く処理コストが低いので，現在の公共下水処理の中心技術となっている好気的処理法である。活性汚泥は土壌に遍在する好気性細菌が凝集してできた直径0.2～1 mmの不定形な固まり

[†] グアノ（guano）；海鳥の糞や死骸が長期間にわたって堆積したもの。南米やミクロネシアの離島に多く，名称はエクアドルの島の名に由来する。窒素質グアノとリン質グアノの2種類があり，有機肥料や工業原料として重用された。前者は降雨の少ない乾燥地帯に形成され，チリ硝石などとして大量に交易されたが，20世紀はじめに窒素肥料の人工合成法が開発されて衰退した。後者は降雨の多い熱帯や亜熱帯で窒素分が流出して濃縮されたもので，リン鉱石の発見までは最大のリン資源だった。

なお核酸の4塩基A, T（あるいはU），G, CのG（グアニン）はこのグアノから発見され命名された。

で，周囲に原生生物などが付着している．物理的な前処理を終えた下水は曝気(ばっき)槽に流入させ活性汚泥と混合し通気によってO_2を供給すると，活性汚泥中の従属栄養細菌により有機物は分解される．5～10時間後に静置すると活性汚泥は沈殿し透明になった処理水が得られる．増殖した細菌はアルベオラータ(7・2・1項)など原生動物の食料となり，バランスよく共存して活性汚泥は繰り返し利用される．活性汚泥法は，市街地の公共下水道の集合処理場のほか，散在する人家の浄化槽[†]でも使われている．

一方，微生物が水中で石などの表面に付着して作る膜を利用するのが，第2のバイオフィルム法である（1・4節）．そのうち代表的な散水濾床法では，砕いて敷き詰めた厚さ約2mの石の層に廃水を散布すると，ゆっくり通過する間に有機物が石に吸収され微生物によって分解される．増殖が遅い微生物は，活性汚泥法では撹拌による刺激で曝気槽から失われてしまうが，バイオフィルム法では温存されるため，細菌や原生動物のほか真菌，藻類，後生動物なども含む多様で安定な生態系として働く．

第3のメタン発酵法は，閉鎖されたタンクで行う嫌気的な処理過程である．異なる微生物群による2段階の反応であり，生成するメタンはバイオ燃料として利用できる（Box6 i と ii）．なお，家畜の排泄物の処理にもメタン発酵法と活性汚泥法が利用される．

飲用水用の浄水では，さらに塩素ガスCl_2や次亜塩素酸による塩素処理（塩素消毒）で殺菌する．塩素は有機物と反応して作用するので，有機物を十分除いてからでないと殺菌効果がない．塩素消毒は社会の衛生状態を良好に保つのに多大な貢献をしている（8・2・2項）が，水の味を下げ人によってはアレルギーも起こすので，最終的な残留塩素レベルを低く保つことも必要である．

† 浄化槽（water-purifier tank）；生活排水を発生源で処理するオンサイト排水処理施設．公共下水道が大規模集中型なのに対し，浄化槽は個別住宅からマンションの単位で処理する分散型で農山村や新興住宅地に適する．日本で開発された独特のシステムで，総人口の8.6%，1000万人以上に普及している（2005年現在）．窒素NとリンPの処理が中心で，Nには好気槽の硝化菌と嫌気槽の脱窒菌が働くが（図3・4），Pには化学的・電気的処理法が採られている．

11・2 微生物生態系と農業

11・2・1 微生物生態系

土壌はとりわけ豊かな微生物生態系であり，植生や農業を支えている．肥沃な畑の土には1グラムあたりc.f.u.（Box2）で10^7～10^8個/g，直接計測法では10^9～10^{10}個の微生物細胞がある．土壌全体としては細菌が最も多い．水田の田面水には微細な藻類や原生動物(7・2節)が豊富である．その下の土壌では，表面から数mmまでは酸化層とよばれ好気性細菌が生息し，その下の還元層では脱窒菌や硫酸還元菌（3・4節），メタン菌（6・3・2項）などの嫌気性菌が活動している．仏教用語から派生した身土不二(しんどふじ)というスローガンは身体と大地は一体であると唱えるが，その深い縁を微生物が取り持っている．

小さな土の1粒でも微生物にとっては中心と周辺で O_2 分圧の異なる多様性に富む微小環境（microenvironment）である．2 μm の桿菌にとって 3 mm の距離は，ヒトにとっての 3 km にあたるし，時間的にも条件は急激に変化する．土壌中でもバイオフィルム（1・4節）が形成され細菌の微小コロニーがこれに閉じこめられた状態で粒子に付着していることがある．

地下深部に膨大な量の微生物[†]が存在することがわかってきた．樹木の根の届く 10 m ほどの土壌を越えて地殻の岩石層に 5 km ほどの厚みで分布する．そのバイオマスは陸上と海洋のバイオマスと同等以上と見積もられている．そのほとんどは嫌気的な無機呼吸（3・5節）で生きる化学独立栄養微生物と考えられる（2・1節）．

11・2・2 植物との共生

共生（symbiosis）はこれまで考えられていたより幅広い，普遍性の高い現象らしい．ただし共生する微生物は純粋には培養できないため研究は難しい．微生物と植物の共生には，すでに述べたマメ科植物の根粒（5・1・3項）や地衣類（7・1・1項）のほかにも菌根がある．

高等植物の根に真菌類（糸状菌）が共生した構造物を菌根（mycorrhiza）という（図11・2）．この語はギリシア語の mykos（菌類）と rhiza（根）からなる．菌根菌は植物から有機物を得，逆に植物は菌が吸収した無機物や水を得る．菌糸の直径は 1～2 μm であり，最低でも 20～30 μm の根より細いため土壌の小さな隙間に潜り込むことができ，水とはいっしょに移動できない栄養分も獲得できる．

菌根には，根の外側を菌鞘とよばれる菌糸組織で厚くおおう外生菌根（ectomycorrhiza）と根の細胞中にも侵入して共生する内生菌根（endomycorrhiza）とがある．外生菌根は主に森林の樹木に共生している．マツタケやホンシメジ，ショウロ（松露）などのキノコも外生菌根の一種である．内生菌根はラン科をはじめリンドウ科，ツツジ科などの植物に共生している．根の組

[†] 地下深部微生物（deep subsurface microbe）；地表の動植物と関わりをもつ通常の土壌微生物とは別に，地殻深部の岩石層に幅広く生息する微生物．石油探査などをきっかけに調査が始まった．地球全体の微生物量の9割以上を占め，地上のバイオマスに匹敵するという試算があるが，代謝や増殖がきわめて遅く休眠菌や死菌も多いらしい．太陽光が届かず高温なため化学独立栄養性の好熱細菌・古細菌などの極限環境微生物が多いと考えられ，石油やメタンハイドレートの成因だとする説もあるが，詳細は不明な点が多い．

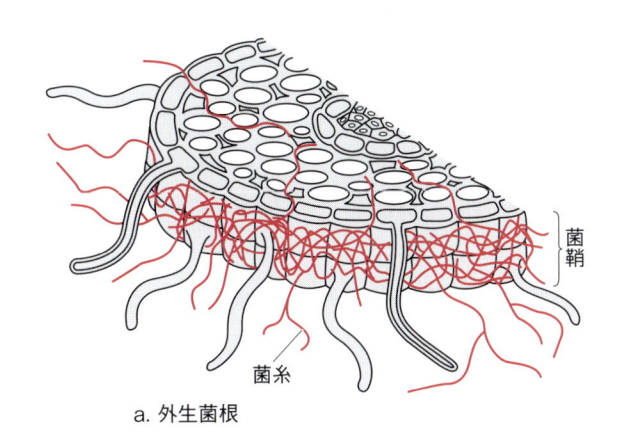

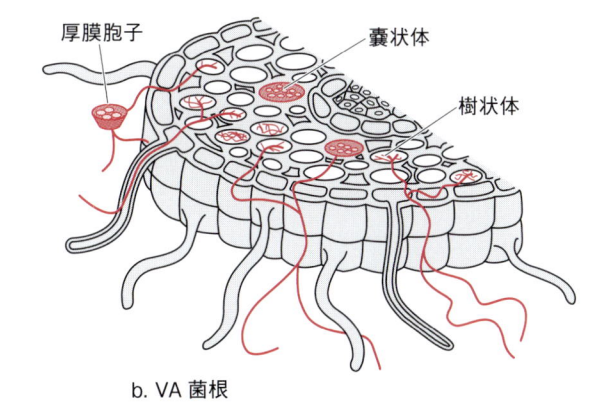

a. 外生菌根

b. VA 菌根

図 11・2 菌根
(J.T. Staley et al.; "Microbial Life", 2007, Sinauer Associates Inc. より改変)

織内で嚢状や樹状の構造体を作るVA菌根（vesicular-arbuscular mycorrhiza）はさらに広くほとんどの陸上植物に見られる．この菌はグロムス菌に分類され（7・1・3項），とくにリン酸の吸収を助ける作用が強く，アブラナ科（キャベツ，ブロッコリーなど）やアカザ科（ホウレンソウなど）を例外に，作物や樹木の生産力を高めるため，農業や植林に用いられる．たとえばやせたプレイリー土壌には適当な真菌がいないので植樹する際に人為的に接種すると育ちが格段に良くなる．

11・2・3　農業への応用

農業や園芸では化学合成された多くの農薬が使われているが，生態系やヒトの健康を害する危険性も懸念されている．その対策の一つとして微生物農薬が実用化されつつある．たとえば無害なアグロバクテリウム ラジオバクター *Agrobacterium radiobacter* は，モモやバラの根に接種しておくと同属の *A.* ツメファシエンス *A. tumefaciens* による根頭がん腫病を防ぎうるため微生物殺菌剤として製品化されている．ほかに殺虫剤や除草剤として使われる微生物もある．一方でこの根頭がん腫病菌の Ti プラスミド（p68）は植物に外来遺伝子を導入できるので，遺伝子組換え作物を作出するためによく用いられる（5・1・3項）．*Bt* 毒素など，微生物の産生する物質を用いることもある（4・1・1項）．

微生物は牧畜にも活躍している．ウシやヒツジなど家畜の消化管にはもともと微生物が共生して牧草のセルロースの消化を助けている．また湿潤な日本は干し草を作るのは不向きだが，サイロに積み上げたりロールベール†で梱包すると乳酸菌で発酵したサイレージができ，腐敗することなく貯蔵できる．

† ロールベール（roll bale）；牧草や飼料作物を密閉状態で発酵させた家畜用飼料をサイレージ（silage）という．乳酸や酢酸の生成で pH が下がり，腐敗を防いで長期保存が可能になる．従来から塔型サイロがよく使われてきたが，建設費用が高く牧草を積み上げる作業に労力がかかることなどから，牧草を円筒形に巻き上げポリエチレンのラップで梱包して密閉状態で発酵させるロールベールの方式が増えてきた．白や黒，青，白黒縞模様のものなどがあり，農村や牧草地の風景を変えつつある．

11・3　環境浄化

物理・化学的手法に対して，生物による環境修復をバイオレメディエーション（bioremediation）という．植物の物質吸収能などを利用する考え方もあるが，多くの場合は細菌や酵母・糸状菌など微生物の野生株や変異株を使ってダイオキシンやPCBなどの有害物質を無毒化あるいは低毒化したり重金属を回収することによって，汚染された環境を元に戻す（図11・3）．微生物の代謝は非常に多様なので，動植物には処理できない物質を分解，除去できる種が自然界から見つかったり，比較的容易に変異体を取得できることがある．日本ではあまり行われていないが，欧米では早くから土壌や地下水の浄化にシュードモナス属 *Pseudomonas*（5・3・1項）やアルカリゲネス属 *Alcaligenes* などがよく使われる．

バイオレメディエーションは 2 つに分けられる．窒素やリンなどの栄養素を

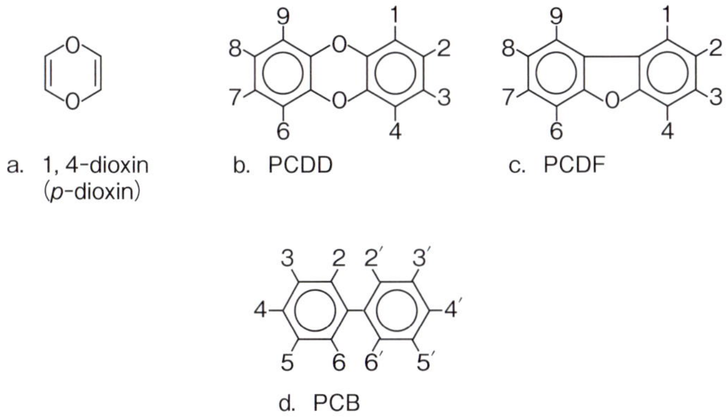

図11・3 ダイオキシンとPCB
PCDD（polychlorinated dibenzo-*p*-dioxin）とPCDF（polychlorinated dibenzofuran），およびPCB（polychlorinated biphenyl）の一部であるCo-PCB（coplanar PCB）を合わせてダイオキシン類と総称する．PCBのうち，オルト位（2，2′，6，6′）に塩素原子がないため2つのベンゼン環が偏平構造をとれるものはPCDDやPCDFと同様に強い毒性をもつのでコプラナー（共平面構造の）の形容詞をつけてダイオキシン類に含める．

添加して，汚染箇所に既存の微生物の生育を促進することをバイオスティミュレーション（biostimulation）といい，栄養素とともに分解微生物を積極的に投入するやり方をバイオオーグメンテーション（bioaugmentation）という．

11・3・1 石　油

石炭が陸上植物に由来するのに対し，石油は海中の藻類（植物プランクトン，光合成真核微生物）や藍色細菌に由来する．いずれにせよ有機物の宝庫だから，これを利用できる微生物が自然界にいるのも不思議ではない．実際細菌やカビ，酵母，緑藻などに石油を分解するものがある．炭水化物の分解は細胞内で好気的に行われることが多い．初期段階でオキシゲナーゼ[†]が働き，O_2を取り込んで酸化する．最終産物の多くはアセチルCoAなどとしてクエン酸回路に流れ込みエネルギー源や炭素源として資化（p92）される．

バイオレメディエーションのきっかけとなった例として，1989年にアラスカの湾で起こったエクソン社巨大タンカーの座礁事故がある．このとき4200万リットルの原油が流失したが，窒素とリンの散布によって石油を分解する微生物の増殖を促し，2～3週間で目に見える浄化効果が認められた．現在では油汚染の環境修復用に混合微生物製剤が市販されている．天然の混合微生物を高濃度で珪藻土に吸着させた乾燥粉末であり，室温で保存でき扱いやすい．動植物油や鉱物油で汚染された土壌や水，構造物などの処理，浄化用に使われている．

一方で石油を作る微生物があることも知られている．緑藻 *Botrycoccus*

[†] オキシゲナーゼ（oxygenase）；O_2の酸素原子を他の基質に直接取り込む反応を触媒する一群の酸化還元酵素で，酸素添加酵素ともよぶ．さまざまな生理活性物質の合成や異物の解毒などの機能がある．反応から2種類に分けられる．ジオキシゲナーゼ（dioxygenase）では2原子とも基質（S）に取り込まれ（$S + O_2 \rightarrow SO_2$ など），モノオキシゲナーゼ（monooxygenase）では1原子は水素供与体（AH_2）に還元されて水ができる（$S + O_2 + AH_2 \rightarrow SO + A + H_2O$）．後者で基質に水酸基が導入される場合を水酸化酵素（hydroxylase）といい，シトクロムP450（p148）もこれである．

braunii は C_{30} から C_{36} の長鎖炭化水素を油滴として分泌しながら成長する．石油再生の実用化も期待されている．

11・3・2 生体異物

自然界には存在せず人工的に化学合成される物質を生体異物（xenobiotics）という．殺虫剤や除草剤などとして意図的に合成されたもののほかに副生成物（不純物）も含まれる．急性・慢性毒性が示されたものや内分泌撹乱化学物質（環境ホルモン）としての害が危惧されるものもある．環境汚染物質の除去には物理的・化学的方法のほかに微生物を利用した方法がある．生体異物の多くは天然化合物と構造的に似ていて自然界の微生物の既存の酵素でも分解されるものが多いが，ダイオキシンやPCBなど一部の化合物は構造がかなり違うためきわめて分解されにくい．

難分解性の汚染物質には有機塩素化合物が多い．それらの物質の脱塩素反応はデハロコッコイデス属 *Dehalococcoides* など嫌気性菌による脱ハロゲン呼吸として行われる（3・4・4項）．一方，炭素骨格の徹底的な分解は一般にシュードモナス属 *Pseudomonas* をはじめとする好気性菌が行うことが多い．その代謝経路の中では各種オキシゲナーゼが律速酵素（p26）として重要な位置を占めることが多い（図11・4）．

ダイオキシンは，生体異物の中では最も急性毒性が高い猛毒である上，発がん性・催奇性・肝毒性・生殖機能撹乱などの慢性毒性も疑われている．分解されにく親油性で脂肪組織に蓄積しやすいため，魚などに生物濃縮されやすい．しかし実験動物ごとで感受性に大きな差があり，ヒトに対する毒性には不明な点が多い．ジオキシン（dioxin）はもともと酸素原子2つを含む複素六員環化合物の名称である（図11・3）．単環のジオキシンは不安定で分解しやすいが縮合環化合物には 2,3,7,8-tetrachlorodibenzo-1,4-dioxin（TCDD）を筆頭に安定かつ高毒性のものがある．「ダイオキシン類」という総称は化学的分類ではなく毒性に重きを置いた通称であり，TCDDを含むポリ塩化ジベンゾパラジオキシン（PCDD）だけでなくポリ塩化ジベンゾフラン（PCDF）も含む．世界保健機関（WHO）は1998年，さらに拡張してPCBの一部であるコプラナーポリ塩化ビフェニル（Co-PCB）も含めた3群の総称として再定義した．

ベトナム戦争時に米軍が大量に散布した枯れ葉剤に副成物として含まれていたダイオキシンが多数の奇形を誘発したとして告発されているが，それ以上の濃度のダイオキシンが日本の水田でも検出されている．ダイオキシンの9割が生活ゴミや産業廃棄物の低温燃焼で発生するとされ，現在では焚火さえ規制さ

れ高温燃焼の廃棄物処理場が各地に建設された．白色腐朽菌（7・1・2項）のパーオキシダーゼやシュードモナス属（5・3・1項）のジオキシゲナーゼによる環の開裂で低毒化や易分解化が起こる．

　ポリ塩化ビフェニル（PCB）は塩素原子を2個から9個含む有機物で，きわめて安定で電気を通さない．そこで電気絶縁体としてトランスなどの電気製品に多用されたほか，可塑剤としても使われたが，発がん性の問題で製造使用禁止になった．ビフェニル資化菌アクロモバクター属 *Acromobacter* やシュードモナス属のジオキシゲナーゼなどで分解される．しかし5塩化物以上だと分解できる菌が少ないので，アルカリ触媒分解や紫外線照射と組み合わせる研究もある．

　合成洗剤の普及初期に代表的だった界面活性剤†アルキルベンゼンスルホン酸（ABS）は生分解性が著しく悪く，河川で発泡するなど環境問題の原因となっ

† **界面活性剤（surfactant）**；水に溶けて表面張力を低下させる作用を強くもつ物質．平たくいうと洗剤（detergent）で，多様な種類がある．分子内に親水性（水になじむ）部分と疎水性（油になじむ）部分とをもつ両親媒性なため，水と空気の界面だけでなく水と油の界面にもよく吸着する．水溶液中では疎水性基を内側に向けた球状構造（ミセル）を形成し，油を水に溶かし込む性質があるため，洗剤のほか乳化剤，分散剤，湿潤剤，泡立て剤など幅広い有用性がある．

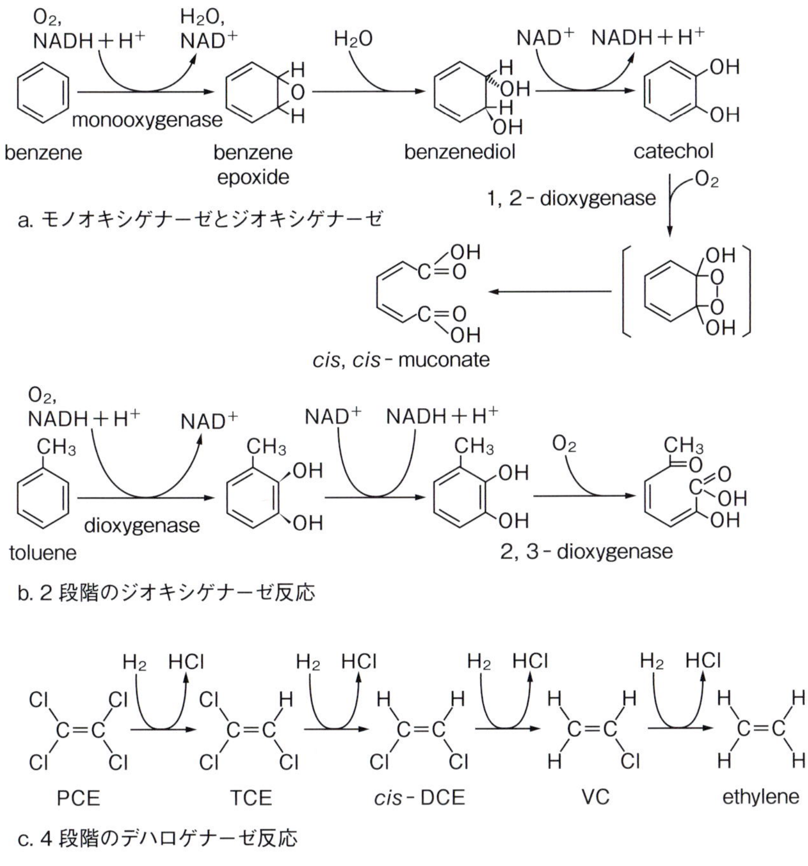

a. モノオキシゲナーゼとジオキシゲナーゼ

b. 2段階のジオキシゲナーゼ反応

c. 4段階のデハロゲナーゼ反応

図 11・4　環の開裂と脱塩素化
　ベンゼン環の開裂は好気条件下の酸素添加による場合が多い（a, b）．脱塩素化は嫌気条件下の還元的脱ハロゲン化酵素による場合が知られている（c）．

た．そこで 1965 年以降，より分解しやすい代替品への切り替えが図られた．現在は直鎖アルキルベンゼンスルホン酸（LAS）やポリオキシエチレンアルキルフェニルエーテル（APE）が中心的に使われている．APE はシュードモナス属細菌ですみやかに界面活性作用を失うが，完全な分解にはなお時間がかかる．

　トリクロロエチレン（TCE），パークロロエチレン（PCE），ジクロロメタン（DCM）などは衣料のドライクリーニングや半導体集積回路の脱脂洗浄剤として使われる．メタンやフェノール，トルエン等を分解する菌の酵素が TCE も代謝するため，まずそれら元の基質で酵素を誘導しておく必要がある．メチロシスティス属 *Methylocystis* のメタン資化性菌のモノオキシゲナーゼやデハロコッコイデス属 *Dehalococcoides* 細菌の脱塩素呼吸（図 11・4c），シュードモナス属細菌のヒドロキシラーゼやオキシゲナーゼなどで分解される．

　有機塩素系殺虫剤のベンゼンヘキサクロライド（γ-BHC）は，スフィンゴモナス属 *Sphingomonas* 細菌が脱塩化水素反応，加水分解的脱ハロゲン反応，脱水素反応，還元的脱塩素反応の 4 段階で分解する．

11・3・3　プラスチック

　環境問題で量的に最大の物質は固形廃棄物，とくにプラスチック（合成樹脂，plastic）である．プラスチックも生体異物であり，ポリエチレン，ポリプロピレン，ポリスチレン，ポリ塩化ビニルなどが世界で毎年 4000 万トン生産されている．

　第一次世界大戦中に黒色火薬の生産で成功した米国のデュポン社は，その後合成ゴムでも成果を上げ，次いで 1935 年には絹に近い肌触りでしかも強靭な合成ポリマー，ナイロンを開発した．これが合成化学繊維の先駆けとなり，さまざまな有機高分子化合物が開発されプラスチック全盛時代を築いた．しかし化石燃料の石油を使い環境への負荷も重いという問題があり，リサイクルなどによる解決が図られている．

　もう 1 つの解決策として，使用後簡単かつ自然に微生物によって処理される生分解性プラスチック（biodegradable plastics）がある．原料や製法によって3 群に分けられる．ポリ乳酸（PLA）やポリブチレンサクシネート（PBS），ポリカプロラクトン（PCL）など化学合成系，セルロースやデンプン，キチンなどを修飾する動植物系，γ-ポリグルタミン酸（4・1・1 項）やバイオセルロース（5・1・1 項），ポリ-β-ヒドロキシアルカン酸（PHAs）など微生物系があるが，代替するには価格面での対抗が課題である．このうち PHAs はプラスチックにふさわしい特性を備えた上，分解されやすい．PHAs には，細菌エアロモ

ナス カビエ *Aeromonas caviae* が生合成するポリヒドロキシブチレート（PHB）や水素細菌キュープリアビダス ネカター *Cupriavidus necator*（3・5・3節）が作るポリ-β-ヒドロキシ吉草酸（PHV），またこれらの共重合体もある．PLAの原料の乳酸はバイオマスをもとに乳酸菌による発酵で作ることが可能なため，バイオマスプラスチックという意味づけでも注目を浴びている．

11・4 金属と微生物

11・4・1 重金属の処理

有毒な重金属による土壌汚染の対策には，薬品の散布によって還元したり硫化物にして不溶化して除く化学的手法も採られるが，二次汚染の可能性もあるため微生物による処理が期待されている．

無機水銀と有機水銀はいずれも毒性があるが，とくに後者は非常に毒性が強く，そのうちメチル水銀 CH_3Hg^+ は水俣病の原因物質となった．水銀汚染の対策として，高温で気化したり薬剤やセメントで不溶化や固形化処理してきたが，土壌の劣化や燃料消費の問題もある．鉄酸化細菌によってメチル水銀を Hg^{2+} に脱メチル化し，さらに Hg^0 に還元して気化させる研究が行われている．

亜セレン[†]酸（SeO_3^{2-}，4価Se）とセレン酸（SeO_4^{2-}，6価Se）もともに高い急性毒性を示す．前者は鉄剤の添加で凝集沈殿するため水系から除去できるが，後者はそれでは除けない．タウエラ属 *Thauera* やエンテロバクター属 *Enterobacter* などセレン還元能をもつ微生物は比較的幅広く土壌や汚泥に存在している．これらを用いて SeO_4^{2-} を SeO_3^{2-} にまで還元して凝集剤で難溶性の $Fe_2(SeO_3^{2-})_3$ にするか，さらに難溶性の元素態Seまで還元して固液分離除去する研究がなされている．

6価クロム（クロム酸塩 CrO_4^{2-}）はエンテロバクター属 *Enterobacter* などにより低毒性の Cr^{3+} に還元され $Cr(OH)_3$ として沈殿，除去される．

11・4・2 鉱業への応用

微生物は金属の採掘・精錬にも役立っている．

多くの金属は鉱石の中で硫化物（sulfide）になっている．硫化物は水に溶けにくい．鉱石中の金属含有率が低い場合，従来の化学的手段で金属を溶かし出すのは消費エネルギーが大きく不経済だが，細菌あるいは一般に微生物を利用する方法が実用化され，細菌採鉱法（bacterial leaching）あるいは微生物採鉱法（microbial leaching）とよばれている．実際，世界の銅の4分の1は微生物を利用して生産されている．

[†] セレン（selenium, Se）；原子番号34で酸素族元素の1つ．名前はギリシア神話の月の女神Seleneによる．同じくラテン語Tellus（地球）から名づけられた同じ酸素族の元素テルルTe（原子番号52）の後で発見された．ヒトに必須の超微量元素で，セレノシステイン（Sec）としてタンパク質に取り込まれる．mRNA（伝令RNA）に特別な挿入配列がある場合にのみ，停止コドンのUGAがSecをコードする．セレンタンパク質には甲状腺ホルモンを活性化する酵素などいくつかの重要な酸化還元酵素がある．

Box 11　環境微生物学の新手法

　自然環境は有用な微生物や遺伝子の宝庫だが，多くの微生物は培養できないVNC菌である（Box2）．そこで環境微生物学あるいは微生物生態学の分野では，培養に依存しない新しい検出・解析手法が開発されている．ここで紹介する新手法はいずれもゲノムDNAを利用している．塩基配列がもつデジタル情報としての性格は，微量の生物資源の探索にも役立つ．

ⅰ．遺伝子資源探索

　有用な遺伝子を探索する従来の方法は，まず自然環境から新たな微生物を見つけ出して純粋培養し，その均一な菌体から染色体DNAを単離して解析するという手順を踏んでいた．しかし対象をVNC菌も含めた全菌叢に広げるため，環境の試料から直接DNAを抽出し，これを鋳型にしてポリメラーゼ連鎖反応（PCR，p161）で標的遺伝子を得る新しい手法が編み出された．

　たとえば既知のセルラーゼの配列情報を相互比較し，保存性の高い領域2か所でオリゴヌクレオチドを合成してプライマーとする．一方，熱水噴出口の海水から濾過や遠心分離で集めた微生物試料からDNAを抽出し，これを鋳型にPCRを行うと，多くの菌に由来するセルラーゼ遺伝子を増幅できると期待される．その中にはバイオエタノールの生産などに利用しうる有益な耐熱性セルラーゼの遺伝子も含まれている可能性がある．これらをベクターに挿入してクローニングすれば，それぞれの配列を解読し発現産物を解析できる．

ⅱ．メタゲノム解析

　上記の方法では既知の遺伝子から推定される高保存性領域を利用したが，かけ離れた構造の遺伝子は取りこぼしてしまう．そこで，めあての環境に共存する多数の微生物の全ゲノムのDNA配列をショットガン法で網羅的に解読する方法が開発された．これをメタゲノム解析（metagenomics）あるいは環境ゲノム学（environmental genomics）とよぶ．

　サルガッソー海における海洋微生物の解析では，300近い新種を見いだし，既知のアンモニア酸化細菌（3・5・1項）の酵素とはかなり異なるアンモニアモノオキシゲナーゼ（図3・4）をもつアンモニア酸化古細菌が見つかったり，古細菌に特有と思われていた光駆動H^+ポンプ（6・1節）の新型遺伝子がプロテオバクテリアで検出されたりしている．メタゲノム解析は保健分野でも進められており，腸内細菌叢と肥満の関係や，離乳前後の腸内細菌の変化などがわかってきている．今後は病気の診断や原因の解明，治療法の開発などが期待される．

ⅲ．FISH法

　微環境における微生物を網羅的に可視化するには，DNAに特異的に結合するDAPI（4′,6-diamido-2-phenylindole）や臭化エチジウム（ethidium bromide）で染色し顕微鏡で観察する．一方，微生物の種類ごとに区別して染める方法にFISH法 (fluorescence *in situ* hybridization) がある（図11・5a）．rRNAは近縁な生物ほど互いに塩基配列が似ている．そこでα-プロテオバクテリアとか高GCグラム陽性菌など，ある分類群に属す

る微生物のゲノム DNA とだけハイブリッド形成 (p16) する DNA 断片を設計し蛍光試薬を共有結合させると，特異的な蛍光プローブができる．分類群ごとに蛍光波長の異なる試薬を作ると，同一試料を赤，緑，紫などに染め分けることもできる．

FISH 法の拡張として染色体彩色法（chromosome painting）と ISRT FISH 法（*in situ reverse transcription FISH*）がある．前者は蛍光プローブの標的を rRNA の代わりに特定の遺伝子にする方法である．たとえばニトロゲナーゼを標的にすれば窒素固定菌を網羅的に染色できる（5・1・3 項）．後者の ISRT FISH 法では，逆転写酵素を用いて遺伝子発現活性の強い菌を選択的に染めることができる．

iv．DGGE 法

電気泳動を用いた鋭敏な分析法に DGGE 法 (denaturing gradient gel electrophoresis) がある（図 11・5b）．左の遺伝子資源探索の項で述べた PCR 産物は，塩基配列が多様な混合物でも長さは均一なことが多いため，通常の電気泳動では分離できない．しかし泳動ゲルの中に尿素などの変性剤を含め，しかもその濃度に勾配をつけておけば，同じ長さの DNA 断片でも配列に応じて分離することができる．

すなわち，PCR 産物の二本鎖 DNA 断片を陰極側から電気泳動すると，陽極に近づき高濃度の変性剤に触れるにつれ，GC の含量や配列，融解温度（T_m 値）の差に応じて解離しやすい DNA 断片ほど早くから広がり泳動が遅くなることから，塩基配列の違いを反映して分離される．二本鎖が完全には解離しないように PCR プライマーの一方は GC 含量のきわめて高い配列を付加しておく．これを GC クランプとよぶ．泳動後のゲルから DNA のバンドを切り出して個々の塩基配列を決定することができる．PCR の標的として rRNA 遺伝子を選べば微生物叢の系統学的分析ができ，特定の有用遺伝子を選べばその遺伝子資源の多様性を調べることができる．

微生物叢の分析法のうち，FISH 法では種の同定は絞れないが計数の定量性は高いのに対し，DGGE 法では種の同定は正確にできるが生息菌体数の定量性は低い．この両者を相補的な手法として組み合わせて用いることも多い．

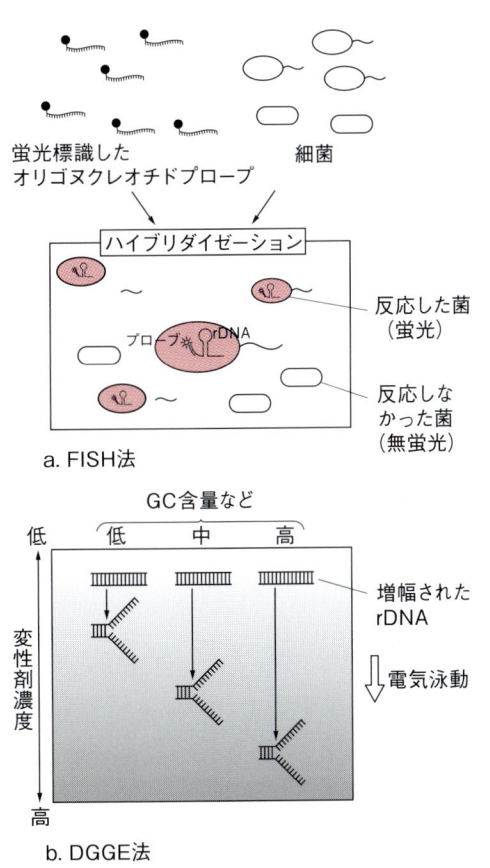

図 11・5 環境微生物学の新手法

a. パストゥール（1822-95）　　b. コッホ（1843-1910）　　c. ウィノグラドスキー（1856-1953）

図 11・6　微生物学の 3 巨人
a, Louis Pasteur；b, Robert Koch（いずれも写真提供：共同通信社）；c, Sergei Winogradsky（http://www.bact.wisc.edu/Microtextbook/index.php?module=Book&func=displaychapter&chap_id=32&theme=Printer より転載）

　米国や南米の露天掘り鉱山で黄銅鉱を山積みし pH が 2 の希硫酸をかけると，鉱石に少量含まれている鉄に由来する Fe^{3+} で硫化物が硫酸塩に酸化され，銅がイオンとして溶け出す．

$$CuS + 8Fe^{3+} + 4H_2O \rightarrow Cu^{2+} + 8Fe^{2+} + SO_4^{2-} + 8H^+$$

酸性液中の Fe^{2+} はそのままでは酸化されにくいが，鉄細菌 *Acidithiobacillus ferroxidans* が生息する酸化槽ではすみやかに酸化される（3・5・4 項）．この液をポンプでくみ上げふたたび散布して銅イオンの回収に再利用する．微生物採鉱法は日本ではあまり利用されていないが，世界的には銅以外にもモリブデン，ビスマス，亜鉛，ウラン，金など貴重な金属の浸出に利用されている．

　微生物は有機物だけではなくこのように無機物にも反応することによって地球環境に幅広い影響を与えている．化学独立栄養細菌（2・1 節）を発見したウィノグラドスキー（1・2 節）は，病気や発酵生産に関わる微生物の学問を創始したパストゥールやコッホとともに，レッド，ホワイト，グリーンの各分野のバイオテクノロジーの基盤を築いたともいえよう（図 11・6）．

練習問題　第3部

8-1. 病原菌の毒性因子と感染経路をそれぞれ箇条書きでまとめよ．

8-2. 人体の生体防御機構を上皮までの障壁・自然免疫・獲得免疫の3段階に分けてまとめよ．

9-1. 抗病原体薬は，細菌，ウイルス，真核微生物の対象ごとで異なる．これら3者に対する医薬品について，種類や作用機序・具体例・耐性機序などをまとめ対比せよ．

9-2. 遺伝子組換え技術には微生物が必須であり，先端的な医学研究やバイオテクノロジーの実験室では大腸菌などの培養風景が日常的になっている．遺伝子組換え技術の実用化例を箇条書きにまとめよ．

10-1. 醸造酒には様々な種類があるが，発酵の過程から3つに分類することができる．その3つの発酵方式について，名称・主な酒類の種類・働く微生物などをまとめた次の表の空欄に適切な語句を記入せよ．

発酵方式の名称	主な酒類	主な原料（農作物）	糖化に働くもの	発酵に働く微生物
発酵		ブドウ		（全部に共通に）
行	日本酒（清酒）			
	中国酒（老酒など）			
行　発酵	ビール			

10-2. 微生物の研究では応用面を中心に日本人の寄与も大きい．このことは微生物の学名にも現れている．日本語由来の学名の例を5つ挙げよ．

11-1. 下のA）〜D）は，発酵生産や環境浄化に関わる微生物の性質や利用法などをまとめたものである．（　）に最適な語句や数値，学名などを書き入れよ．ただし［　］には，その直前の物質名に対応する化学式やイオン式を当てはめよ．

A）硝化細菌；アンモニア［1］を硝酸塩［2］に酸化してエネルギーを獲得する化学（3）栄養細菌．このように無機物の酸化でエネルギーを得る代謝を（4）呼吸という．アンモニアの多い（5）の処理場やそれの流れ込む（6）や河川に生息する．硝化は（7）酸化細菌と（8）酸化細菌の2つの菌の共生による．江戸時代にはこの菌のつくる硝石［9］を夏の風物詩（10）に用いていた．

B）アセトン-ブタノール発酵菌；糖ばかりではなく（11）からも直接アセトン［12］やブタノール［13］を生成する．（14）*acetobutylicum* が代表種であり，（15）性嫌気性菌である．アセトンやブタノールは戦時中，化学工業原料や（16）として需要が高かった．近年は（17）資源の有効利用法として注目されている．

C）放線菌；感染症の治療に用いられる（18）の大半を産生する細菌．繊維状の点は真核生物の（19）菌と似ているが原核生物．（20）属がその代表で，ストレプトマイシンのほか（21）や（22）なども産生する．ただし（18）のうちでも（23）は *Penicillium* 属の（19）菌が産生する．

D）メタン生成菌；細菌や真核生物とは大きく異なる第3の生物群とされる（24）の1つであり，バイオエネルギーのメタン［25］を生成する．メタンは自然エネルギーとして期待される一方，沼地やウシの（26）などに生息して大気中にメタンを放出するため，地球の（27）化を促進する要因ともなっている．

11-2. 地球大気中に現存する CO_2 の重量 (A) と，生物としてのヒトが1年に発生する CO_2 重量 (B)，人類が産業活動で1年に発生する CO_2 重量 (C) とを概算せよ．地球の半径は 6380 km，気体の体積は 22.4 ℓ/mol とする．ほかに下の仮定を使うか，あるいはより現実的な仮定に置き換えること．

A）地球表面の厚さ 10 km の均一な大気に 360 ppm の CO_2 が含まれているとする．

B）70億人のヒトが 2000 kcal/day の消費エネルギーをすべてグルコースでまかなっていると仮定．

C）年間 5×10^9 t の石油の完全燃焼による CO_2 のみとする．石油はすべてデカン decane（$C_{10}H_{22}$）として計算する．

参考文献

第1部 基礎編

1-1. Madigan MT *et al*.; Brock Biology of Microorganisms (15th ed.), 2018, Pearson
1-2. ニコラス - マネー著, 花田 智訳；微生物 目には見えない支配者たち, 2016, 丸善
1-3. 別府輝彦；見えない巨人 微生物, 2015, ベレ出版
1-4. アン - マクズラック著, 西田美緒子訳；細菌が世界を支配する, 2012, 白揚社
1-5. ジャレド - ダイアモンド著, 倉骨 彰訳；銃・病原菌・鉄, 上・下, 2000, 草思社
1-6. 小泉武夫；発酵, 1989, 中公新書
1-7. トム - スタンデージ著, 新井崇嗣訳；世界を変えた6つの飲み物, 2007, インターシフト
1-8. 立川昭二；病気の社会史, 2007, 岩波現代文庫
1-9. ウィリアム - マクニール著, 佐々木昭夫訳；疾病と世界史, 上・下, 2007, 中公文庫
1-10. ジャックリン - ブラック著, 林英生ほか監訳；ブラック微生物学（第2版）, 2007, 丸善
1-11. 青木健次編著；微生物学, 2007, 化学同人
1-12. 医学生物学電子顕微鏡技術学会；ミクロの不思議な世界, 2001, メジカルセンス
1-13. 石田昭夫ほか；細菌の栄養科学, 2007, 共立出版
1-14. 日本細菌学会用語委員会編；微生物学用語集, 2007, 南山堂
1-15. Bergey's Manual of Systematics of Archaea and Bacteria, 1st ed., 2015;
https://www.bergeys.org

第2部 分類編

2-1. ニコラス - マネー著, 小川 真訳；生物界をつくった微生物, 2015, 築地書館
2-2. ドロシー - クロフォード著, 永田恭介監訳；ウイルス ミクロの賢い寄生体, 2014, 丸善
2-3. 杉山純多編；菌類・細菌・ウイルスの多様性と系統（バイオディバーシティ・シリーズ4）, 2005, 裳華房
2-4. 石川 統ほか編；マクロ進化と全生物の系統分類（シリーズ進化学 第1巻）, 2004, 岩波書店
2-5. 森脇和郎, 岩槻邦男；生物の進化と多様性, 1999, 放送大学教育振興会
2-6. 平松啓一, 中込 治編；標準微生物学（第9版）, 2005, 医学書院
2-7. 東 匡伸, 小熊恵二編；シンプル微生物学（改訂第4版）, 2006, 南江堂
2-8. リチャード - ハーベイほか著, 山口恵三, 松本哲哉監訳；イラストレイテッド微生物学（第2版）, 2008, 丸善
2-9. 古賀洋介, 亀倉正博編；古細菌の生物学, 1998, 東京大学出版会
2-10. 山内一也, 北 潔；〈眠り病〉は眠らない, 2008, 岩波書店
2-11. 吉開泰信編；ウイルス・細菌と感染症がわかる, 2004, 羊土社
2-12. 山内一也；ウイルスと人間, 2005, 岩波書店
2-13. イアン - タノックほか著, 谷口直之ほか監訳；がんのベーシックサイエンス 第3版, 2006, メディカル・サイエンス・インターナショナル
2-14. 微生物を含む生物界全体の分類体系；
https://www.ncbi.nlm.nih.gov/Taxonomy/Browser/wwwtax.cgi
2-15. 原生動物園151～大系統分類から眺める原生生物の世界；
https://sites.google.com/site/protozoolgarden/protozoolgarden3_41
2-16. 国際ウイルス分類学委員会（ICTV）によるウイルス一覧表2018b版；
https://talk.ictvonline.org/taxonomy

第3部　応用編

3-1. アランナ-コリン著，矢野真千子訳；あなたの体は9割が細菌，2016，河出書房新社
3-2. ロブ-デサール，スーザン-パーキンズ著，斉藤隆央訳；マイクロバイオームの世界，2016，紀伊國屋書店
3-3. ウィリー-ハンセン，ジャン-フレネ著，渡辺 格訳；細菌と人類，2004，中央公論新社
3-4. スティーブン-ジョンソン著，矢野真千子訳；感染地図，2007，河出書房新社
3-5. 坂口謹一郎；日本の酒，2007，岩波文庫
3-6. 秋山裕一；酒造りの不思議，1997，裳華房
3-7. 永田十蔵；わが家でつくるこだわり麹，2005，農文協
3-8. 遠藤 章；新薬スタチンの発見，2006，岩波書店
3-9. 山中健生；環境に関わる微生物学入門，2003，講談社
3-10. デヴィッド-ウォルフ著，長野 敬，赤松眞紀訳；地中生命の驚異，2003，青土社
3-11. 中西貴之；人を助けるへんな細菌すごい細菌，2007，技術評論社
3-12. 平成22年度バイオ産業創造基礎調査報告書，経済産業省 製造産業局 生物化学産業課，2011；
　　　https://www.meti.go.jp/statistics/sei/bio/result/pdf/22FYBioIndustryStatistics.pdf
3-13. 気候変動に関する政府間パネル（IPCC）第5次評価報告書 第1作業部会報告書（WGI），2013；
　　　https://www.ipcc.ch/report/ar5/wg1/
3-14. 独立行政法人 製品評価技術基盤機構，バイオテクノロジー分野；
　　　https://www.nite.go.jp/nbrc/

古典的な書籍

4-1. 常石敬一訳・解説；ヒポクラテスの西洋医学序説，1996（原典，紀元前4世紀），小学館
4-2. ルイ-パストゥール著，山口清三郎訳；自然発生説の検討，1970（原典，1861），岩波文庫
4-3. 中村桂子編・解説；北里柴三郎 破傷風菌論，1999（原典 1889-1896），哲学書房
4-4. ポール-ド-クライフ著，秋元寿恵夫訳；微生物の狩人，上・下，1980（原典，1926），岩波文庫

引用文献

- 図4・2bと図5・2：本田武司；食中毒の科学（ポピュラー・サイエンスシリーズ），2000，裳華房
- 図4・2bと図4・4b：雪印乳業（株）健康生活研究所編；健康美をつくる乳製品（ポピュラー・サイエンスシリーズ），1995，裳華房
- 図5・1：松永 是編；生命情報学（生命工学シリーズⅡ），1990，裳華房
- 図7・1a：杉山純多編；菌類・細菌・ウイルスの多様性と系統（バイオディバーシティ・シリーズ4），2005，裳華房
- 図7・6a：近藤 勇；ファージ・核酸・遺伝子．遺伝，47(3)，68-72，1993
- 図7・9a：石川雅之；もやしもん 第1巻，2005，講談社
- 図7・9b：手塚治虫；火の鳥 黎明編，2003，角川書店

練習問題の解答例とヒント

計算問題の解答の指針

1）計算の方針を式の形で立てる．言葉でも公式（$4\pi r^2$ など）でもよい．
2）数値を数字だけでなく単位も含めて代入する．
3）分子と分母にそれぞれ数字と単位を集め，単位を統一する．
4）数字だけではなく単位も計算する．例えば $cm^3 = (10^{-2}\,m)^3 = 10^{-6}\,m^3$ とか $\mu M \times m\ell = (\mu \cdot m) \times (M \cdot \ell) = n\,mol$ など．

実例は問題 1・3，2・3，11・2 などを参照．

第1部　基礎編

1-1.　1・1節を中心にまとめる．感染症は8章，発酵生産は10章，他にp97なども参考になる．

1-2.　1, microorganism あるいは microbe；2，真核；3，原核；4, yeast；5, bacteria；6, ウイルス；7, cell；8, 光学；9, microscope；10, 電子；11, グラム；12, クリスタルバイオレット；13, サフラニン；14, 陽；15, ピンク；16, 陰．

1-3.　（細胞1個の重さ）=（細胞1個の体積）×（密度）= $(4/3)\pi r^3$ ×（密度）
= $(4/3) \cdot 3.14 (0.5\,\mu m)^3 \times 1.1\,g/cm^3 = (4/3) \cdot 3.14 (0.5 \times 10^{-4}\,cm)^3 \times 1.1\,g/cm^3$
= $(4 \times 3.14 \times 0.5^3 \times 1.1 \times 10^{-4 \times 3})\,cm^3 \cdot g) / (3\,cm^3) = 0.576 \times 10^{-12}\,g$．
（細胞の数）=（全体の重さ）/（細胞1個の重さ）= $(200\,g) / (0.576 \times 10^{-12}\,g)$
= 3.47×10^{14}．

1-4.　口絵①，口絵⑩，図1・3と本文1・3節，1・4節を中心に，関連部分をまとめる．

2-1.　図2・1と表2・1を中心に，2・1節と2・3・1項をまとめる．3章も関連が深く，とくに高校までには出てこない化学独立栄養生物について3・5節を中心に理解するのがポイント．

2-2.　寒天平板培地における集落（コロニー）形成による．

2-3.　大腸菌の数をxとおくと，$x = 2^{16 \times 3}$．2のn乗を計算できる電卓があればそのまま計算．10のn乗しか計算できない場合は両辺の対数をとって工夫する；$\log x = \log(2^{16 \times 3}) = 16 \cdot 3 \cdot \log 2 = 16 \cdot 3 \cdot 0.301 = 14.4 = 14.4 \cdot \log 10 = \log(10^{0.4} \times 10^{14}) = \log(2.5 \times 10^{14})$．logをはずして，$x = 2.5 \times 10^{14}$．

大腸菌のサイズを $1\,\mu m \times 1\,\mu m \times 2\,\mu m$ と近似すると，
（大腸菌の全重量）=（大腸菌1個の重量）×（大腸菌の数）= $(1\,\mu m \times 1\,\mu m \times 2\,\mu m) \times 1.1\,g/cm^3 \times 2.5 \times 10^{14} = 2 \times (10^{-4}\,cm)^3 \times 1.1\,g/cm^3 \times 2.5 \times 10^{14} = 2 \cdot 1.1 \cdot 2.5 \times 10^{-12} \times 10^{14}\,g$
= $5.5 \times 10^2\,g = 550\,g$．

＊　場合によっては，$2^{10} \fallingdotseq 10^3$ の概算値を使ってもよい．

＊　桿菌を直方体に近似するのを乱暴に感じるなら，両端に半球を付けた円柱で近似してもよい．しかしミス増大の危険を高めながら細部にこだわるより，概数を正しく導くのが肝要．ゆとり教育論議で有名になった「円周率は，場合によっては約3でもいい」とするような考え方を受け入れられるセンスも，本当の理数系には必要．

3-1. 図3・1と3・2節, 3・3節の本文の関連事項をまとめる. 要点は, a) 発酵ではエタノール + CO_2 や乳酸, 呼吸では CO_2 + H_2O, b) 発酵では2個(EMP経路の場合), 呼吸では約30個, c) 発酵では細胞質ゾル, 呼吸では細胞膜（原核生物）やミトコンドリア（真核生物）, d) 発酵では基質レベルのリン酸化で, 呼吸では化学浸透共役に基づく酸化的リン酸化.

3-2. 3章の基礎事項だけでなく10・1節の応用事項にもヒントがある.

3-3. a) は3・4節の嫌気呼吸, b) は3・4・5項, c) は3・5節の無機呼吸, d) は3・4節と3・5節の両方にまたがる. これらの関係についてのヒントがp.41にある.

第2部 分 類 編

4-1. 1, GC；2, Firmicutes；3, *Staphylococcus*；4, 黄；5, 芽胞；6, *Bacillus*；7, 枯草；8, 納豆；9, 炭疽；10, Actinobacteria；11, *Corynebacterium*；12, アミノ酸；13, ジフテリア；14, *Mycobacterium*；15, 結核；16, ハンセン病；17, ストレプトマイシン.

＊ 学名は最初なじみにくいが, 語源を考えたりローマ字読みで発声してみると, ヒントになる場合もある. ラテン語はほぼローマ字読みで可.

5-1. 1, *Rhizobium*；2, マメ；3, 根粒；4, 窒素；5, 酢酸；6, 酸素あるいは O_2；7, 好；8, *Acetobacter*；9, *Gluconobacter*；10, C：11, アスコルビン酸；12, γ；13, *Escherichia coli*；14, 腸内；15, 通；16, *Vibrio*；17, コレラ.

6-1. 6・1節の5つの項がそのまま光合成細菌の5大群にあたる. 藍色細菌だけは酸素発生型, 他の4つは酸素非発生型の光合成を行う. 紅色細菌はプロテオバクテリアに属し, ヘリオバクテリアはファーミキューテス（低GCグラム陽性菌）に属す. 他の3つはそれぞれ独自の門をなす. 分子メカニズムは3・6節参照.

6-2. A) メタノコッカスだけが古細菌で他の3つは細菌（真正細菌, p85）. いずれもゲノムサイズが1 Mb程度かそれ以下と特別小さい原核生物. B) 枯草菌のみがファーミキューテスで, 他はプロテオバクテリア. ただしそれぞれ綱のレベルで異なる（5章の各節参照）. 4つとも（真正）細菌ではある. C) コレラ菌だけがビブリオ科で他の3つは腸内細菌科. いずれもγ-プロテオバクテリア綱に入る. 大腸菌は無毒の菌と病原性の菌があり, 後者のうちとくにO157株は感染症法1類. 他の3種は2類（表8・1）.

7-1. 7・2節の4つの項に5大群をまとめている. 代表的な病原微生物のマラリア原虫, アフリカ睡眠病トリパノソーマ, トリコモナス, 赤痢アメーバ, ジャガイモ疫病菌など（8章も参照）や, 食料になるワカメやコンブ, キノコなど, 発酵生産に働くカビ（9章と10章）, 活性汚泥で排水処理に働く微生物（11章）などを, この5分類でまとめる.

7-2. 7章を中心に, 1・3節や6・3節なども参考にしてまとめる. 真核細胞には細胞小器官が発達している. 細菌と古細菌は原核細胞で細胞小器官はないが, 一部の細菌には膜構造が発達している（p.42）. リボソームは真核細胞では80 S, 原核細胞では70 S. ウイルスはそもそも細胞構造をもたない. 遺伝物質は多くの場合DNAだが, ウイルスにはRNAのものも多い. 細胞膜の脂質はエステル型が一般的で, 古細菌のみエーテル型. 抗生物質は細菌を中心に細胞性生物には効くが, ウイルスには無効. ただしどの抗生物質がどの菌に効くかは様々（第3部の練習問題9-1も参照）.

第3部　応用編

8-1. 毒性因子は 8・1・1 項の外毒素と内毒素を中心にまとめる．感染経路は 8・1・2 項．

8-2. 図 8・4 を中心に 8・1・3 項をまとめる．

9-1. 抗生物質（9・1 節）の多くは細菌に作用する．病原体のうちでも真核生物はヒトや家畜と細胞の基本構造が近いので，抗細菌薬に比べると真核病原微生物やがんに選択毒性を示す化学療法薬は少ない（9・1・3 項）．抗ウイルス薬もいろいろ開発されている（図 9・3）が，ワクチン（8・1・4 項）による予防が効果的である．

9-2. 9・4 節，9・5 節，10・4 節を中心に 4・1・1 項，11・2・3 項なども含めてまとめる．

10-1. 主に表 10・2 による．

発酵方式の名称		主な酒類	主な原料（農作物）	糖化に働くもの	発酵に働く微生物
単　発　酵		ワイン	ブドウ		（全部に共通に）出芽酵母
並　行	複発酵	日本酒（清酒）	コメ	コウジカビ	
		中国酒（老酒など）	コメ，キビなど	クモノスカビ	
単　行		ビール	オオムギ	麦芽	

10-2. 表 10・3 を中心に味噌，醤油，納豆，酒，火落ちなどの語句を探す．病原菌では赤痢菌に志賀 潔の姓が使われている（5・3・2 項）．他に p67 なども参照．

11-1. 1, NH_3；2, NO_3^-；3, 独立；4, 無機；5, 尿素（など）；6, 湖沼（など）；7と8, アンモニアと亜硝酸（逆も可）；9, KNO_3；10, 花火；11, デンプン；12, $(CH_3)_2CO$；13, C_4H_9OH；14, *Clostridium*；15, 偏；16, 燃料；17, バイオマス；18, 抗生物質；19, 糸状；20, *Streptomyces*；21と22, カナマイシンやクロラムフェニコール，テトラサイクリンなどから2つ；23, ペニシリン；24, 古細菌；25, CH_4；26, 第一胃；27, 温暖．

11-2.　A)（大気中の CO_2 総重量）＝（大気の体積）×（単位体積当たりの気体のモル量）×（大気中の CO_2 の割合）×（CO_2 の分子量）＝（地球の表面積）×（大気の厚み）×（mol / 22.4 ℓ）× $(360 / 10^6)$ ×（12 ＋ 16 × 2）g/mol ＝ $4\pi r^2$ × 10 km ×（mol / 22.4 × 10^{-3} m^3）×（3.6 × 10^{-4}）× 44 g/mol ＝ 4・3.14・$(6380\ km)^2$ ×（1.0 × 10^4 m）×（3.6 × 44 × 10^{-1}・g / 22.4 m^3）＝ $(6.38 × 10^6\ m)^2$ ×（4・3.14・3.6・44 / 22.4 × 10^3 m^{-2}・g）＝ 6.38^2・89 × $10^{6×2+3}$ g ＝ 3.6 × 10^3 × 10^{18} g ＝ 3.6 × 10^{18} g．

B) 呼吸の反応式を $C_6H_{12}O_6 + 6O_2 = 6CO_2 + 6H_2O + 2870\ kJ$ とする．（人類の CO_2 排出重量／年）＝（ヒト 1 人 1 日当たり CO_2 排出モル数）×（CO_2 分子量 g / mol）× 365 days / year ×（7 × 10^9（人））＝ {(2000 kcal / day × 4.19 J / cal) / 2870 kJ} × 6 mol × 44 g / mol × 365 days / year × 7 × 10^9 ＝ {(2 × 4.19 × 6 × 365 × 70 × 44) / 2.87} × 10^{6+8-6} g ＝ 1.97 × 10^7 × 10^8 g ＝ 1.97 × 10^{15} g．

C)（石油（デカン）燃焼による CO_2 排出重量／年）＝ {(デカンの燃焼重量 g) / (デカンの分子量 g/mol)} × 10 × (CO_2 の分子量 g/mol) ＝ {(5 × 10^9 × 10^6 g/year) / (12 × 10 ＋ 1 × 22 g/mol)} × 10 × 44 g/mol ＝ (5・44 / 142) × 10^{9+6} g/year ＝ 1.55 × 10^{15} g/year．

＊　厳密な定量的計算とあいまいな定性的推論との間で，桁は正確ながら数倍のずれを許容する概算に果敢に挑戦することも重要．

索　引

・**太字**は最も詳しいページ

欧　字

16S rRNA　8, **11**, 43, 56, 85
α-プロテオバクテリア　65
β-プロテオバクテリア　69
γ-プロテオバクテリア　70
δ-プロテオバクテリア　75
ε-プロテオバクテリア　75
A-B 毒素　69, 73, **116**
ATP　**32**, 36, 47, 50, 57, 79, 81, 115
BCG　60, 124
BOD　169
BSE　103, **109**
Bt 毒素　**53**, 172
B 細胞　122
c. f. u.　**30**, 170
COD　169
DDT　**67**, 118
DGGE 法　179
ED 経路　**33**, 69
EMP 経路　**33**, 55
FISH 法　178
H^+ 駆動力　9, 21, **36**, 42, 46, 86
HIV　3, **104**, 123, 142
IPCC　166
iPS 細胞　122, **148**
LPS　10, 116, 121
Mb　**57**, 66, 72, 82, 86
MIC　137
MRSA　**54**, 56, 140
Q 熱　74
PCR　145, **161**, 178
pH　**21**, 45, 62, 87, 162, 180
RNA 干渉　120
SARS　76, 103, 118, 125, **129**
siRNA　**120**, 144
SOD　**20**, 56
STD　69, 82, **130**
TFSS　**11**, 68, 116
Ti プラスミド　68
TLR　121
TTSS　**11**, 116
T 細胞　104, 106, **122**

VNC　**30**, 178
VRE　**56**, 140
WHO　61, **124**, 129, 174

ア

藍　34, 79, **163**
亜ウイルス因子　107
アオカビ　**92**, 111, 137, 146, 157
アクチノバクテリア　57
アグロバクテリウム　**68**, 172
亜硝酸酸化細菌　38, **42**
アスパルテーム　158
アセトン　**4**, 33, 149, 167, 181
圧力　22
アナログ　63, **140**, 159
アピコンプレックス　96
アミノ酸　59, 62, 82, 151, **158**, 168
アミノ配糖体　**58**, 140
アミロ法　149
アメーバ　7, 70, **98**
アルベオラータ　78, **95**, 170
アンモニア酸化細菌　38, **42**

イ

硫黄　43, 80, 87, **168**
硫黄細菌　41, **43**
異化　**32**, 39
医原性　107, **133**
遺伝子組換え　53, 68, 72, **144**, 162
遺伝子工学　**31**, 53, 161
異物排出輸送体　11, **126**
医療　28, 49, 53, 60, 111, **136**, 145
インターフェロン　**107**, 121, 145
インターロイキン　145
インドール　34, 163
インビボ　**136**, 145
インフルエンザ　3, 76, 119, 125, **134**
　──菌　57, **74**, 124, 129

ウ

ウィノグラドスキー　**6**, 41, 180
ウイルス　6, 26, 76, 90, **99**, 144
ウイロイド　107

エ

エイズ　3, 97, **104**, 114, 123, 144
栄養　3, **17**, 26, 60, 81, 151, 171
栄養共生　**88**, 94
栄養細胞　10, **29**, 52, 81
栄養要求性　**23**, 59, 63, 159
エーテル型　**85**, 185
エールリヒ　**7**, 72, 83
疫学　**119**, 127
エクスカヴァータ　97
エステル型　**85**, 185
エネルギー代謝　32, **47**
エピデミック　**119**, 134
エボラウイルス　**76**, 100, 103, 104
塩素消毒　107, 118, 124, 128, **170**
エンデミック　73, **119**
塩濃度　**21**, 87

オ

黄熱　76, 84, 103, 118, **132**
オートクレーブ　28
オキシゲナーゼ　**173**, 175
オリゴ糖　160
温度　**19**, 29, 86

カ

外毒素　115
界面活性剤　**62**, 175
化学従属栄養　**17**, 50
化学浸透共役　**36**, 40, 47, 87
化学独立栄養　**18**, 23, 41, 50, 171, 180
化学療法　7, 83, 96, 124, **140**
活性汚泥　**95**, 99, 169
株　16, **30**, 62
芽胞　9, 52, 84, 90, 114
カルビン-ベンソン回路　41, **46**, 78
がん　69, 75, 92, **105**, 121, 146, 174
がんウイルス　105
肝炎　76, 102, 103, **106**, 121, 124, 144
環境　38, 49, 72, 77, **166**, 180
環境浄化　80, **172**, 181
環境微生物学　178

索　引

桿菌　**8**, 55, 61, 80, 171
間歇殺菌法　29
カンジダ　**92**, 105
感染症　3, 76, 83, 110, **114**, 133
感染性　109, **114**

キ

基質レベルのリン酸化　**33**, 47
北里柴三郎　5, **55**, 59, 71, 73, 75, 83
球菌　**8**, 50, 61, 69
狂牛病　109
共生　67, 82, 92, **171**
極限環境　**19**, 78, 85, 161
菌根　93, **171**
菌糸　58, 61, **90**, 171
金属　40, 48, 69, 75, 160, **177**

ク

空気耐性菌　20
クモノスカビ　**94**, 143, 152, 160
クラミジア　7, 57, 66, **82**, 118, 130
グラム染色　**10**, 57, 84
グラム陽性細菌　**52**, 81, 112
グリオキシル酸回路　35
クリスタルバイオレット　10
クレンアーキア　86
クロイツフェルト・ヤコブ病　109
クロストリジウム　39, **55**, 167
クロムアルベオラータ　78, **95**
グロムス菌　93, 172
クロラムフェニコール　58, **140**

ケ

経気道感染　118, **128**
ケカビ　94, **157**
結核　3, 7, 15, **60**, 110, 114
血清療法　5, 55, 59, 75, **124**
ゲノム医療　145
嫌気呼吸　**37**, 40, 86
嫌気性菌　**20**, 37, 55, 85, 165, 170
健康　28, **136**
原生生物　**94**, 170

コ

高 GC グラム陽性菌　13, **57**, 178
好アルカリ菌　**21**, 160, 163
高エネルギーリン酸化合物　47

好塩菌　10, **21**, 87
好気性菌　**20**, 48, 58, 170
鉱業　177
光合成　2, 18, 32, **45**, 67, 95, 167
　──細菌　2, 18, 42, **78**, 112
好酸菌　**21**, 87
抗酸菌　60
コウジカビ　**91**, 154, 159, 164
紅色（非）硫黄細菌　19, 45, **79**
紅色細菌　13, 43, **79**
抗生物質　7, 53, 58, 75, 85, **136**, 140
光線　**22**, 29
酵素　32, 137, **143**, 157, 161, 174
口蹄疫　6
好熱菌　10, **19**, 86
好熱好酸菌　13, **87**
好熱性細菌　82, **84**, 145
酵母　4, 20, 50, **90**, 151, 154, 164
後方鞭毛生物　98
好冷菌　19
呼吸　32, **35**, 47, 93
固形培地　5, **24**, 60
古細菌　5, 40, 48, 55, **85**, 94, 112
枯草菌　**53**, 112, 163
コッホ　**5**, 53, 55, 60, 74, 128, 180
　──の4原則　**6**, 133
後藤新平　128
コリネ形　8, **58**, 62, 158
コリネバクテリウム　**58**, 62
コレラ　3, 14, **73**, 115, 127
コロニー　17, **30**, 54
根粒　49, **67**, 112

サ

サーマス　84
再興感染症　76
細胞内共生　**2**, 78, 94
ザイモモナス　**69**, 89, 153, 167
酢酸菌　13, 39, **65**, 143, 160
酢酸発酵　65
酒　3, 13, 69, **153**, 164
殺菌　**27**, 52
サナトリウム　15, 60, **110**
サフラニン　10
サルファ薬　**7**, 69, 141
酸化還元電位　36
酸化酵素　30, 35, **49**, 70, 143

酸化的リン酸化　**37**, 47
酸素　2, **20**, 26, 49, 67, 78, 151
酸素呼吸　**35**, 80, 84, 128

シ

ジェンナー　5
資化　65, **92**, 176
志賀　潔　70, **72**
志賀毒素　72
糸状菌　58, **90**, 139, 141, 156, 171
糸状性緑色細菌　19, 48, 78, **80**
自然発生　5
自然免疫　121
シトクロム　30, 37, **48**, 70, 81, 148
子嚢菌　91
ジフテリア　**59**, 75, 77, 118, 124, 129
重金属　172, **177**
従属栄養　**17**, 90
シュードモナス　27, 38, 65, **70**, 172, 176
樹状細胞　121
硝化　38, **42**, 67, 168, 181
硝酸呼吸　38
醸造酒　**153**, 181
消毒　5, **28**, 52
醤油　23, 56, 91, **155**
蒸留酒　4, **155**
食品製造　149
植物　2, 34, 49, 68, 81, **99**, 107, 171
食物感染　126
真核微生物　7, **90**, 97
新型インフルエンザ　125, **134**
真菌　7, 49, 58, **90**, 97, 109, 170
新興感染症　**76**, 124
人獣共通感染症　61, 77, 83, **132**, 135
浸透圧　**21**, 87

ス

水系感染　118, **127**
水素呼吸　44
水素細菌　41, **44**
水平　16, 72, 85, **117**, 130
睡眠病　49, **97**, 131
スタチン　144, **146**
ステロイドホルモン　**143**, 151
ストラメノパイル　96
ストレプトマイシン　7, 58, 60, 137, **140**, 181
ストレプトマイセス　**58**, 147, 151

索 引

スピロヘータ 82
スペイン風邪 103, 119, 125, **134**

セ

生育条件 19
制御変異株 63
性行為感染症 82, 118, **130**
生体異物 174
生体エネルギー 32
生体防御 119
成長因子 **22**, 151
生分解性 53, **176**
石油 64, 89, 149, 167, **173**, 181
赤痢 3, 7, 14, **70**, 72, 98, 127
接合 11
節足動物媒介性感染症 118, **131**
セフェム 139
線毛 **9**, 73
繊毛 9, 95, **98**, 119

ソ

走磁性細菌 68
増殖 5, **22**, 92, 121, 137, 152, 159
増殖曲線 26
鼠径リンパ肉芽腫 **82**, 130

タ

ダイオキシン 40, **174**
代謝 **32**, 62, 80, 151, 158
対数増殖期 26
大腸菌 7, 20, 40, **72**, 112, 144
耐熱性酵素 84
多剤併用療法 **61**, 105
脱窒 **38**, 168, 170
脱ハロゲン呼吸 **40**, 49, 55, 174
タバコモザイク病 **6**, 100
タミフル 125, **135**, 144
単行複発酵 153
炭酸呼吸 **39**, 41, 50, 88
担子菌 93
炭疽 5, **53**, 118, 131
炭素源 **17**, 50, 52
炭素循環 70, 86, **166**

チ, ツ

チール-ニールセン染色 59
窒素固定 23, **67**, 70, 81, 168
窒素循環 168
チフス 4, **71**, 112, 126
腸球菌 56
超好熱菌 **19**, 86
腸内細菌 13, **70**, 82, 133, 157
通性 **20**, 52, 70, 87, 92
ツボカビ 93

テ

低CGグラム陽性菌 13, **52**
低温殺菌 **29**, 154
テイコ酸 10
定常期 26
定足数感知 26
デイノコッカス **22**, 84
呈味性ヌクレオチド 158
適合溶質 21
鉄呼吸 40
鉄細菌 **44**, 180
テトラサイクリン 7, 140
電気化学ポテンシャル 35
電子供与体 19, **35**, 43, 50, 81
電子受容体 **17**, 35, 40, 50, 81
電子伝達系 **35**, 46
天然痘 4, 7, 60, 103, 124, **129**

ト

同化 **32**, 39
糖類 160
独立栄養 **17**, 41, 80
ドライイースト 28, 151, **164**
トリコモナス **97**, 118
トリパノソーマ **97**, 131
トレハロース 21, 64, **160**

ナ

内生胞子 9
内毒素 116
納豆 11, **53**, 157, 162
ナノ好気性菌 49
軟性下疳 82, **130**

ニ

ニトロゲナーゼ **38**, 68, **81**, 179
日本脳炎 103, 117, 124, **132**
乳酸菌 3, 20, **55**, 64, 155, 164, 172
乳糖不耐性 3

ネ, ノ

粘菌 **98**, 110
農業 110, 166, **170**
ノカルジア 61
野口英世 84
ノロウイルス 100, 103, 118, **127**

ハ

バイオエタノール 69, **89**, 136, 167, 178
バイオエネルギー 88
バイオセルロース **66**, 136, 176
バイオ燃料 88, 161, **166**
バイオフィルム **11**, 27, 56, 170
バイオマス 66, 88, 93, **167**, 171, 177
バイオレメディエーション 110, **172**
倍加時間 **26**, 50
敗血病 **114**, 122
培地 22
梅毒 3, 4, 14, 69, **82**, 96, 118, 130
ハイブリッド形成 **16**, 31, 179
培養 5, 17, 22, 24, 66, 75, 86
ハオリムシ 44
バクテリオファージ 30, 59, **101**, 117
バクテリオロドプシン **79**, 87
バクテロイデス **49**, 84, 133
バクテロイド 67
はしか 3, 124, **129**
破傷風 **55**, 77, 114, 124, 131
パストゥール **5**, 73, 154, 180
秦佐八郎 5, 7, **83**
バチルス **52**, 157, 162
発酵 3, 6, **33**, 47, 153
発酵飲食品 3, **153**
発酵工業 149
発酵食品 164
発疹チフス 3, **66**, 72, 118
パピローマ 103, **105**, 118, 131
ハンセン病 3, 14, **61**, 72, 110, 129
パンデミック 73, **119**, 134
万能性 **122**, 148

ヒ

火入れ 154
火落ち 154
光回復 22
光従属栄養 **19**, 80

ヘ

光独立栄養 **18**, 44, 46
光リン酸化 **45**, 47
微好気性菌 **20**, 49
微生物採鉱法 177
微生物生態系 154, 165, **170**
微生物創薬 146
微生物定量法 **23**, 62
微生物変換 143, 147, **152**, 162
ビタミン 22, 66, **141**, 151
ヒトTリンパ球向性ウイルス 103, **105**, 106
人喰いバクテリア **56**, 74
ヒドロゲナーゼ **39**, 44
ヒドロゲノソーム 94
ビフィズス菌 56, **57**, 156
ビブリオ 8, **73**, 127
ヒポクラテス 3, **14**, 59
百日咳 **69**, 115, 124
病原菌 3, 52, **82**, 117, 137, 181
病原性 72, 97, **114**, 134
　　——の島 11, 16, **117**
日和見感染症 49, 54, 70, 114, **133**
ビリオン **101**, 135, 144
ピロリ菌 49, **75**, 112
ピロロキノリンキノン 65

フ

ファーミキューテス **52**, 78
風疹 100, 124, **128**
物質循環 166
ブドウ球菌 8, 13, **54**, 56, 116, 131
腐敗 34
フラジェリン **8**, 121
プラス鎖 100, **102**, 103
プラスチック 176
プラスミド 9, 16, 68, 87, 126, **151**
孵卵器 25
プリオン 76, **108**
フレミング 7, **137**
フレンチプレス 22
プロテオバクテリア **65**, 78, 112, 178
プロバイオティクス 157
プロファージ 16, **102**
プロピオニバクテリア科 64
プロピオン酸 **33**, 47, 64
分泌機構 **10**, 68, 116

ヘ

並行複発酵 153
平板培地 **30**, 62
ベクター 117, **144**, 148
ペスト 3, 14, 60, **72**, 112, 125
ペニシリン 7, 54, 69, 83, 92, 111, **137**
ペプチド 123, **143**, 161
　　——グリカン **10**, 59, 137
ペプトン 24
ヘリオバクテリア 46, 78, **81**
ペリプラズム **10**, 163
ヘルペス 100, 103, **131**
偏性 **20**, 49, 55, 82, 99, 165
べん毛 **8**, 21, 68, 70, 75, 82
鞭毛 8, 95, **98**

ホ

保因者 114
防疫 124
放射線 10, 22, **29**, 59, 106, 151
　　——耐性 **22**, 84
放線菌 13, 28, **57**, 140, 147, 162
保存 2, **27**, 141
ボツリヌス **55**, 77, 115, 126
ポリオ 7, 100, 103, 124, **128**
ポリペプチド 11, 85, 116, **161**

マ

マイコバクテリア 59
マイコプラズマ 9, **57**, 66, 82, 112
マイナス鎖 77, 100, **102**
膜酵素 **33**, 41
マクロファージ 60, 72, 106, 117, **121**
麻疹 3, 103, 117, **129**
マラリア 3, 7, 14, **96**, 114, 125, 132

ミ

ミコール酸 59
水処理 166, **169**
味噌 23, 56, 91, **155**
ミトコンドリア 2, **94**, 98

ム

無機呼吸 **40**, 46, 80, 171
無菌操作 28

メ

ムコ多糖 **56**, 116

メ

メイラード反応 29
メタゲノム解析 178
メタン生成 20, 39, 55, 86, **88**, 167
滅菌 17, **28**
免疫 4, 11, 54, 60, 97, **119**, 133

ユ

有機酸 159
ユーリアーキア 86
輸送体 **21**, 37, 126
ユニコンタ 98

ラ

ライ菌 61
ラウス肉腫 103, **106**
ラクタム 137, 139
ラクトバチルス **55**, 156
酪農製品 156
藍色細菌 7, 13, 45, 78, **81**, 93, 149
ランブル鞭毛虫 97

リ

リケッチア 57, **66**, 74, 112
リザリア 99
リゾビウム 67
リボソーム **12**, 85, 112, 140
流行性耳下腺炎 124, **129**
硫酸呼吸 **39**, 75
緑色硫黄細菌 46, 78, **80**
リン 31, 47, **168**, 173
リンパ球 120
淋病 **69**, 118, 130

レ, ロ

レーウェンフック **4**, 111
レジオネラ **74**, 128
レトロウイルス **102**, 106, 145, 148
連鎖球菌 8, 13, **56**, 116, 131
濾過 6, **29**, 57, 99
ロドコッカス **61**, 160, 162, 169

ワ

ワクチン 5, 107, **123**, 133

著者略歴

坂本 順司（さかもと じゅんし）

1979年	大阪大学 理学部 生物学科 卒業
1984年	大阪大学大学院 理学研究科 博士後期課程 修了（理学博士）
1985年	東海大学 医学部 薬理学教室 助手
1989年	米国アイオワ大学 医学部 生理学生物物理学教室 研究員
1992年	九州工業大学 情報工学部 生物化学システム工学科 助教授
2006年	九州工業大学 情報工学部 生命情報工学科 教授
2008年	九州工業大学大学院 情報工学研究院 生命情報工学研究系 教授
2020年	九州工業大学 名誉教授

主な著書

Respiratory Chains in Selected Bacterial Model Systems（分担執筆，Springer）
Diversity of Prokaryotic Electron Transport Carriers（分担執筆，Kluwer Academic Publishers）
理工系のための生物学（改訂版）（単著，裳華房）
ゲノムから始める生物学（単著，培風館）
基礎分子遺伝学・ゲノム科学（単著，裳華房）
イラスト 基礎からわかる生化学（単著，裳華房）
ワークブックで学ぶ ヒトの生化学（単著，裳華房）
いちばんやさしい生化学（単著，講談社）
柔らかい頭のための生物化学（単著，コロナ社）
いちばんわかる生理学（単著，講談社） 他

微生物学 ─地球と健康を守る─

2008年5月25日 第1版 発行
2019年8月10日 第3版1刷発行
2024年2月10日 第3版3刷発行

検印省略

定価はカバーに表示してあります．

著作者　坂本 順司
発行者　吉野 和浩

発行所　東京都千代田区四番町 8-1
　　　　電話　03-3262-9166（代）
　　　　郵便番号 102-0081
　　　　株式会社　裳華房

印刷所　株式会社　真興社
製本所　株式会社　松岳社

一般社団法人 自然科学書協会会員

JCOPY〈出版者著作権管理機構 委託出版物〉
本書の無断複製は著作権法上での例外を除き禁じられています．複製される場合は，そのつど事前に，出版者著作権管理機構（電話03-5244-5088，FAX 03-5244-5089，e-mail: info@jcopy.or.jp）の許諾を得てください．

ISBN 978-4-7853-5216-5

© 坂本順司，2008　Printed in Japan

★★ 坂本順司先生ご執筆の書籍 ★★

基礎分子遺伝学・ゲノム科学

坂本順司 著
Ｂ５判／240頁／定価 3080円（税込）

遺伝子研究の成果を，分子遺伝学の基礎からゲノム科学の応用まで，一貫した視点で解説した．遺伝子研究の基礎から展開までシームレスにまとめるため，下記の３つの工夫をし，理解の助けとした．
①「第Ⅰ部 基礎編」と「第Ⅱ部 応用編」を密な相互参照で結びつける．
②多数の「側注」で術語の意味・由来・変遷などを解説する．
③多彩な図表とイラストで視覚的な理解を助ける．
２色刷

【主要目次】 第Ⅰ部 基礎編 分子遺伝学のセントラルドグマ 1. 遺伝学の基礎概念 ―トンビはタカを生まない― 2. 核酸の構造とゲノムの構成 ―静と動のヤヌス神― 3. 複製：DNAの生合成 ―生命40億年の連なり― 4. 損傷の修復と変異 ―過ちを改める勇気― 5. 転写：RNAの生合成 ―格納庫から路上ライブへ― 6. 翻訳：タンパク質の生合成 ―異なる言語の異文化体験― 7. 転写調節（基本を細菌で）―デジタル制御の生命― 第Ⅱ部 応用編 ヒトゲノム科学への展開 8. 発現調節（ヒトなど動物への拡張）―複雑系の重層的秩序― 9. 発生とエピジェネティクス ―メッセージが作る身体― 10. RNAの多様な働き ―小粒だがピリリと辛い― 11. 動く遺伝因子とウイルス ―越境するさすらいの吟遊詩人― 12. ヒトゲノムの全体像 ―ジャンクな余裕が未来を拓く― 13. ゲノムの変容と進化 ―遺伝子の冒険― 14. 病気の遺伝的要因 ―ゲノムで読み解く生老病死―

イラスト 基礎からわかる 生化学 構造・酵素・代謝

坂本順司 著
Ａ５判／292頁／定価 3520円（税込）

難解になりがちな生化学を，かゆいところに手が届く説明で指南する．目に見えずイメージがわきにくい生命分子を多数のイラストで表現し，色刷りの感覚的なさし絵で日常経験に結びつける．なじみにくい学術用語も，ことばの由来や相互関係からていねいに解説している．いのちのしくみを自習でマスターできる新タイプの入門書．２色刷

【主要目次】 第１部 構造編 1. 糖質 2. 脂質 3. タンパク質とアミノ酸 4. 核酸とヌクレオチド 第２部 酵素編 5. 酵素の性質と種類 6. 酵素の速度論とエネルギー論 7. 代謝系の全体像 8. ビタミンとミネラル 第３部 代謝編 9. 糖質の代謝 10. 好気的代謝の中心 11. 脂質の代謝 12. アミノ酸の代謝 13. ヌクレオチドの代謝

ワークブックで学ぶ ヒトの生化学 構造・酵素・代謝

坂本順司 著
Ａ５判／200頁／定価 1760円（税込）

生化学をきちんと習得するには，教科書を読んだり電子的資料を眺めたりするという受け身の作業だけでは不十分であり，問題を解き自己採点する能動的な活動が深い理解を助ける．本書は，取り扱う項目やその内容・構成などを親本の『イラスト 基礎からわかる生化学』に合わせたワークブックである．計算問題や記述式問題などの応用問題を多数用意した．また解答例を漏れなくつけ，詳しい解説も充実させ，親本の対応ページも付して，学習者に親切な工夫を満載した．薬剤師と管理栄養士の国家試験のうち，「生化学」分野にあたる問題に合わせて「チャレンジ問題」も設けたので，国試対策にもなるだろう．

理工系のための 生物学（改訂版）

坂本順司 著
Ｂ５判／192頁／定価 2970円（税込）

現代生物学の粋を，本格的でしかもコンパクトに学んでもらうために下記の特徴を込めて用意された教科書．2015年の改訂では，とくにヒトゲノムにおけるエピジェネティクスや調節RNA，幹細胞，発生，自然免疫など各所に新しい知見を取り入れ，全体のアップデートを行った．すべての図版を多色化し，一部描き直しや追加を行った．３色刷

【主な特徴】1）基礎的でオーソドックスな枠組みの中に，最新の研究成果もふんだんに取り入れた．
2）幅広いトピックスに対する計算問題を扱うことで現代生物学の理数的性格を体得できるようにした．
3）多彩な手段で項目間を密に結びつけ，多重・多層の相互関連を明示する．

【主要目次】1. 生命物質 ―命と物のあいだ― 2. 細胞 ―しなやかな建築ブロック― 3. 代謝 ―酵素は縁結びの神さま― 4. 遺伝 ―情報化された命綱― 5. 動物性器官 ―うごくしくみ― 6. 植物性器官 ―身体という迷宮のトポロジー― 7. ホメオスタシス ―にぎやかな無意識の対話― 8. 発生 ―兎が飛び出す手品の帽子― 9. 生物の進化と歴史 ―生物が織りなす三千万世界― 10. ヒトの進化と遺伝 ―溺れざる魅惑の源泉― 11. 脳と心 ―脳内動物園の三猛獣― 12. 生物集団と生態系 ―本当のエコとは多様性の価値―

裳華房ホームページ **https://www.shokabo.co.jp/**